国产数控系统应用技术丛书

蓝天数控系统编程与操作手册

主　编　林　浒
副主编　王　品　黄　艳　李　岩

华中科技大学出版社
中国·武汉

内 容 简 介

全书以蓝天数控系统编程指令为例,分为数控车床加工工艺与编程、数控铣床加工工艺与编程两大部分,主要内容包括:数控车削加工基础、外圆与端面加工、锥面与圆弧加工、沟槽及螺纹加工、数控车床加工程序综合实例、数控铣削加工基础、外形轮廓的铣削加工、孔加工、用户宏程序编程、坐标变换、数控铣床加工程序综合实例。

本书可作为从事数控加工的技术人员、编程人员、工程师和管理人员的参考书,也可供高等院校、职业学院相关专业师生参考。

图书在版编目(CIP)数据

蓝天数控系统编程与操作手册/林浒主编.—武汉:华中科技大学出版社,2017.6
(国产数控系统应用技术丛书)
ISBN 978-7-5680-2232-3

Ⅰ.①蓝⋯　Ⅱ.①林⋯　Ⅲ.①数控机床-数控系统-程序设计-教材 ②数控机床-数控系统-操作-教材　Ⅳ.①TG659

中国版本图书馆 CIP 数据核字(2016)第 235482 号

蓝天数控系统编程与操作手册　　　　　　　　　　　　　　　　　　林　浒　主编
Lantian Shukong Xitong Biancheng yu Caozuo Shouce

策划编辑:万亚军
责任编辑:刘　飞
封面设计:原色设计
责任校对:李　琴
责任监印:周治超
出版发行:华中科技大学出版社(中国·武汉)　　　电话:(027)81321913
　　　　　武汉市东湖新技术开发区华工科技园　　　邮编:430223
录　　排:武汉三月禾文化传播有限公司
印　　刷:武汉华工鑫宏印务有限公司
开　　本:710mm×1000mm　1/16
印　　张:22.25
字　　数:472 千字
版　　次:2017 年 6 月第 1 版第 1 次印刷
定　　价:79.80 元

　　一个国家数控机床的水平和拥有量是衡量其工业现代化程度、衡量国家综合竞争力的重要指标。数控机床的出现及其带来的巨大效益，引起了世界各国科技界和工业界的普遍重视。发展数控机床是当前我国机械制造业技术升级的必由之路，是未来实现数字化工厂的基础。数控机床的大量使用，需要大批熟练掌握现代数控技术的人员。数控技术的应用不但给传统制造业带来了革命性的变化，而且随着数控技术的不断发展和应用领域的扩大，它对国计民生的一些重要行业的发展起着越来越重要的作用。

　　沈阳高精数控智能技术股份有限公司是国内从事数控系统、驱动装置、伺服电动机、自动化产品及相关机床电子产品研发、生产的高技术企业，是中国科学院沈阳计算技术研究所高档数控国家工程研究中心的产业化实体，致力于成为中高档数控系统产品的领先提供商。高精数控公司形成了开放式体系结构、5 轴联动与复合加工控制、高速高精的运动控制、数控系统现场总线及网络化控制等多项高档数控系统的核心技术，研发了覆盖高档、中档、普及型及专用型的多个系列数控系统产品、机器人控制器以及面向数字化车间的网络化监控与管理系统等，在国内树立了以高性能为特色的"蓝天数控"品牌。目前公司的数控产品已广泛应用于具有多轴联动和多通道控制功能的 5 轴联动加工中心、复合加工中心、全功能数控车床、磨床、雕铣机床、木工机械等，"蓝天数控"已成为国内数控领域有影响力的品牌之一。

　　数控加工是现代制造技术的典型代表，在制造业的各个领域有着越来越广泛的应用。伴随着全球制造业的发展趋势，对数控加工的需求必将呈现持续的高速增长，随之而来的是对数控加工过程中编程与操作人员广泛而迫切的需求。

　　数控编程是一门实践性很强的技术，本书以"蓝天数控"的两款主流产品 GJ301M/GJ301T 数控系统的编程指令为主要编程语言，并结合实际进行详细讲解，突出实用性。同时，配合精选的编程实例，以使读者对数控编程有更直观的认识，能够高效率、高质量地学习数控编程技术。

　　本书可作为从事数控加工的技术人员、编程人员、工程师和管理人员的参考书，也可作为高等学校、职业技术学院、培训中心、企业内部的技能培训教材。

　　本书由林浒担任主编，由王品、黄艳、李岩担任副主编。

　　由于作者水平有限，加之时间仓促，书中难免有疏漏和不妥之处，敬请读者提出宝贵的意见和建议。

编　者

2017 年 1 月

图标的说明

为了使读者更好地了解书中讲述的内容,本书使用了如下图标,作提示之用。

注意 表示需要熟记的重要事项。

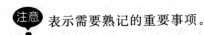 表示具体实例。

说明 表示对难理解的内容进行解释。

指令格式 表示对编程过程中的指令格式进行说明。

目录

第1章 概述 >>>>>>

1.1 概　　述

　　蓝天数控 GJ301M/GJ301T 系统是新一代开放式高性能数控系统,采用工业级 PC 硬件平台、Linux 操作系统及实时内核、内嵌 PLC 等先进的软硬件技术,CNC 与伺服具有模拟式、总线式两种驱动方式。系统的基本配置为四轴三联动,I/O 点数配置为 80 输入/52 输出。内嵌 PLC 遵循 IEC61131-3 标准,采用用户熟悉的梯形图编程,具有丰富的 NC-PLC 编程接口及强大的系统调试与监控功能。在保证加工精度、速度和效率的基础上,采用具有自主知识产权的加减速控制算法、小线段加工控制算法及三次样条插补算法等,进一步提高了系统的加工适应性。同时,开放式的体系结构为系统功能的扩展提供了便利。

　　产品技术特点:

　　(1) X,Y,Z 三轴联动,可选配第四轴;

　　(2) 最小设定单位 0.001 mm/0.001 deg;

　　(3) 内嵌式工业 CPU(中央处理器)板卡,采用大容量 FPGA(现场可编程门阵列)电路设计,功耗低,可靠性高;

　　(4) 机械结构紧凑,坚固,散热性好,便于安装维护;

　　(5) 配备 8.4 英寸真彩色 TFT 液晶显示屏;

　　(6) 集成轴控制接口,本机 I/O 接口,外部 I/O 接口,网络接口和 USB 接口;

　　(7) 内嵌遵循 IEC61131-3 标准的高速 PLC,基本指令处理时间 $3\mu s/step$;

　　(8) 可支持 PLC 现场编辑和离线编辑;

　　(9) 直观的操作界面,操作快捷方便;

　　(10) 具有双向螺距误差补偿、反向间隙补偿、自动零漂补偿、刀具长度及刀具半径补偿功能;

　　(11) 采用直线型和 S 曲线型加减速控制,适应高速、高精加工;

　　(12) 采用微小线段的动态前瞻处理,可有效地实现小线段加工处理中的匀速和尖角过渡问题,从而改善工件的表面加工质量,提高加工效率;

　　(13) 提供多种钻、镗、铣等循环功能及刚性攻螺纹;

（14）支持工件程序后台编辑和操作；

（15）支持系统配置文件和 PLC 逻辑文件的本机备份或 USB 备份；

（16）集成中英文界面显示；

（17）USB 一键系统升级功能；

（18）支持 PC 与数控系统的远程控制。

蓝天数控 GT301M/GT301T 系统已广泛应用于各类机床（见图 1.1、图 1.2）。

图 1.1　山东普鲁特机床

图 1.2　沈阳巨浪机床

1.2　符 号 说 明

本书中使用的下列符号，其含义如下：

M：表示只有在铣削系列中有效的说明；

T：表示只有在车削系列中有效的说明；

IP_：表示任意轴的组合，诸如 X_ Y_ Z_…紧跟地址之后的下划线处，将输入坐标值等数值。

第2章 数控系统的编程 》》》》》

2.1 数控系统的程序编制

2.1.1 零件加工程序

零件加工程序是数控系统的一个重要组成部分,数控系统将零件加工程序转化为对机床的控制动作来完成工件的加工。一个好的加工程序不仅能保证加工出符合要求的工件,还能充分发挥数控机床的功能,使其安全、可靠、高效地运行。

零件加工程序是由数控系统专用编程语言编写的,它的基本单位是程序段,一个程序是由一系列的程序段组成的。单一的一行指令叫做程序段,典型的程序段是由程序段号开始(也可以没有段号),后接一个和多个"字"。一个字由一个字母和一个数字或可求值的表达式组成(见表2.1)。

表 2.1 加工程序的基本构成

段 号	字	字	字	……	(注释)
N0010	G0	X15	Y0	……	(第一个程序段)
N0020	G90	S1000	M3	……	(第二个程序段)
N0030	G01	X50		……	……
N0040	……	……		……	……
N0050	M30	……		……	(程序结束)

每个零件加工程序对应有一个程序名;程序名以字母或数字开头,在程序名中可以包含字母、数字、下划线"_"及横线"—",文件后缀名可以为". prg"". nc"". NC"". cnc"". CNC"". ptp"". PTP";蓝天数控系统支持以上格式的工件程序的创建、运行、编辑、拷贝和删除等操作,而不符合命名规则的工件程序将不能被数控系统创建或被文件列表显示。

2.1.2 坐标系统

为简化编程和保证程序的通用性,对数控机床的坐标轴和方向命名制订了统一的标准,规定标准坐标系为右手直角笛卡儿坐标系,规定直线进给坐标轴用 X、Y、Z

表示,称为基本坐标轴 X、Y、Z。坐标轴的相互关系用右手定则决定,如图 2.1(a)所示,图中大拇指的指向为 X 轴的正方向,食指指向为 Y 轴的正方向,中指指向为 Z 轴的正方向。围绕 X、Y、Z 轴旋转的圆周进给坐标轴分别用 A、B、C 表示,根据右手螺旋定则,如图 2.1(b)所示以大拇指指向+X、+Y、+Z 方向,其余四指指向圆周进给运动的+A、+B、+C 方向。

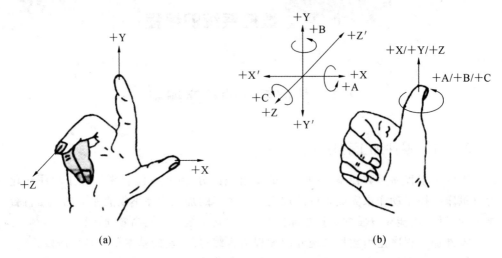

(a)　　　　　　　　　　　　　(b)

图 2.1　机床坐标轴

1) Z 坐标的确定

规定平行于主轴轴线的坐标为 Z 坐标,对于没有主轴的机床,则规定垂直于工件装夹表面的方向作为 Z 坐标轴的方向。Z 轴的正方向是使刀具离开工件的方向。

2) X 坐标的确定

在刀具旋转的机床上,如铣床、钻床、镗床等,若 Z 轴是水平的,则从刀具(主轴)向工件看时,X 轴的正方向指向右边;如果 Z 轴是垂直的,则从主轴向立柱看时,X 轴的正方向指向右边。上述方向都是刀具相对工件运动而言的。

在工件旋转的机床上,如车床、磨床等,X 轴的运动方向是工件的径向并平行于横向拖板,刀具离开工件旋转中心的方向是 X 轴的正方向。

3) Y 坐标的确定

在确定了 X、Z 轴的正方向后,可按右手直角笛卡儿坐标系,用右手螺旋法则来确定 Y 坐标的正方向,即在 ZX 平面内,从+Z 转到+X 时,右螺旋应沿+Y 方向前进。

1. 机床坐标系

机床上某一特定点,可作为该机床的基准点,该点称为机床原点,把机床原点设定为坐标系原点的坐标系称为机床坐标系。机床原点是机床上的一个固定点,由制造厂商确定。它是其他所有坐标系的基准点,如工件坐标系、编程坐标系及机床参考点。铣床的零点位置,各机床生产厂家不一致,有的设置在机床工作台中心,有的设置在进给行程范围的终点(见图 2.2)。

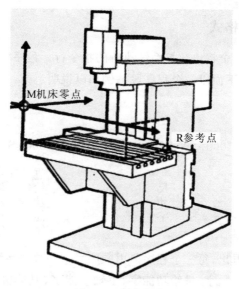

图2.2　机床原点

2. 工件坐标系

工件坐标系是为了确定工件几何要素(点、直线、圆弧)的位置而建立的坐标系。工件坐标系的原点即是工件原点。选择工件原点时,最好把工件原点放在工件图的尺寸能够方便地转换成坐标值的地方。铣床工件原点,一般设在工件外轮廓的某一个角上,进刀深度方向的零点,大多取在工件表面。

在加工时,工件随夹具在机床上安装后,测量工件原点与机床原点间的距离(通过测量某些基准面、线之间的距离来确定),这个距离称为工件原点偏置(是机床原点在工件坐标系中的绝对坐标值),如图2.3所示。在零件加工之前,将该偏置值预存到数控系统中,加工时,工件原点偏置值会自动附加到工件坐标系上,使数控机床实现准确的坐标移动。因此,编程人员可以不考虑工件在机床上的安装位置,直接按图纸尺寸编程即可。

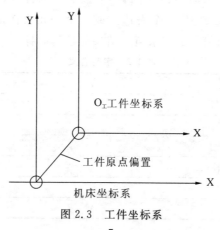

图2.3　工件坐标系

2.1.3 程序段格式

一个程序段定义一个将由数控系统执行的指令行。程序段的格式定义了每个程序段中功能字的句法，下面以一个程序段举例加以说明。

N100	G01	X+1000	Y+2000	Z−1500	F500	S1000	T12	M05
顺序号字	准备功能字		尺寸字		进给功能字	主轴功能字	刀具功能字	辅助功能字

由上述例子可以看出，每一个程序段由顺序号字和数据字组成，数据字又由准备功能字、尺寸字、插补参数字、进给功能字、主轴功能字、刀具功能字和辅助功能字等组成。字符意义请参见表2.2。

1. 顺序号字

顺序号字也称为程序段号，是由字母"N"后面跟无符号整数（取值范围0～99999999）组成，不能多于8位，但允许有前导0（如：00009是允许的）。段号可以重复，不必按大小顺序，可以没有段号。

段号可以位于程序段的开头、中间或末尾。例如：N10G1X100，G1N10X100,G1X100N10。

2. 数据字

数据字是由一个字母（不包括"N"）跟一个"实值"组成。字的起始字符在表2.2中列出。为了完整，此表包括了字符"N"（上面已定义），行号不是一个"字"。一些字母(I,J,K,L,P,R)在不同的情况下有不同的含义。

"实值"指的是经过处理后可以得到一个数值的字符串，"实值"可以是数字（如341或−0.8807）、一个参数值、一个表达式或一个一元操作值。处理字符串以得到一个数值的过程称为"求值"，数字求值的结果就是其本身。

表2.2　字符含义

字　　符	含　　　义
A	机床的 A 轴
B	机床的 B 轴
C	机床的 C 轴
D	刀具半径补偿
F	进给率
G	G 功能

续表

字　符	含　义
H	刀长偏置索引
I	圆弧编程时:X 轴方向圆心偏移; 固定循环时:X 轴偏移
J	圆弧编程时:Y 轴方向圆心偏移; 固定循环时:Y 轴偏移
K	圆弧编程时:Z 轴方向圆心偏移; 固定循环时:Z 轴偏移
L	固定循环时,用做重复次数; G10 时,用做关键词
M	辅助功能
N	段号
P	固定循环时:停顿时间; G04 时:停顿时间; G10 时,用做关键词
Q	G83 固定循环时:进给增量
R	圆弧半径; 固定循环 R 平面
S	主轴速度
T	刀具选择
U	机床的 X 轴增量
V	机床的 Y 轴增量
W	机床的 Z 轴增量
X	机床的 X 轴
Y	机床的 Y 轴
Z	机床的 Z 轴

1) 数值

一个"数字"指的是 0～9 中的一个数字。

一个数值可以包含:

(1) 正号,负号,或没有正负号;(2) 1 个或多个数字;(3) 一个小数点。

有两种数值:整数(无小数点)和实数(有小数点)。

不带符号的非零数值被认为是正数。

在数值前面的 0 和小数点后面的 0 是允许的,求值的时候将被忽略。

数控语言中,在一些特殊用途时,数值的取值范围可能是被限制的。在许多情况下,要求带有小数的实数足够接近一个整数(实数与整数两者之差不超过 0.0001),例如参数索引、刀具号。

2) 表达式和二元运算符

表达式由方括号和字符串组成。在方括号内,有数值、程序变量、数学运算符和其他表达式。表达式应可"求值"为一个数值。程序行中的表达式将在执行任何操作之前被求值。表达式的例子如下:

[1+cos[0]-[#3**[4.0/2]]]

二元运算符只能出现在表达式中。下面是蓝天数控系统中定义的二元运算符。

● 四个基本数学运算:加(+)、减(-)、乘(*)、除(/);

● 逻辑比较运算:小于(LT),等于(EQ),不等于(NE),小于或等于(LE),大于或等于(GE),大于(GT);

● 三个逻辑运算:或(OR),异或(XOR),与(AND);

● 取模(求余数)(MOD),幂乘(**)。

上述二元运算符按优先级划分为五组。

● 第一组:幂乘;

● 第二组:乘、除、取模;

● 第三组:加、减;

● 第四组:逻辑比较运算;

● 第五组:逻辑或、逻辑与、逻辑异或。

其中,第一组优先级最高,依次是第二组、第三组、第四组,第五组优先级最低,同组的运算顺序是从左到右。

逻辑运算符和取模运算符也可以对实数运算,不限于整数。

数值 0 等价于逻辑非,非 0 的数值等价于逻辑真。

3) 一元函数

蓝天数控系统中的一元函数包括:

● ABS(绝对值);

● ACOS(反余弦);

● ASIN(反正弦);

● ATAN(反正切);

● COS(余弦);

● EXP(e 的幂);

● FIX(下取整);

● FUP(上取整);

● LN(自然对数);

● ROUND(最近取整);

● SIN(正弦);

● SQRT(平方根);

● TAN(正切)。

以角作为参数的函数,其单位为度(圆周360度),反三角函数返回的也是角度数。

FIX取整的结果是实数轴上左边最近的整数,例如,FIX[2.8]＝2、FIX[－2.8]＝－3;FUP则相反,结果为实数轴上右边最近的整数。

3. 程序变量

加工程序可以直接用数值指定G代码和移动距离,例如G01和X100.0,也可以用变量指定。当使用变量时,变量值可通过程序赋值或用户操作界面手动输入。

#1=[#2+100]

G01 X#1 F300

1) 变量的表示

变量是由符号"#"跟一个整数表示。该整数表示该变量的索引号。变量的值存储在系统变量表中。

#号比其他运算符的优先级高,例如,"#1+2"表示"变量1"的值加上2,而不是变量3的值,"#[1+2]"表示变量3的值。#号可以重复出现,"##2"表示以#2的值为索引号的变量取值。

2) 变量的引用

在程序段中可以使用"#"变量的方式指定地址。当用表达式指定变量时,要把表达式放在括号中。

G01X[#1＋#2]F#3

当引用未定义的变量时,变量及地址字都被忽略。例如:当变量#1的值是0,并且变量#2的值是空时,G00X#1 Y#2的执行结果为G00X0。

改变引用变量的值的符号,可以用表达式[－1＊变量]或者[－变量]求得。

G00X[－1＊#1]或:G00X[－#1]

3) 变量的类型

蓝天数控系统的变量根据变量号索引可以分成四种类型(见表2.3)。

表2.3 变量类型

变 量 号	变量类型	功 能
#0	空变量	该变量总是空,没有值能赋给该变量
#1～#33	局部变量	局部变量是在宏程序中被局部使用的变量,用于自变量的传递。当复位或断电时,局部变量被初始化为空,调用宏程序时自变量对局部变量赋值

续表

变 量 号	变量类型	功 能
♯100~♯199 ♯500~♯999	公共变量	公共变量在所有的程序中意义相同。当断电时,变量♯100~♯199初始化为0。变量♯500~♯999的数据保存在系统中,即使断电也不丢失
♯1000~	系统变量	系统变量用于读和写CNC运行时各种数据的变化。例如刀具的当前位置和补偿值

4）系统变量

系统变量用于读和写数控系统内部的数据。例如系统模态信息和当前轴位置数据,但是某些系统变量只能读,系统变量是自动控制和通用加工程序开发的基础。

（1）接口信号:是PLC和NC之间交换的信号（见表2.4）。

表2.4　接口信号的系统变量表

变 量 号	功 能
♯3000~♯3015 ♯3032	把16位信号从PLC送到系统变量♯3000到♯3015。用于按位读取信号变量。对应信号:G36.0—G37.7。 ♯3032用于一次读取一个16位信号
♯3100~♯3115 ♯3132	把16位信号从系统变量♯3100到♯3115送到PLC中,用于按位写信号变量。对应信号:F25.0—F26.7。 ♯3132用于一次写一个16位信号
♯3133	变量♯3133用于从用户宏程序写一个32位的信号到PLC。对应信号:F27—F32。 注意♯3133的值为从−99999999到+99999999

（2）参考点和工件零点偏移值:工件零点偏移值变量可以读和写（见表2.5）。

表2.5　工件零点偏移值

变 量 号	功 能	备 注
♯1001~ ♯1006	第1轴G28参考点值 …… 第6轴G28参考点值	—
♯1011~ ♯1016	第1轴G30参考点值 …… 第6轴G30参考点值	—
♯1021~ ♯1026	第1轴G92参考点值 …… 第6轴G92参考点值	—
♯1100	默认坐标系	1~6
♯1101~ ♯1106	第1轴G54工件零点偏移值 …… 第6轴G54工件零点偏移值	—

变 量 号	功 能	备 注
♯1111～ ♯1116	第1轴 G55 工件零点偏移值 …… 第6轴 G55 工件零点偏移值	—
♯1121～ ♯1126	第1轴 G56 工件零点偏移值 …… 第6轴 G56 工件零点偏移值	—
♯1131～ ♯1136	第1轴 G57 工件零点偏移值 …… 第6轴 G57 工件零点偏移值	—
♯1141～ ♯1146	第1轴 G58 工件零点偏移值 …… 第6轴 G58 工件零点偏移值	—
♯1151～ ♯1156	第1轴 G59 工件零点偏移值 …… 第6轴 G59 工件零点偏移值	—
♯2001～ ♯2006	第1轴扩展工件零点偏移值(G54P1) …… 第6轴扩展工件零点偏移值(G54P1)	—
♯2011～ ♯2016	第1轴扩展工件零点偏移值(G54P2) …… 第6轴扩展工件零点偏移值(G54P2)	—
……	……	……
♯2471～ ♯2476	第1轴扩展工件零点偏移值(G54P48) …… 第6轴扩展工件零点偏移值(G54P48)	—

（3）刀具偏置（见表 2.6）。

表 2.6　刀具偏置值

变 量 号	功 能
♯3201～♯3299	刀具长度几何补偿 x
♯3301～♯3399	刀具长度磨耗补偿 x
♯3601～♯3699	半径几何补偿
♯3701～♯3799	半径磨耗补偿
♯7001～♯7200	100～299 号刀具的长度（几何）
♯7201～♯7400	100～299 号刀具的长度（磨耗）
♯7401～♯7600	100～299 号刀具的半径（几何）
♯7601～♯7800	100～299 号刀具的半径（磨耗）

（4）模态信息：可以读取系统的 G/M 代码的模态信息，属性为只读（见表 2.7）。

表 2.7　模态信息

变量号	功　　能
♯4001	G 代码分组 1(G0/G1/G2/G3/G80～G89)
♯4002	G 代码分组 0 (G4/G9/G10/G27/G28/G29/G30/G31/G52/G53/G65/G92/G92.1/G92.2/G92.3)
♯4003	G 代码分组 2(G17/G18/G19)
♯4004	G 代码分组 7(G40/G41/G42)
♯4005	G 代码分组 6(G20/G21)
♯4006	G 代码分组 3(G90/G91)
♯4007	G 代码分组 5(G93/G94/G95)
♯4008	G 代码分组 12(G54～G59)
♯4009	G 代码分组 8(G43/G49/G43.4)
♯4011	G 代码分组 13(G61/G61.1/G64)
♯4012	G 代码分组 4(G22/G23)
♯4013	G 代码分组 17(G15/G16)
♯4014	G 代码分组 11(G50/G51)
♯4015	M 代码分组 4(M0/M1/M2/M30/M60)
♯4016	M 代码分组 7(M6)
♯4017	M 代码分组 6(M3/M4/M5)
♯4018	M 代码分组 8(M7/M9)
♯4019	M 代码分组 8(M8/M9)
♯4020	M 代码分组 9(M48/M49)
♯4022	F 码
♯4023	S 码
♯4024	T 码
♯4025	D 码
♯4026	H 码
♯4051	G 代码分组 9(G38/G39)
♯4052	G 代码分组 18(G12.1/G13.1)
♯4053	G 代码分组 10(G98/G99)
♯4054	G 代码分组 20(G80/G81～G89)

（5）当前位置信息：可以读取系统的轴位置信息，属性为只读（见表2.8）。

表2.8 当前位置

变 量 号	位 置 信 号	坐 标 系	运动时的读操作
♯5001～♯5006	程序段终点	工件坐标系	可以
♯5021～♯5026	当前位置	工件坐标系	不可以
♯5041～♯5046	当前位置	机床坐标系	不可以
♯5051～♯5056	实际反馈位置	机床坐标系	不可以
♯5061～♯5066	跳转信号位置	工件坐标系	可以

4. 程序变量赋值

程序变量赋值的语法如下。

（1）符号♯。

（2）等号＝。

（3）一个实数值。例如，"♯3＝15"，把15赋给3号变量。

（4）在一个程序行中，变量赋值将在执行完所有操作后执行。例如，当前♯3等于15，执行指令"♯3＝6 G1X♯3"，表示X轴移动到15位置后，将6赋给♯3。

5. 注释和消息

小括号()中的所有字符，包括空格，表示一个注释。左小括号被看作注释的开始，直到一个右小括号结束，左右括号必须匹配。注释不能嵌套。注释不对实际操作产生任何影响。

一行中允许执行两个注释()，但若超过两个注释()，则会触发系统报错。

左小括号紧接着"MSG,"（大小写皆可）字符串，中间没有空格，但必须有逗号，表示在"MSG"后直到右小括号前的字符串表示一个消息。消息将在系统操作界面中显示出来，而注释则不要求被显示。

N0010(program start)

N0020(MSG,this is my first program!)

6. 多个字

在一个程序行中可以有多个G代码，G代码被分为多个组，同一组的G代码不能同时出现在同一行中。

一行中可以有0～4个M代码，同一组的M代码不能出现在同一行中。

其他的字母，一行中只允许出现一次。

一行中允许有多次变量赋值，如"♯3＝3   ♯3＝15"，但对同一变量的赋值只有最后一次的赋值操作有效。

7. 程序段中各项的顺序

程序段中所有的项（不包括段号）分为三类，即字、变量赋值、注释。

（1）字。没有顺序要求，可以任何顺序出现而不改变程序的语义。

（2）变量赋值。当一行中对一个变量多次赋值时，最后的赋值有效，不同变量赋值前后顺序不影响语义。

（3）注释。顺序不影响语义。

三类中的各项在一行中可以以任意顺序出现，只是字母代码及同组的情况按如上所述处理。

8.命令和系统模式

程序语言中，有些命令，一旦指定，则一直有效，直到另一个命令被指定或被默认改变为另一个状态，这种命令称为模态命令。例如：G54 选择工件坐标系指令。

有些指令只在被指令的程序段有效，这种命令称为非模态命令。例如：G4 暂停。

程序语言的合法程序行应有序的包括下面的项目，且每行不能超过 256 个字符。

（1）可选：行忽略符号"/"，在一定条件下不执行本程序行；

（2）可选：行号；

（3）必选：一个或多个"字"、变量赋值/引用、注释；

（4）必选：行结束符号（回车，换行，或两者都有）。

没有明确指定的格式都是不合法的，将触发系统报错。空格和制表符（Tab）可以在程序行中的任何位置出现，且不会改变程序行的语义（注释和消息除外）。空行将被忽略。

除了注释和消息之外，程序行中的字符是不区分大小写的。

2.1.4　模态分组

模态命令被分为多个集合，称为"组"（group）。同一组的两个代码不能同时出现在同一程序行中，一般来说同组的代码在逻辑上是不相容的。如长度单位为英制或公制。数控系统在同一时刻可以有多种模式，每个组对应一个模式。

在一些组中，即使没有指定当前的模式，也必须有默认模式。当系统上电或复位时，会自动处于默认模式。模态分组如表 2.9 所示。

表 2.9　模态分组

G 代码模态分组	含　　义
Group 1＝{G0,G1,G2,G3}	运动组
Group 2＝{G17,G18,G19}	插补平面选择
Group 3＝{G90,G91}	编程指令模式
Group 5＝{G93,G94,G95}	进给率模式
Group 6＝{G20,G21}	公英制选择

续表

G 代码模态分组	含　义
Group 7＝{G40,G41,G42}	刀具半径补偿
Group 8＝{G43,G49}	刀具长度补偿
Group 10＝{G98,G99}	固定循环的返回模式
Group 11＝{G50,G51}	镜像比例
Group 12＝{G54,G55,G56,G57,G58,G59}	坐标系选择
Group 13＝{G61,G61.1,G64}	路径控制模式
Group 14＝{G66,G67}	宏编程
Group 15＝{G96,G97}	主轴速度模式
Group 16＝{G68,G69}	坐标系旋转
Group 17＝{G15,G16}	极坐标编程
Group 20＝{G80,G81,G82,G83,G84,G85,G86, G86.1,G87,G88,G89}	固定循环

非模态 G 代码：
　　Group 0＝{G4,G9,G10,G27,G28,G29,G30,G31,G52,G53,G65,G81.1,G92,G92.1,G92.2, G92.3}

M 代码模态分组	含　义
Group 3＝{M98,M99}	子程序控制
Group 4＝{M0,M1,M2,M30}	程序停
Group 6＝{M6}	换刀
Group 7＝{M3,M4,M5}	主轴控制
Group 8＝{M7,M8,M9}	冷却控制
Group 9＝{M48,M49}	进给倍率和主轴转速倍率使能控制

2.2　准备功能(G 代码)

1. 模态

G 代码按其有效期可分为两种。

（1）非模态 G 代码：只有指定该 G 代码时才有效，未指定时无效；且在当前行有效。

（2）模态 G 代码：该类 G 代码执行后一直有效，直到被同组其他代码取代为止。

2. 分组

　　G 代码按其功能类别分为若干个组，其中 00 组为非模态 G 代码，其他组均为模态 G 代码。同一程序段中可以指定多个不同组的 G 代码。

G 代码中运动组 1 中的指令和组 0 中带有轴参数的指令不可在同一程序段指定,否则将触发系统报错,因为它们都需要指定各轴的参数,这样的编程格式会产生歧义。

2.2.1　G 代码一览表(T)

车削 G 代码见表 2.10。

表 2.10　车削 G 代码

G 代码	类　型	功　能
G00 *	模态	快速定位
G01		直线插补
G02		顺时针圆弧插补/螺旋线插补
G03		逆时针圆弧插补/螺旋线插补
G7.1	非模态	圆柱插补
G04	非模态	暂停、准确停止
G09		准确停止
G10		设置坐标系数据
G12.1	模态	开启极坐标插补
G13.1	模态	取消极坐标插补
G15 *	模态	取消极坐标编程
G16		开启极坐标编程
G20	模态	英制编程
G21 *		公制编程
G22	模态	执行第二存储行程检测
G23 *		取消第二存储行程检测
G25	—	轮廓定义开始
G26	—	轮廓定义结束
G28	非模态	返回第一参考点
G29		从参考点返回
G30		返回第二参考点
G33	模态	等螺距螺纹加工
G34		变螺距螺纹加工

G 代码	类 型	功 能
G38	模态	执行第三存储行程检测
G39		取消第三存储行程检测
G40 *	模态	取消刀尖半径补偿
G41		左侧刀尖半径补偿
G42		右侧刀尖半径补偿
G52	非模态	局部坐标系设定
G53		使用机床坐标系
G54.1	非模态	附加工件坐标系(P1～P48)
G54 *	模态	选择工件坐标系 1
G55		选择工件坐标系 2
G56		选择工件坐标系 3
G57		选择工件坐标系 4
G58		选择工件坐标系 5
G59		选择工件坐标系 6
G59.1		选择附加坐标系 1
G59.2		选择附加坐标系 2
G59.3		选择附加坐标系 3
G61	模态	设置运动模式:小线段加工
G61.1		设置运动模式:精确停止
G64 *		设置运动模式:速度混合加工
G65	非模态	非模态调用宏程序
G66	模态	模态调用宏程序
G67		取消模态调用宏程序
G70	模态	精车循环
G71		粗车循环
G72		平端面粗车
G73		型车复合循环
G74	非模态	端面啄式深孔钻/Z向切槽循环
G75		内/外径钻循环

续表

G 代码	类 型	功 能
G76	模态	螺纹切削复合循环
G77		内/外径切削循环
G78	模态	螺纹切削循环
G79		端面车削循环
G90 *	模态	绝对方式编程
G91		增量方式编程
G92	非模态	预置坐标系并保存偏移/G96 有效时,设定主轴最高转数
G92.1		取消预置坐标系,偏移值清零
G92.2		取消预置坐标系,偏移值不清零
G92.3		恢复预置坐标系
G93	模态	时间倒数进给
G94 *		每分进给
G95		每转进给
G96	模态	主轴恒表面速度控制指令
G97 *		主轴恒转速的控制指令

说明

(1) 在开机时,或执行过 M02、M30,或系统复位后,此时的模态 G 代码如下。

① G 代码表 2.10 中用"＊"指示 G 代码状态。

② 参数 NO.0610 为"0"时,"G00"有效;为"1"时,"G01"有效。

③ 参数 NO.0612 为"0"时,"G90"有效;为"1"时,"G91"有效。

(2) 当指定了没有列在表中的 G 代码时,系统报警"G 代码超出范围"。

(3) 同一程序段中可指定不同组的 G 代码且不分先后。

2.2.2 G 代码一览表(M)

铣削 G 代码见表 2.11。

表 2.11 铣削 G 代码

G 代码	类 型	功 能
G00	(模态)	快速定位
G01	(模态)	直线插补
G02	(模态)	顺时针圆弧插补/螺旋线插补

G 代码	类 型	功 能
G03	（模态）	逆时针圆弧插补/螺旋线插补
G04		延时暂停、准确停止时暂停
G09		准确停止
G07.1		圆柱插补
G10	（模态）	设置坐标系数据
G15	（模态）	极坐标开启指令
G16	（模态）	极坐标取消指令
G17	（模态）	选择 XY 平面
G18	（模态）	选择 XZ 平面
G19	（模态）	选择 YZ 平面
G20	（模态）	英制编程
G21	（模态）	公制编程
G28		返回参考点 1
G29		从参考点返回
G30		返回参考点 2
G31		跳转功能
G38	（模态）	执行第三存储行程检测
G39	（模态）	取消第三存储行程检测
G40	（模态）	取消刀具半径补偿
G41	（模态）	左侧刀具半径补偿
G42	（模态）	右侧刀具半径补偿
G43	（模态）	开启刀具长度补偿
G49	（模态）	取消刀具长度补偿
G50	（模态）	取消比例缩放
G51	（模态）	开启比例缩放
G52		局部坐标系设定
G53		使用机床坐标系
G54	（模态）	选择工件坐标系 1
G55	（模态）	选择工件坐标系 2
G56	（模态）	选择工件坐标系 3

G 代码	类　　型	功　　能
G57	（模态）	选择工件坐标系 4
G58	（模态）	选择工件坐标系 5
G59	（模态）	选择工件坐标系 6
G61	（模态）	设置运动模式:小线段加工
G61.1	（模态）	设置运动模式:精确停止
G64	（模态）	设置运动模式:速度混合加工
G65	（模态）	非模态宏调用
G66	（模态）	模态宏调用
G67	（模态）	取消模态宏调用
G68	（模态）	坐标系旋转
G69	（模态）	取消坐标系旋转
G80	（模态）	取消固定循环
G81	（模态）	钻孔固定循环
G82	（模态）	带有暂停的钻孔固定循环
G83	（模态）	深孔钻削固定循环
G84	（模态）	攻螺纹固定循环
G85	（模态）	镗孔、不停顿、进给速度退出
G86	（模态）	镗孔、主轴停、快速退出
G86.1	（模态）	精镗孔
G87	（模态）	背镗孔固定循环
G88	（模态）	镗孔、主轴停转、手动退出
G89	（模态）	镗孔、停顿、进给速度退出
G90 *	（模态）	绝对方式编程
G91	（模态）	增量方式编程
G92		预置坐标系并保存偏移
G92.1		取消预置坐标系,偏移值清零
G92.2		取消预置坐标系,偏移值不清零
G92.3		恢复预置坐标系
G93	（模态）	时间倒数进给
G94	（模态）	每分进给
G95	（模态）	每转进给
G96	（模态）	主轴恒线速控制指令
G97	（模态）	主轴转速的控制指令
G98	（模态）	固定循环返回到初始点

2.3　辅助功能

2.3.1　M指令

辅助功能用 M 代码编程,M 代码的范围为 M00～M999,其中一部分 M 代码已赋有专门的含义。在一个程序段中最多可以编入四个 M 代码。当在一个程序段中编有一个以上的 M 代码时,数控系统根据其类型决定其执行的先后顺序,前缀功能码在运动段之前执行,后缀功能码在运动段之后执行。

数控系统可在"M 代码设定"中对 M00～M99 进行配置,而 M100～M999 为固定分组及分类,不可再进行配置,其中 M100～M499 为前缀 M 代码,M500～M999 为后缀 M 代码;M100～M999 全部分在第 5 组。

1. M 代码配置(分组、类型)

M 代码定义格式如表 2.12 所示。

表 2.12　M 代码定义

第一字节	7		6	5	4	3	2	1	0
含义	计数位		复位		分组信息			分类信息	
第二字节	15	14	13	12	11	10		9	8
含义	NU	NU	NU	NU	NU	暂停位		模态位	显示位

说明

1)分类信息

00:无此 M 代码。

01:前缀 M 代码。该 M 代码在同程序段运动代码执行之前执行。

10:后缀 M 代码。该 M 代码在同程序段运动代码执行之后执行。

2)分组信息(16 组)

0000～1111:分为 0～15 组。第 0～3 组的 M 代码用于 NC 内部处理,不发送到 PLC 处理。用于自定义宏程序调用的 M 代码必须分为第 1 组。部分分组如下所示。

Group 1　　　　　　　　　　宏程序调用

Group 3＝{M98,M99}　　　　子程序控制

Group 4＝{M0,M1,M2,M30}　程序停

Group 5＝{M100～M999}　　 备用 M 代码

Group 7＝{M03,M04,M05}　　主轴控制

Group 8＝{M07,M08,M09}　　冷却控制

Group 9＝{M48,M49}　　　　修调控制

以上 M 代码分组不能改变。

3）复位标志

0：无复位操作。

1：进行复位操作。

4）计数标志

1：M 代码执行零件计数。

0：M 代码不执行零件计数。

5）显示标志

1：M 代码状态在人机界面处不显示。

0：M 代码状态在人机界面处显示。

6）模态标志

1：M 代码是模态的。

0：M 代码是非模态的。

7）暂停标志

1：M 代码执行时进行程序暂停。

0：M 代码执行时程序不暂停。

2. M00 程序段暂停

CNC 读到程序中的 M00 代码时，暂停执行零件程序，"选择停"按键的状态不影响 M00 的执行。在包含 M00 的程序段执行之后，自动运行停止。当程序停止时，所有存在的模态信息保持不变，用循环启动使自动运行重新开始。

3. M01 程序条件停

当 CNC 读到程序中的 M01 代码，而且"选择停"按键的状态为启动时，暂停执行零件程序。

与 M00 类似，在包含 M01 的程序段执行以后自动运行停止。只有当"选择停"按键的状态为启动时这个代码才有效。

4. M02/M30 程序结束

M02 和 M30 代码表明程序结束，并根据复位标志决定是否复位；执行系统的复位后，回到初始状态。其中复位开关可以在 M 代码设定中进行配置，具体设置方法请参照 3.11.4 小节。

5. M03，M04，M05 第一主轴旋转功能

M03：主轴顺时针方向旋转。开动主轴时，按右旋螺纹进入工件的方向旋转。

M04：主轴逆时针方向旋转。开动主轴时，按右旋螺纹离开工件的方向旋转。

M05：第一主轴旋转停止。

在第一主轴未转时，可以使用 M03 和 M04 进行主轴正转和反转，如果主轴修调率为 0，则第一主轴不会开始旋转；此后，如果第一主轴转速被设置为大于 0（或修调率打开），第一主轴将开始转动，第一主轴转动后，还可以使用 M03 和 M04 进行主轴正转和反转；要使第一主轴停转，应使用 M05 指令。

6. M18 第一主轴定向

M18 主轴回到机械零点。

| 说明 |

此功能 M 代码非固定 M 代码,也无参数进行配置,具体使用的 M 代码编号由 PLC 逻辑决定,推荐使用 M18。

7. M19/M20 第一主轴定位/取消定位

M19 C_:主轴先定向再旋转到程序指定的角度。

M20:取消主轴定位。

| 说明 |

(1) 此功能 M 代码非固定 M 代码,具体使用的 M 代码编号由 PLC 逻辑决定。

(2) M19/M20 为此功能的默认配置,可通过参数 0425/0426 进行配置。

8. M21/M22 第一主轴与 Cs 轴切换

M21:主轴切换为 Cs 轴。

M22:Cs 轴切换为主轴。

| 说明 |

此功能 M 代码非固定 M 代码,也无参数进行配置,具体使用的 M 代码编号由 PLC 逻辑决定,推荐使用 M21/M22。

9. M23/M24,M25/M26 系统与第一第二主轴的接通与断开

M23:接通第一主轴。系统可控制其旋转速度。

M24:断开第一主轴。保持断开之前的状态,旋转速度不受控。

M25:接通第二主轴。系统可控制其旋转速度。

M26:断开第二主轴。保持断开之前的状态,旋转速度不受控。

| 说明 |

此功能 M 代码非固定 M 代码,也无参数进行配置,具体使用的 M 代码编号由 PLC 逻辑决定,推荐使用 M23/M24,M25/M26。

10. M33,M34,M35 第二主轴旋转功能

M33:第二主轴以顺时针方向开始旋转。

M34:第二主轴以逆时针方向开始旋转。

M35:第二主轴旋转停止。

11. M7,M8,M9 冷却功能

M7:开冷却雾。

M8:开冷却液。

M9:关闭所有的冷却剂。

12. M48/M49 **修调功能**

M48:转速和进给速率修调使能。

M49:关闭转速和进给速率修调。

当 M48 生效时,控制面板上的速率修调旋钮功能被屏蔽,即无论旋钮设定为何值,转速和进给速率都为默认的 100%。

13. M98/M99 **子程序调用及返回**

如果程序中包含固定顺序多次重复程序段,可以将这样的重复程序段编成子程序文件存储,然后由使用它的主程序调用,以此简化编程。

被调用的子程序也可以调用另一个子程序。

指令格式

主程序:

......

M98 L_$程序名

......

子程序:

......

......

M99   子程序结束

说明

(1)作为子程序名的前导符"$"是必需的。

(2)L_:子程序调用重复次数,默认值为 1。

(3)主程序调用第一子程序,第一子程序还可以再调用第二子程序,即子程序调用可以嵌套,最多 4 级。调用子程序指令可以重复使用。

(4)主程序中可以指令 M99,表示回到主程序的第一行。

例

主程序:

N10 G54G90

N20 G0X0Z0

N30 M98L1$a.prg

N40 G0X10Z0

N50 M30

子程序:

N10 G1X5Z5F200

N20 G3X10Z10R5

N30 M99

2.3.2　S指令

G97模式下,主轴转速的单位是转/分钟(r/min),用S_编程,主轴将在命令指定开始旋转后以S指定速度旋转。当转速修调不是100%的时候,转速可能不同于S的指令值。S0将使主轴停转,S的值不能为负数。G96模式下,主轴转速的单位是米/分钟(m/min)。

2.3.3　T指令

T代码用于选刀,其后的数值表示选择的刀具号,T代码与刀具的关系是由机床制造厂规定的。

1. 铣削系统(M系列)

用T××选择刀具,参数为刀具(槽)号(范围0~255)。换刀格式为M6 T××。T0表示没有刀具被选中,即换刀后主轴上没有刀具。

在一些机床上,可以在执行其他运动命令的同时,转动刀具盘,为换刀做准备。在这样的机床上,可以在一次换刀后,立即对T编程,以节约换刀时间。

2. 车削系统(T系列)

车削系统采用T地址后指定4位0~9的数字用于选择刀具,前两位表示要选的刀具号,后两位表示所选刀具补偿表中偏置索引号,其格式如下:

$$T\underbrace{\_\_\quad\_\_}_{\substack{1\sim2\\ \text{刀具号}}}\quad\underbrace{\_\_\quad\_\_}_{\substack{3\sim4\\ \text{刀偏}\\ \text{索引号}}}$$

刀具号和T选通信号一起由NC-PLC接口传送到PLC,用于机床上的刀具选择与换刀;刀补号用于NC从刀具补偿表(见第3章操作部分3.6.3)中获取刀具信息,自动完成刀具补偿(包括几何偏置和刀尖半径补偿)。

一个程序段中只允许指定一个T代码,T代码指令在轴移动指令之前执行(先换刀)。

T代码的换刀执行,由PLC编写换刀逻辑实现。

例

T0103:表示选择1号刀具,采用3号刀具补偿。

T0200:表示选择2号刀具,并取消当前刀具补偿。

T02:表示不换刀,采用2号刀具补偿。

在铣床系统中,T02表示换刀,不采用刀补,请注意两种系统的区别。

注意

(1) T代码编程时,若指定的代码位数不足4位,则系统内部会在数字前以0补足 4 位;若多于 4 位且第 4 位之后的数字中有不为 0 的数字,则系统会给出提示信息"所选刀具号不存在",否则内部处理时只保留低 4 位。因此当只编程 1 位或 2 位数时,不会产生换刀,只更改刀补数据。

(2)刀具号为 0 时,系统不做换刀处理,保留原刀具号;刀偏索引号为 0 时,取消刀补数据。

2.3.4 进给速率(F)

在程序中用 F 来编程进给速率。在每分进给模式、每转进给和时间倒数模式下,各有不同的意义。

2.4 准备功能编程指令

2.4.1 定位(G00)

G00 使刀具快速移动到指定的位置。

 指令格式

G00 IP_

IP_:绝对编程时,是终点坐标;增量编程时,是刀具移动的距离。

 说明

G00 分为两种模式,一种是以直线插补方式完成各轴的快速定位,另一种是以非直线插补方式完成各轴的快速定位。G00 采用哪种方式运动通过参数 0112 配置实现。G00 是模态的,它与 G 代码分组 1 中其他 G 代码的指令是不相容的。编程时也可以写作 G 或 G0。当编程 G00 时,不撤销前面所编的 F。也就是说,当再编程 G01,G02,G03时,若不指定新的 F 值,则程序中最后一个 F 值仍然起作用。

例 N10 G00 X20 Y15(见图 2.4)

2.4.2 直线插补(G01)

G01 使刀具沿直线进给到指定位置。

指令格式

G01 IP_F_

IP_:绝对编程时,是终点坐标;增量编程时,是刀具移动的距离。

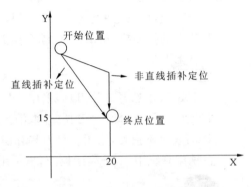

图 2.4 直线插补定位和非直线插补定位

F_:刀具的进给速度。

说明

G01 所编程的运动,以所编程的进给率(F)执行直线运动。指定新值前,F 指定的进给速度一直有效,它不需要对每个程序块进行指定。

由 F 指定的速度是刀具沿着直线移动的速度。若 F 没有指定任何速度,则进刀速度应为零。沿各轴方向的速度如下:

G01 X_α Y_β Z_γ F_f;

X 轴向的速度 $F_\alpha = \alpha \times f/L$

Y 轴向的速度 $F_\beta = \beta \times f/L$

Z 轴向的速度 $F_\gamma = \gamma \times f/L$

$L = \sqrt{\alpha^2 + \beta^2 + \gamma^2}$

直线插补时,A、B、C 以 deg 为单位,X、Y、Z 以 mm 为单位。笛卡儿坐标系中的切线速度为由 F(mm/min) 所指令的速度。旋转轴的速度是通过上式求出所需时间后再将其换算为 deg/min 而求得的。

G91 G01 X20.0 C40.0 F300.0;

假定以公制输入时的 C 轴的 40.0deg 为 40 mm,分配所需时间为

$$\frac{\sqrt{20^2 + 40^2}}{300} \approx 0.14907 \text{ min}$$

C 轴的速度为

$$\frac{40 \text{ deg}}{0.14907 \text{ min}} \approx 268.3 \text{ deg/min}$$

直线插补示例如下。

G91 G01 X300.0 Y200.0 F300(见图 2.5)

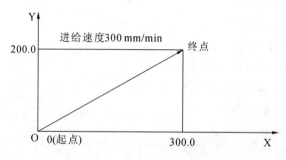

图 2.5 G01 直线插补运动

旋转插补示例如下。

G91 G01 C−90 F300(见图 2.6)

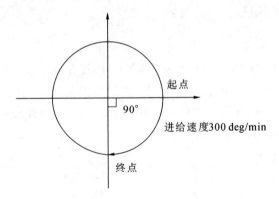

图 2.6　G01 旋转插补运动

2.4.3　圆柱螺旋线插补(G02/G03)

1. 圆弧插补(G02/G03)

使刀具在指定的平面上沿圆弧移动。

> **指令格式**

在 XY 平面上的圆弧：

$$G17\left\{\begin{matrix}G02\\G03\end{matrix}\right\}X\_Y\_\left\{\begin{matrix}I\_J\_\\R\_\end{matrix}\right\}F\_$$

在 ZX 平面上的圆弧：

$$G18\left\{\begin{matrix}G02\\G03\end{matrix}\right\}X\_Z\_\left\{\begin{matrix}I\_K\_\\R\_\end{matrix}\right\}F\_$$

在 YZ 平面上的圆弧：

$$G19\left\{\begin{matrix}G02\\G03\end{matrix}\right\}Y\_Z\_\left\{\begin{matrix}J\_K\_\\R\_\end{matrix}\right\}F\_$$

G17:指定插补平面 XY;

G18:指定插补平面 ZX;

G19:指定插补平面 YZ;

G02:圆弧插补,顺时针方向(CW);

G03:圆弧插补,逆时针方向(CCW);

X_:X 轴的终点指令值;

Y_:Y 轴的终点指令值;

Z_:Z 轴的终点指令值;

I_:X 轴从起点到圆弧圆心的距离(带符号);

J_:Y 轴从起点到圆弧圆心的距离(带符号);

K_:Z 轴从起点到圆弧圆心的距离(带符号);

（其中 I,J,K 的值可由圆心坐标减去起点坐标计算）

R_:圆弧半径（带符号）;

F_:沿圆弧的进给速度。

说明

1) 圆弧插补的方向

在直角坐标系中,从 Z 轴（Y 轴或 X 轴）的正方向到负方向看 XY 平面时,决定 XY 平面（ZX 平面或 YZ 平面）的"顺时针"（G02）和"逆时针"（G03）,如图 2.7 所示。

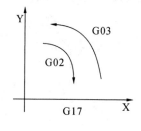 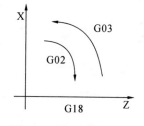 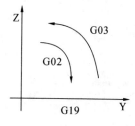

图 2.7　圆弧插补的方向

2) 圆弧移动距离

用 X、Y、Z 指定圆弧的终点,并且根据 G90 或 G91 用绝对值或增量值表示。

3) 圆弧中心

用 I、J、K 指定 X、Y、Z 轴的圆弧中心位置,分别表示圆心 X、Y、Z 分量距离圆弧起点的偏移。I、J、K 必须根据方向指定符号。当 X、Y、Z 省略,并且用 I、J、K 指定圆心时,是 360°的圆弧（整圆）。如果起点与终点的半径差超过允许值,则产生报警,如图 2.8 所示。

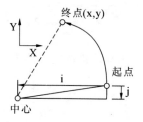 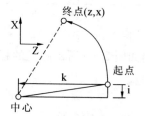 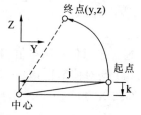

图 2.8　圆弧中心

4) 圆弧半径

至圆弧中心的距离可用半径 R 来指定,而不用 I、J、K 来指定。当用圆弧半径编程时,一般存在两个符合要求的圆弧,一个大于 180°,一个小于或等于 180°。为了区分,用半径值的正负来表示,正值表示小于或等于 180°的圆弧,负值表示大于 180°的圆弧,如图 2.9 所示。

5) 进给速度

圆弧插补的进给速度等于 F 代码指定的进给速度,并且是沿圆弧的切向进给速度,如图 2.10 所示。

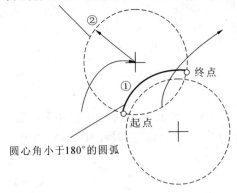

圆心角大于180°的圆弧

②

圆弧①（圆心角小于180°）

G91 G02 X50 Y70 **R50** F500；

终点

①

起点

圆弧②（圆心角大于180°）

G91 G02 X50 Y70 **R−50** F500；

圆心角小于180°的圆弧

图 2.9 圆弧半径

例

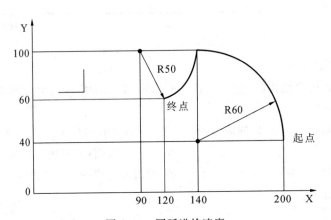

图 2.10 圆弧进给速度

通过绝对值和增量值编制如图 2.10 所示路径的程序，其刀具轨迹编程如下。

(1) 绝对值编程，如下所示。

G92 X200.0 Y40.0 Z0；

G90 G03 X140.0 Y100.0 R60.0 F300.0；

G02 X120.0 Y60.0 R50.0；

或

G92 X200.0 Y40.0Z0；

G90 G03 X140.0 Y100.0 I−60.0 F300.0；

G02 X120.0 Y60.0 I−50.0；

(2) 增量值编程，如下所示。

G91 G03 X−60.0 Y60.0 R60.0 F300.0；

G02 X−20.0 Y−40.0 R50.0；

或

G91 G03 X−60.0 Y60.0 I−60.0 F300.0;

G02 X−20.0 Y−40.0 I−50.0;

 注意

① 如果同时指定 I、J、K 和 R 的话，R 优先级更高。

② 如果插补平面选择错误，将无法插补出所编程的圆弧。

③ 整圆和半圆（或者接近）最好不要以半径方式编程，因为圆弧终点的微小改变可引起圆心位置的较大改变，角度范围在 0°～165°或 195°～345°是比较合理的。

2. 螺旋线插补（G02/G03）

在指定平面上执行圆弧插补的同时，指定第三轴直线运动，可以实现刀具的螺旋线插补。

┌指令格式▶

与 XY 平面圆弧同时移动：

$$G17 \begin{Bmatrix} G02 \\ G03 \end{Bmatrix} X\_Y\_Z\_ \begin{Bmatrix} I\_J\_ \\ R\_ \end{Bmatrix} K\_L\_F\_$$

与 ZX 平面圆弧同时移动：

$$G18 \begin{Bmatrix} G02 \\ G03 \end{Bmatrix} X\_Y\_Z\_ \begin{Bmatrix} I\_K\_ \\ R\_ \end{Bmatrix} J\_L\_F\_$$

与 YZ 平面圆弧同时移动：

$$G19 \begin{Bmatrix} G02 \\ G03 \end{Bmatrix} X\_Y\_Z\_ \begin{Bmatrix} J\_K\_ \\ R\_ \end{Bmatrix} I\_L\_F\_$$

X：X 轴终点的坐标。

Y：Y 轴终点的坐标。

Z：Z 轴终点的坐标。

L：次数（非模态，不带小数点的正值）。

I、J、K：其中 2 个轴为从起点到中心的带有符号的矢量（模态），其余的 1 个轴为螺旋插补时的螺旋旋转一周的高度增减值（非模态），具体规则如下：

（1）当平面选择为 XY 平面时，I、J 为从起点到中心的带有符号的矢量，K 为螺旋旋转一周的高度增减值（优先级高于 L）；

（2）当平面选择为 ZX 平面时，K、I 为从起点到中心的带有符号的矢量，J 为螺旋旋转一周的高度增减值（优先级高于 L）；

（3）当平面选择为 YZ 平面时，J、K 为从起点到中心的带有符号的矢量，I 为螺旋旋转一周的高度增减值（优先级高于 L）。

R：弧半径（模态，优先级高于作为圆心矢量的 I、J、K 参数）。

F：进给速率（模态）。

螺旋插补只是在圆弧插补的基础上,加上一个第三轴位移及螺旋的圈数。

F 指令指定沿圆弧的进给速度,因此第三轴的进给速度如下:

$$F \times \frac{\text{直线轴的长度}}{\text{圆弧的长度}}$$

L 表示螺旋线圈数,1 表示 0～360°,2 表示 360°～720°,依次类推。L 缺省表示 L1。

例 1:N1 G2 XYZF(因为没有指定 R、I、J、K,同时也没有继承的数值,要报错)

　　　N2 G17 G2 XYZFIJ

　　　N3 G3 XYZ(可以继承 N2 指令中的 I、J 值)

例 2:G17 G2 XYZFIJ

　　　G3 XYZI(只用当前的 I 值计算圆心,此时 J 按 0 处理)

(1) 切换平面时,I、J、K 的继承关系会清除,R 仍然可以继承。

(2) 只对圆弧进行刀具半径补偿。

2.4.4　暂停(G04)

按指定的时间延迟执行下个程序段。

┃指令格式▶

G04 P

P_:指定的暂停时间(单位:s),数值为浮点型。P 应大于等于 0。

P 不指定时,系统将报错。在切削方式(G64)中,为进行准确停止检查,可以指定暂停。在同一程序段中,若除 G04 以外还编入了其他指令,则先执行其他指令,然后执行 G04 暂停功能。

2.4.5　圆柱插补(G07.1)

┃指令格式▶

G07.1 IP r 启动圆柱插补方式;

G07.1 IP 0 取消圆柱插补方式;

IP:旋转轴地址(只能指定一个);

r:工件的半径。

（1）G07.1 IP r 和 G07.1 IP 0 由单程序段指定，G 代码分组为 0 组。

（2）平面选择（G17、G18、G19）为了指定平面选择的 G 代码，将旋转轴视为直线轴，作为基本坐标系的 3 个基准轴或者这些轴的平行轴，在参数（pm1265）中予以设定。例如，当旋转轴 C 轴为 X 轴的平行轴时，同时指定 G17、轴地址 C 和 Y，即可选择 C 与 Y 轴之间的平面（Xp－Yp 平面）。进行圆柱插补的旋转轴，仅可以设定一个。

（3）在圆柱插补方式中，可以指定直线插补和圆弧插补。另外，还可以指定绝对指令和增量指令。对于应用刀具半径补偿的程序指令和刀具半径补偿后的路径进行圆柱插补。轨迹插补完成后，通过转换关系将圆柱插补的插补点转换为实际机床各轴的位置来控制轴运动。

（4）圆柱插补方式下，不可以指定定位操作（包括产生快速移动的循环）。定位之前必须取消圆柱插补方式。另外，在 G 定位方式（G00）下无法执行圆柱插补（G07.1）。

（5）此功能必须在 G40 状态下启动。在圆柱插补方式下，启动并终止刀具补偿。

（6）在圆柱插补方式下，不可指定钻孔固定循环。

（7）在圆柱插补方式下，不能指定工件坐标系（G92、G54～G59）以及局部坐标系（G52）。

（8）刀具偏置应在进入圆柱插补方式之前指定。在圆柱插补方式下不能更改偏置。

（9）可以在圆柱插补中设定的旋转轴仅 1 个。因此，不可以用 G07.1 指令来指定 2 个以上的旋转轴。

例

如图 2.11 和图 2.12 所示。

N01 G00 G90 Z100.0 C0；

N02 G01 G91 G18 Z0 C0；

N03 G07.1 C60；*

N04 G90 G01 G42 Z120.0 D01 F250；

N05 C30.0；

N06 G03 Z90.0 C60.0 R30.0；

N07 G01 Z70.0；

N08 G02 Z60.0 C70.0 R10.0；

N09 G01 C150.0；

N10 G02 Z70.0 C190.0 R75.0；

N11 G01 Z110.0 C230.0；

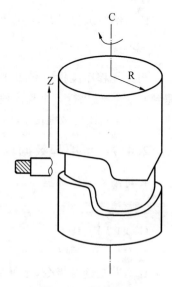

图 2.11　圆柱插补

N12 G03 Z120.0 C270.0 R75.0；

N13 G01 C360.0；

N14 G40 Z100.0；

N15 G07.1 C0；

N16 M30；

﹡通过 C60 输入工件半径长度值 R。

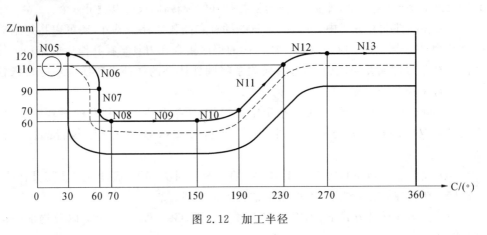

图 2.12　加工半径

2.4.6　程序段精确停(G09)

使刀具在当前程序段的终点减速到零,然后再执行下个程序段。

G09 IP_

IP_:绝对编程时,是终点坐标;增量编程时,是刀具移动的距离。

说明

当某一程序段指定 G09,则该程序执行准确停,即该程序段运动结束后,精确减速到 0,然后再执行下个程序段。

G09 与 G61 的区别在于,前者为非模态指令,在当前程序段中有效,后者是模态有效。

2.4.7　可编程数据输人(G10)

1.可编程坐标数据输人

指令格式

G10 L2 Pp IP_

p:对应 G54 到 G59 的工件坐标系编号(1～6)。

IP_:若是绝对指令,是每个轴的工件原点偏置值;

若是增量指令,累加到每个轴原设置的工件原点偏置值上。

说明

（1）只有编程中明确指定轴的原点偏移值被修改，未指定轴的原点偏移值保持不变。

（2）P 的参数必须指定 1～6，否则报错。

（3）G10 指令不会改变 G92 所设置的轴偏移量。

例

G54　　　　　　　　　　　　（G54 初始值）

G01X100Y100Z100

G10L2P1X100Y100Z50　　　　（更改 G54 工件坐标系零点为 X100Y100Z50）

G01X20Y20Z20　　　　　　　（机床坐标系指令值为 X120Y120Z70）

M30

2. 可编程刀具半径补偿值输入

指令格式

G10 L12 Pp Rr

p：对应刀具补偿表的补偿编号（1～299）。

r：表示刀具半径补偿几何补偿量（半径值）。

 说明

（1）P 的参数必须指定且为 1～299 的整数，否则报错。

（2）R 参数必须指定，否则报错。

（3）在 G90（绝对模式）的有效情况下，R 后面的数值会直接输入到相应的刀具补偿号中；在 G91（增量模式）有效的情况下，R 后面的数值会与相应的刀具补偿号中原有的数值叠加，得到一个新的数值后替换掉原来的数值。

（4）如果修改的刀具半径补偿编号为正在加载的补偿编号，修改值不能立即生效，需要重新加载才能生效。

（5）使用 G10 修改半径补偿几何值时，对应的半径补偿磨耗值将被设置为 0。

例

G90 G10 L12 P1 R20

设置索引号为 1 的刀具半径几何补偿值为 20。

3. 设置附加工件坐标系原点偏移

指令格式

G10 L20 Pn IP_

n：设定附加工件坐标系零点的代码（1～48）。

IP_：设定附加坐标系对应轴的原点偏移值。

4.设置刀度长度补偿值

指令格式

G10 Pn H_R_

n:对应刀具长度的补偿索引号(1~299)。

H:设定刀具长度补偿值。

R:设定刀具半径补偿值。

2.4.8 极坐标插补(G12.1/G13.1)

指令格式

G12.1 启动极坐标插补方式;

G13.1 取消极坐标插补方式。

说明

(1) G12.1、G13.1由单程序段制定,模态G代码,G代码分组为18。

(2) 在极坐标插补方式中,可以指定直线插补和圆弧插补。另外,还可以指定绝对指令和增量指令。对于应用刀具半径补偿的程序指令和刀具半径补偿后的路径进行极坐标插补,可指定的G代码有:

G01

G02、G03

G04

G40、G41、G42

G90、G91

G94、G95

轨迹插补完成后,通过转换关系将极坐标插补的插补点转换为实际机床各轴的位置来控制轴运动。

当通过指定G12.1来启动极坐标插补时,选择"极坐标插补平面",极坐标插补在该平面上进行,在G12.1被指定之前的平面暂时被取消,在G13.1被指定时之前的平面则被恢复。此外,系统复位时,极坐标插补被取消,平面被恢复。在指定G12.1前,必须指定局部坐标系或者工件坐标系,在G12.1方式中,坐标系不得改变。复位时清除极坐标插补标志,进行位置同步,如图2.13所示。

(3) G12.1、G13.1必须在G40状态下启动。在G12.1方式下,可以启动刀具半径补偿G41、G42。

(4) 刀具长度补偿,需在G12.1之前指定,在极坐标插补方式下,不允许改变偏置值。

(5) 程序的再启动,对G12.1方式下的程序段,不能进行程序的再启动。

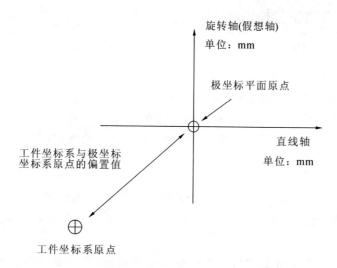

图 2.13　极坐标插补平面

（6）在极坐标平面内进行圆弧插补（G02、G03）时，根据平面第 1 轴（直线轴）确定圆弧插补的圆弧半径地址。

① 直线轴是 X 轴或 X 轴平行轴时，视为 X－Y 平面，用 I、J 指定。

② 直线轴是 Y 轴或 Y 轴平行轴时，视为 Y－Z 平面，用 J、K 指定。

③ 直线轴是 Z 轴或 Z 轴平行轴时，视为 Z－X 平面，用 K、I 指定。

（7）圆弧半径也可用 R 指令指定。

（8）极坐标插补平面外的轴移动指令，与极坐标插补无关，单独进行插补。

（9）极坐标插补方式下，进给轴不能回参考点。

（10）极坐标插补功能开启后无论当前是何种编程方式，开启后始终以半径编程方式进行编程；极坐标插补关闭后恢复为系统原设定的编程方式。

极坐标转换关系如图 2.14 所示。

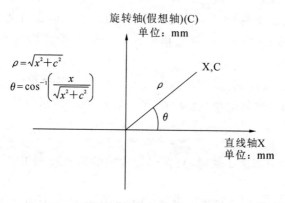

图 2.14　极坐标转换

2.4.9 开槽信号输出(G13)

指令格式

G13 X/Y/Z I_/J_/K_ P_

X/Y/Z:程序段终点位置地址。

I_/J_/K_:指定 X/Y/Z 轴的输出信号的距离(直径轴按照半径值指定)。

P_:输出的 notch 信号的编号,1~8,对应输出信号的地址:F112.0~F112.7。

说明

(1) 以快移方式移动至指令 X/Y/Z 程序段终点的过程中,若满足 I/J/K 所指定的条件的话,根据 P 值开启对应 F112 信号位,在程序段移动结束后 F112 信号关闭。

(2) 若 I_/J_/K_ 指定大于指令的移动距离的话,将不会输出信号并结束。此外,复位时也关闭。若 I0/J0/K0,则表示指定 X/Y/Z 轴的输出信号的距离为 0,即指定轴的当前位置就是开槽位置,直接输出信号。

(3) 如果用 2 轴以上来指定开槽信号的距离时,开槽信号会在其中最近的一个距离上输出。除此之外的(长距离的)开槽位置指令会忽略。当指令中只指定 1 个轴时,只根据指定轴的距离输出信号,其他轴不进行开槽位置判断。

(4) 开槽位置的到位判断精度由 pm0249(到位允许误差宽度)决定。当刀具位置处于开槽位置(机床实际值)的 pm0249 误差范围内,即刀具位置处于【开槽位置 −pm0249,开槽位置+pm0249】范围内时,开启信号。

 例

G0X0Y0Z0

G13X100Y100Z100I−50J−50K−50F200P1

当 X、Y、Z 轴由坐标(0,0,0) 向(100,100,100) 移动的过程中,移动到(50,50,50) 处向 PLC 的 F112.0 位发信号。I、J、K 无论指定为+50 还是−50 都可以。

同理,当由(0,0,0)向(−100,−100,−100)移动的过程中,无论 I、J、K 指定为+50 还是−50,当移动到(−50,−50,−50)处向 PLC 发送信号。

 注意

(1) 当指令中只指定 1 轴时,只根据指定轴的距离输出 PLC 信号,其他轴不进行开槽位置判断;

(2) 若 I0/J0/K0,则表示指定 X/Y/Z 轴的输出信号的距离为 0,即指定轴的当前位置就是开槽位置,直接输出 PLC 信号。

G0X0Z0

G13X100Z200I50P1

//指令中没有 J 和 K,当 X 轴移动到 50 的位置时输出开槽信号 F112.0;

若 G13X100Z200I50K0P1

//指令中 K 值为 0,执行到该指令时直接输出开槽信号。

2.4.10 极坐标编程(G15/G16)

用极坐标(半径和角度)指定终点位置。

半径和角度两者可以用绝对值指令或增量值指令(G90,G91)。

指令格式

G△△G□□ G16   开始极坐标指令(极坐标方式)

G00 IP_   极坐标指令

⋮

G15   取消极坐标指令(取消极坐标方式)

G16:极坐标指令。

G15:取消极坐标指令。

G△△:极坐标指令的平面选择 G17、G18 或 G19。

G□□:G90 指定工件坐标系的零点作为极坐标系的中心,从该点测量半径;G91 指定当前位置作为极坐标系的中心,从该点测量半径。

IP_:指定极坐标系选择平面的轴地址及其值。

第 1 轴:极坐标半径。

第 2 轴:极角。

G15、G16 分组在 17 组。

开始极坐标指令后再指定 G90 或 G91 只改变极角的编程方式,不改变极坐标半径的编程方式。

1) 将工件坐标系的原点设为极坐标的中心(G90 模式开始极坐标指令)

以绝对编程方式指定半径,工件坐标系的原点成为极坐标的中心。但是当使用局部坐标系(G52)时,局部坐标系的原点成为极坐标的中心。G90 开始极坐标编程后再指定 G90 或 G91 时极角的指定形式,如图 2.15 所示。

2) 将当前位置设为极坐标的中心(G91 模式开始极坐标指令)

以增量编程方式指定半径。当前位置成为极坐标的中心。G91 开始极坐标编程后再指定 G90 或 G91 时极角的指定形式,如图 2.16 所示。

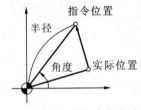
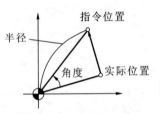

当角度用绝对值指令指定时　　　　当角度用增量值指令指定时

图 2.15　极坐标

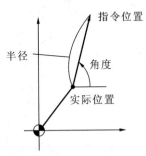
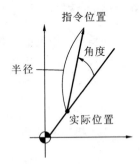

当角度用绝对值指令指定时　　　　当角度用增量值指令指定时

图 2.16　极角

(1) G90 开启极坐标编程,如图 2.17 所示。

1G0X10Y10

N2G17G90G16　　　　　　　　　(极坐标指令,选择 X—Y 平面,极坐标中心为工件坐标系原点)

N3G01X100Y60 F1000　　　(终点位置 X50Y86.6025)

N4G01X100Y0 F1000　　　　(终点位置 X100Y0)

N5G02F1000XSQRT[200**2+100**2]YATAN[100/200]R100

　　　　　　　　　　　　　　(以顺时针圆弧运动到终点位置 X200Y100)

N6G03X100Y0R100F1000(以逆时针圆弧运动到终点位置 X100Y0)

N7G2X100Y0I100J0F1000(以顺时针圆弧运动到终点位置 X100Y0,形成整圆)

N8G3X100Y0I100J0F1000(以逆时针圆弧运动到终点位置 X100Y0,形成整圆)

N9G15　　　　　　　　　　　　(极坐标指令取消)

N10G01F1000X200Y60　　　(终点位置 X200Y60)

M2

(2) G91 开启极坐标编程,如图 2.18 所示。

N1G0X10Y10

N2G17G91G16　　　　　　　　　(极坐标指令,选择 X—Y 平面,极坐标中心为

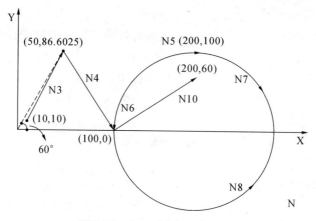

图 2.17　G90 开启极坐标编程

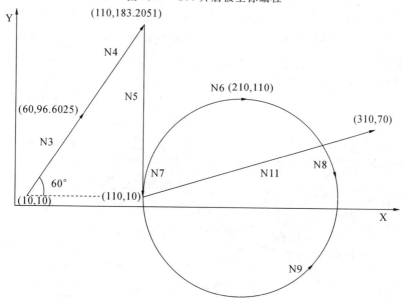

图 2.18　G91 开启极坐标编程

当前位置)

N3G01X100Y60 F1000　　　　　（终点位置 X60Y96.6025,当前极角为 60）

N4G01X100Y0 F1000　　　　　　（终点位置 X110Y183.2051,当前极角为 60）

N5G1F1000X［♯5022－10］Y210（终点位置 X110Y10,当前极角为 270。其中

　　　　　　　　　　　　　　　♯5022 为当前 Y 轴用户坐标系位置）

N6G02F1000XSQRT［100＊＊2＋100＊＊2］Y135R100

　　　　　　　　　　　　　　　（终点位置 X210Y110,当前极角为 405）

N7G03XSQRT［100＊＊2＋100＊＊2］Y－180R100

　　　　　　　　　　　　　　　（终点位置 X110Y10,当前极角为 225）

N8G02X0Y0I100J0　　　　　　　（以顺时针圆弧运动到终点位置 X110Y10,形

成整圆)

N9G03X0Y0I100J0   (以逆时针圆弧运动到终点位置 X110Y10,形成整圆)

N10G15   (极坐标指令取消)

N11G01F1000X200Y60   (终点位置 X310Y70)

M2

(3) G90 与 G91 混合使用极坐标编程,如图 2.19 所示。

N1G0X10Y10

N2G17G90G16   (极坐标指令,选择 X－Y 平面,极坐标中心为工件坐标系原点)

N3G01X100Y60 F1000   (终点位置 X50Y86.6025)

N4G91G0XSQRT[2＊100＊100]Y－15 (终点位置 X100Y100,当前极角为 45)

N5G90G1F1000X200Y0   (终点位置 X200Y0,当前极角为 0)

N6G15

N7G0X10Y10

N8G17G91G16   (极坐标指令,选择 X－Y 平面,极坐标中心为当前位置)

N9G01X100Y60 F1000   (X60Y96.6025,当前极角为 60)

N10G90G1F1000X♯5022Y－90   (终点位置 X60Y0,当前极角为－90,极角变为绝对指定方式)

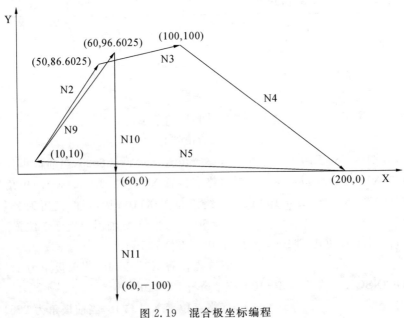

图 2.19 混合极坐标编程

N11G90G1F1000X100Y−90　　　　　　（终点位置 X60Y−100,当前极角为−90）

M2

（4）G52 局部坐标系下开启极坐标编程,如图 2.20 所示。

N1G0XY

N2G52X10Y10

N3G17G90G16　　　（极坐标指令,选择 X−Y 平面,极坐标中心为局部坐标原点）

N4G0X100Y60　　　（终点位置 X60Y96.6025 局部坐标系 X50Y86.6025）

N5G0X100Y0　　　　（终点位置 X110Y10 局部坐标系 X100Y0）

N6G52X20Y20

N7G90G0X100Y60（终点位置 X70Y106.6025 局部坐标系 X50Y86.6025）

M2

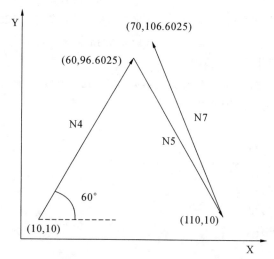

图 2.20　G52 开启极坐标编程

（5）螺栓孔循环,如图 2.21 所示。

① 半径值与角度值为绝对指令时,编程如下。

G17G90G16　　　　　　　　　　　　（极坐标指令,选择 X−Y 平面,极坐标中心

　　　　　　　　　　　　　　　　　　为工件坐标系原点）

G81X100Y30Z−20R−5 F1000　　　（半径 100 mm,角度 30deg）

Y150　　　　　　　　　　　　　　　（半径 100 mm,角度 150deg）

Y270　　　　　　　　　　　　　　　（半径 100 mm,角度 270deg）

G15G80　　　　　　　　　　　　　　（极坐标指令取消,固定循环取消）

② 半径值为绝对指令而角度值为增量指令时,编程如下。

G17G90G16　　　　　　　　　　　　（极坐标指令,选择 X−Y 平面,极坐标中心

　　　　　　　　　　　　　　　　　　为工件坐标系原点）

G81X100Y30Z−20R−5 F1000　　　（半径 100 mm,角度 30deg）

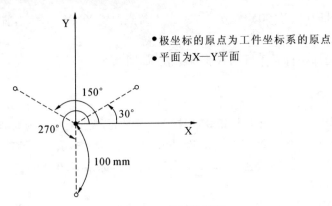

- 极坐标的原点为工件坐标系的原点
- 平面为X—Y平面

图 2.21　螺栓孔循环

G91Y120　　　　　　　　　　　　（半径 100 mm,角度＋120deg）

Y120　　　　　　　　　　　　　　（半径 100 mm,角度＋120deg）

G15G80　　　　　　　　　　　　　（极坐标指令取消,固定循环取消）

③ 极坐标下的圆弧半径编程。

在极坐标方式中对圆弧插补或螺旋线切削（G02、G03）用 R 指定半径,在极坐标方式下不会被视为极坐标指令的轴指令如下所示：

可编程数据输入 G10；

设定局部坐标系 G52；

工件坐标系转换 G92；

选择机床坐标系 G53；

存储行程检测 G22；

坐标系旋转 G68；

比例缩放 G51。

2.4.11　平面选择(G17/G18/G19)

圆弧插补、刀具半径补偿和用 G 代码编程的固定循环等功能,需要选择平面。

(1) G17:选择 XY 平面。

(2) G18:选择 ZX 平面。

(3) G19:选择 YZ 平面。

> 说明

要执行圆弧插补、倒角、固定循环、坐标系旋转或刀具补偿等功能时,必须正确选择平面。

(1) CNC 对所选平面上的两个轴进行刀具半径补偿,对垂直于所选平面的轴进行刀具长度补偿。

(2) G17、G18、G19 是模态的,它们之间互斥。上电或执行复位后,CNC 的默认平面由系统参数 pm0613 决定。

（3）直线移动指令与平面选择无关。例如指令 G17 G01 Z10 时，Z 轴仍然会移动。

（4）平面选择与 G02 圆弧在各平面的方向如图 2.22 所示。

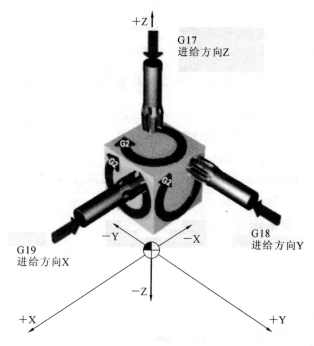

图 2.22　插补平面选择

2.4.12　英制/公制转换（G20/G21）

用户可以通过 G20、G21 选择编程尺寸的单位。

指令格式

G20：选择英制编程。

G21：选择公制编程。

说明

G 代码	线性轴	旋转轴
英制编程（G20）	inch（英寸）	deg（度）
公制编程（G21）	mm（毫米）	deg（度）

在进行公制/英制转换后，改变下面编程值的单位制。

（1）F 代码指定的进给速度。

（2）位置指令。

（3）G10 修改的工件原点偏移。

(4) G92 的预置坐标值。

(5) 增量编程中的偏移值。

(1) G20、G21 是模态的,而且互斥。

(2) 在上电或执行复位后,系统默认编程单位为 G21。

2.4.13 存储行程检测(G22/G23/G38/G39)

该功能用于防止刀具在手动或自动方式下进入禁止区域。

系统可以设置以下三种类型的禁止区域。

1. 第一禁止区域设置(软限)

由参数 0203 和 0204 设置区域的负向和正向边界,区域以外为禁止区域。第一禁止区域不能由工件编程设置。

2. 第二禁止区域设置

指令格式▶

G22 X Y_Z_I J_K_

G23

X>I,Y>J,Z>K

X Y_Z_I J K_:表示行程范围,为机械坐标。

说明

(1) 执行 G22 指令后,参数 0237 对应的轴设为“1”时,开启该轴的第 2 行程检测;设为“0”时,不开启该轴检测。

(2) 上电及复位时,参数 0614 设为“0”时 G23 有效;设为“1”时 G22 有效。

(3) 保护模式分为内部和外部保护两种:参数 0108 设为“1”是外部保护模式,设为“0”是内部保护模式。

(4) 参数 0238 设定保护区域的负方向坐标值;参数 0239 设定保护区域的正方向坐标值。

(5) 执行 G23,取消 G22。

3. 第三禁止区域设置

指令格式▶

G38 X Y_Z_I J_K_

G39

X>I,Y>J,Z>K

X Y_Z_I J K_:表示行程范围,为机械坐标。

（1）参数 0251 设为"1"时，G38 有效；设为"0"时，G39 有效。

（2）上电及复位时，参数 0694 设为"1"时 G39 有效；设为"0"时 G38 有效。

（3）保护模式分为内部和外部保护两种：参数 0250 设为"1"是外部保护模式，设为"0"是内部保护模式。

（4）参数 0252 设定保护区域的负方向坐标值；参数 0239 设定保护区域的正方向坐标值。G38 指令开启保护但未设置区域范围时使用参数设定的数值。

（5）执行 G39，取消 G38。

注意

（1）通电后执行手动返回参考点后，G38/G22 指令设置的行程保护区域才生效；一经设定后，刀具就不能进入 G38/G22 所指定的行程禁区，否则系统发出警报。

（2）使用 G22/G38 指令设置存储行程时，若带有 IP 值，则按照 IP 值来检测禁止区域，并将其所指定的坐标值写入到 pm0238/0239 或 pm0252/0253 参数中。若未指定 IP 值，即无轴参数时，则通过参数值来检测禁止区域。

2.4.14　返回机床参考点（G28/G29/G30）

参考点是机床上的固定点，第 1 参考点通常用于建立机床坐标系。其他参考点通常用作刀具交换的位置。返回参考点指令使刀具移动到这些参考点的位置。

指令格式

G28 IP_：返回参考点。

G30 IP_：返回第 2 参考点。

IP：指定中间点位置（绝对值/增量值指令）。

G29 IP_：从参考点返回。

IP：指定从参考点返回的目标点位置（绝对值/增量值指令）。

说明

返回参考点 G28、G30 和从参考点返回 G29 的执行过程，如图 2.23 所示。

（1）G28 参考点位置通过参数 0242 指定，G30 参考点位置通过参数 0243 指定。

（2）G28/G30 后的 IP 参数指定如下。

① G28/G30 X50Y60Z5 中间点为（50，60，5）。

② G28/G30 X50 中间点为（50），只 X 轴经 50 返回参考点，Y 轴、Z 轴不执行返回参考点。

③ G28/G30 无 IP 参数、所有轴将不经过中间点直接返回参考点。

（3）返回参考点（G28）。各轴以快速移动速度执行经过中间点的参考点定位。

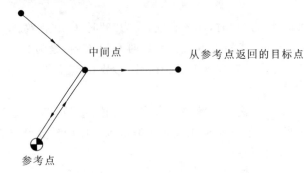

图 2.23　返回参考点

因此,为了安全,在执行该指令之前,应该清除刀具半径补偿和刀具长度补偿。中间点的坐标值储存在 CNC 中,每次只存储 G28 程序段中所指令轴的坐标值,其他轴中间点位置不变。

(4) 返回第 2 参考点(G30)。在没有绝对位置检测器的系统中,只有在执行过自动返回参考点 G28 或手动返回参考点之后,方可使用返回第 2 参考点功能,否则触发系统报警。执行 G30 时各轴以快速移动速度执行经过中间点的参考点定位。通常当换刀位置与第 1 参考点不同时,使用 G30 指令。

(5) 从参考点返回(G29)。在一般情况下,在 G28 或 G30 指令后,立即指定从参考点返回指令。在增量编程时,指令值指的是离开中间点的增量值。

当由 G28 指令刀具经中间点到达参考点之后,工件坐标系改变时,中间点的坐标值也变为新坐标系下的坐标值。若此时发出指令 G29,则刀具经新坐标系的中间点移动到指令位置(即变换坐标系,不改变原来中间点的物理位置)。对 G30 指令也执行同样的操作。

按图 2.24 所示要求编程。

绝对编程方式:

N001 G90 G28 X20.0 Y30.0;

　　//A→B→C,中间点(20,40),使用绝对编程方式

N002 M06;//换刀

N003 **G29** X40.0 Y0.0;

　　// C→B→D,其目标位置为指定点的绝对坐标值

增量编程方式:

N001 G91 G28 X20.0 Y40.0;

　　//A→B→C,中间点(20,40),使用增量编程方式

N002 M06;//换刀

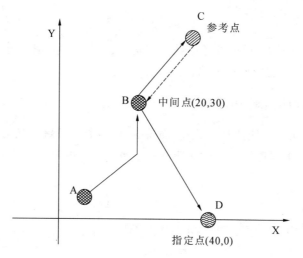

图 2.24　参考点返回

N003 **G29** X40.0 Y－40.0；

　　//C→B→D,其目标位置为指定点与中间点增量叠加

（1）在未回零之前指定 G28,将执行不经过中间点的回零操作。

（2）若未执行过经过中间点的回零操作,直接执行 G29 时,则轴将不经过中间点,直接移动到目标点。

2.4.15　返回参考点检查(G27)

返回参考位置检查是将轴定位至所指定的位置并检测该位置是否为参考点。

指令格式▶

G27 IP_[X(U) _Y(V) _Z(W)]

IP:要进行参考点检测的轴及轴位置(增量/绝对位置),对指定的轴进行快移定位到 IP 位置,然后只进行指定轴的参考点检测。

G27 用来检查是否正确返回到参考点。

（1）在 G27 指令下,各轴将同时快移到 IP(绝对值/增量值) 定位的位置,然后将该位置与参考点(第 1 参考点即机床零点位置)进行比较,若两者之差在到位误差宽度以内(误差宽度由 pm0249 设置),系统将到位信号 F86.0 置为 1;否则,若有一个轴不在误差宽度范围内,系统将提示返回参考点错误(2071:参考点返回检查错误),并终止当前程序运行进行系统复位。

（2）在 G27 指令下,若没有给出 IP_,不进行快移定位和参考点检测。

注意

在刀具偏置方式下,通过参考点返回到达的位置是加上偏置值后的位置。一般来说,执行 G27 指令前应该取消偏置。

2.4.16 程序跳转功能(G31)

G31 指令在执行直线插补过程中,如果输入一个外部跳转信号,则中断指令的执行,转而执行下个程序段。跳转功能可用于测量工件的尺寸。

指令格式

G31 IP_

非模态 G 代码(只在指定的程序段中有效)

说明

旋转轴的字 A、B、C 是允许的,但最好省略它们。使用旋转轴,它们的值必须等于当前位置值,这样旋转轴将不会移动。

跳转信号由探头 I/O 触发,探头 I/O 对应的地址(PLC 输入 X)由参数 0114、参数 0115 指定。

跳转信号接通时的坐标值被存储到程序变量 ♯5061 到 ♯5066 中,如下:

♯5061 X 轴坐标值;

♯5062 Y 轴坐标值;

♯5063 Z 轴坐标值;

♯5064 第 4 轴坐标值;

♯5065 第 5 轴坐标值;

♯5066 第 6 轴坐标值。

(1) 以图 2.25 为例,G31 后的程序段是增量指令。

　　G31G91X100.0F100;

　　Y50.0;

如果探头 I/O 信号产生,则立刻跳转到下一行继续执行。

(2) 以图 2.26 为例,G31 后的程序段对 1 个轴是绝对指令。

　　G31G90X200.0F100;

　　Y100.0;

(3) 以图 2.27 为例,G31 后的程序段对 2 个轴是绝对指令。

　　G31G90X200.0F100;

　　X300.0Y100.0;

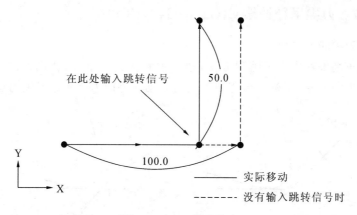

图 2.25　G31 增量指令

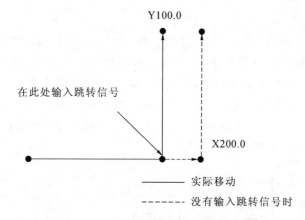

图 2.26　G31 后的程序段对 1 个轴是绝对指令

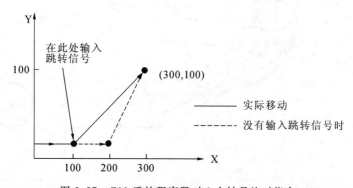

图 2.27　G31 后的程序段对 2 个轴是绝对指令

为了提高跳转信号输入时的刀具位置精度,进给率模式为每分钟进给模式时,进给速度倍率、空运行和自动加减速对于跳转功能都无效。

2.4.17 刀尖半径补偿 C(G40~G42)(T)

1. 假想刀尖和方向码

在数控车削编程中为了编程方便,把刀尖看作为一个点,我们称之为假想刀尖(如图 2.28 中的 P 点)。数控编程中刀尖的运动轨迹即为该假想刀尖的运动轨迹。

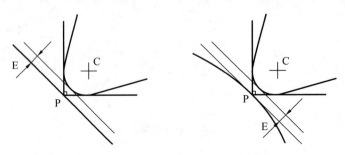

图 2.28　假想刀尖

以假想刀尖为基准编程时,数控系统按照假想刀尖位置发出指令并控制刀尖运动轨迹,由于刀尖半径的客观存在,切削点与假想刀尖点并不重合,形成尺寸误差(图 2.29)。为提高零件的加工精度,使刀具切削路径与工件轮廓吻合一致,可以用以下途径实现:将刀尖点编程转换为刀尖中心点(图 2.28 中的 C 点)编程,再采用刀尖半径补偿算法,重新计算刀尖运动轨迹,使刀尖的切削点与轮廓轨迹重合。有/无刀尖半径补偿的刀尖运动轨迹如图 2.29 所示。

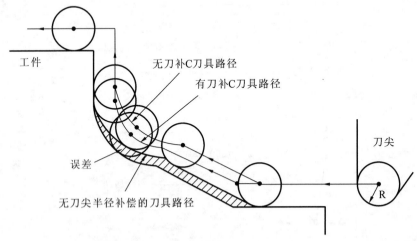

图 2.29　刀尖运动轨迹(有/无刀尖半径补偿)

刀具在起点时的位置关系如图 2.30 所示。

在将刀尖点编程转换为刀心点编程的过程中需使用刀具方向码,具体方向码设置如图 2.31 所示。

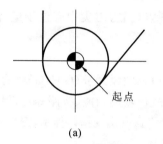

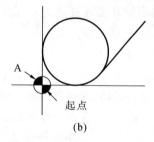

(a)   (b)

图 2.30 两种不同刀尖位置起点的比较

(a) 用刀尖中心编程时 (b) 用假想刀尖编程时

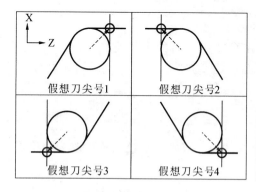

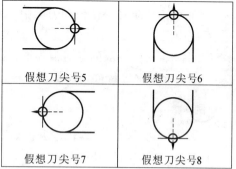

图 2.31 方向码设置

2. 刀尖半径补偿

指令格式

G41/G42 G00(或 G01) D_ IP_

IP_:轴移动指令(绝对位置/增量位置)。

D_:指定刀尖半径补偿值和方向码在刀具表中的索引号。

 注意

(1) 未指定 D 时,使用在 T 代码中指定的刀偏索引号;若 T 和 D 代码均未指定,则无刀具补偿;若两个代码同时指定,则刀尖半径补偿值和方向码以 D 代码指定为准,刀偏补偿和磨损补偿以 T 代码为准。

(2) 刀尖半径补偿功能的初始打开(G41/G42)只能在 G00 或 G01(直线运动)有效时执行。如在 G02 或 G03 指令有效时开启刀尖半径补偿功能,CNC 将会报警。

3. 补充说明

1) 刀补关闭状态

初始上电时,CNC 系统处于刀补关闭状态,在关闭状态中,假想刀尖轨迹和编程轨迹一致。

2) 起刀

从 G40 方式转换为 G41 或 G42 方式的程序段叫做起刀程序段。在起刀运动段中执行刀具半径补偿过渡运动。在起刀段的终点位置,刀尖中心位于编程轨迹的垂直线上。

3)刀补进行中

本系统只实现了定位(G00)、直线插补(G01)和圆弧插补(G02,G03)的刀具补偿。在刀补状态下,可以处理多个刀具不移动的程序段(辅助功能、暂停等),刀具不会因此产生过切或欠削;如果在刀补打开状态切换插补平面则出现错误提示,刀具停止移动。

4)刀补进行中刀具半径补偿值发生变化

刀具半径补偿值应在刀补取消状态下改变;在刀补进行中不允许改变刀具半径补偿值。

5)正负刀尖半径补偿值和刀尖中心轨迹

系统中区分刀尖半径的正负号,如果在 G41 编程时的半径值取为负值,此时系统将以 G42 运行半径值的绝对值为准,反之对 G42 亦然。

一般情况下偏置量被编程是正值+。

如图 2.32 所示,当刀具轨迹编程如图(a)即 G41,如果半径偏置量改为负值,刀具中心也会变成如图(b)所示的轨迹,即 G42。

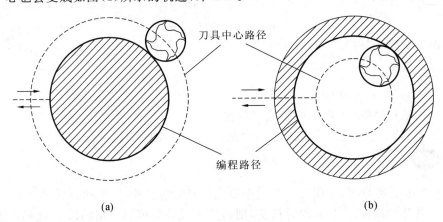

刀具中心路径

编程路径

(a)   (b)

图 2.32　刀具半径正负号对轨迹的影响

6)刀尖半径补偿值设定

补偿值保存在刀具偏置文件中,当用户指定刀具号时,程序会从刀具偏置文件中读取刀具补偿值。刀具偏置文件中的刀具补偿值必须在程序运行前设置好。

2.4.18　刀具半径补偿 C(G40~G42)(M)

在通常的铣削加工中,为了达到被加工零件所要求的尺寸,必须计算和确定考虑了刀具半径后的刀具轨迹。

使用刀具半径补偿功能可以直接对零件轮廓编程,而不用考虑刀具的尺寸。

CNC 根据零件轮廓和存放在刀具表中的刀具尺寸,自动计算刀具所走的轨迹。

用于刀具半径补偿的准备功能有三个:

(1) G40:撤销刀具半径补偿;

(2) G41:左刀具半径补偿;

(3) G42:右刀具半径补偿。

当刀具移动时刀具轨迹可以偏移一个刀具半径(见图 2.33)。

为了偏移一个刀具半径,CNC 首先建立长度等于刀具半径的偏置(起刀点),偏置矢量垂直于刀具轨迹。矢量的尾部在工件上而头部指向刀具中心。

如果在起刀之后指定直线插补或圆弧插补,在加工期间,刀具轨迹可以用偏置矢量的长度偏移。

在加工结束时,要返回初始状态,须取消刀具半径补偿方式。

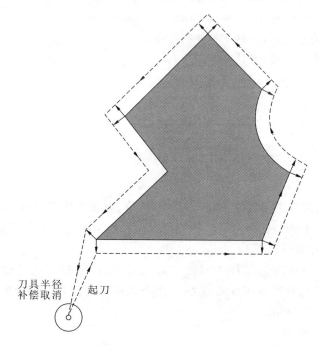

图 2.33　刀具半径补偿 C

(1) 只能在 XY、YZ、ZX 平面内进行补偿。

(2) 沿运动方向,刀具在零件的左边为 G41,刀具在零件的右边为 G42,如图 2.34 所示。

1. 刀具半径补偿的选择和建立

当用 G17,G18,G19 选好刀具半径补偿平面后,必须用 G41 或 G42 建立刀具半径补偿。

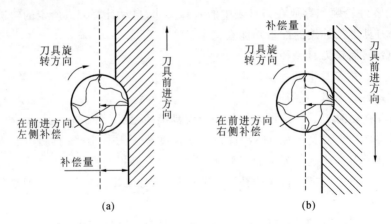

图 2.34　刀具半径补偿方向

(a) G41-左刀具半径补偿　(b) G42-右刀具半径补偿

G41:沿切削方向看,刀具在零件的左边。

G42:沿切削方向看,刀具在零件的右边。

指令格式▶

G00(或 G01) G41(或 G42) IP_ D_

IP_:轴移动指令(绝对位置/增量位置);

D_:指定刀具半径补偿值的索引号。

说明

(1) 为了从刀具表中选取正确的刀具补偿值,必须在编有 G41/G42 的程序段中编入 Dxx(D00~D299)选择刀具半径补偿索引。如果不选择刀具半径补偿索引,则 CNC 认为是 0 号索引。

(2) 刀具半径补偿选择 G41/G42 只能在 G00 或 G01(直线运动)有效时执行。如第一次调用刀具补偿是在 G02 或 G03 指令有效时,则 CNC 将产生错误警报。以图 2.35 为例,如下所示。

例▶

N10 G41 D1

N20 G01 X30 Y15 F500

2. 半径补偿的撤销

指令格式▶

G40

使用 G40 撤销刀具半径补偿。必须注意,撤销半径补偿 G40 只能在编有直线运

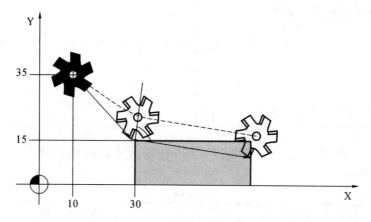

图 2.35 刀具半径补偿的建立

动(G00,G01)的程序段中执行。如果在含有 G02 或 G03 的程序段中编入 G40,则会触发 CNC 报警。

以图 2.36 为例,如下所示。

N10 G41 D1

N20 G01 X30 Y15 F500

N30 Y30

N40 X60

N50 G40

N60 G1 X90

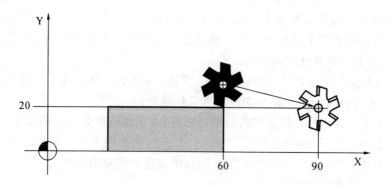

图 2.36 刀具半径补偿的撤销

3.刀补平面选择

偏置值计算是在 G17,G18 或 G19(平面选择 G 代码)决定的平面内实现的。这个平面称为插补平面,不在指定平面内的位置坐标值不执行补偿。

只能在刀补取消状态下改变插补平面,如果在刀补进行状态下改变插补平面,则系统提示错误信息。如表 2.13 所示。

表 2.13

插 补 平 面	平面选择指令	IP_
$X_P Y_P$	G17	$X_P\_Y_P\_$
$Z_P X_P$	G18	$Z_P\_X_P\_$
$Y_P Z_P$	G19	$Y_P\_Z_P\_$

第三轴运动:在三轴数控系统中,与插补平面垂直的坐标轴定义为第三轴,如表 2.14 所示。

表 2.14

插 补 平 面	第 三 轴
XY	Z
YZ	X
ZX	Y

在刀补状态下,补偿只在插补平面内进行。第三轴可以运动,只不过没有补偿。第三轴也可以单独运动。

4. 补充说明

(1) 刀补撤销状态:当电源接通时 CNC 系统处于刀补撤销状态,在撤销状态中矢量总是 0,并且刀具中心轨迹和编程轨迹一致。

(2) 起刀:处理起刀程序段和以后的程序段时 CNC 至少预读一个运动程序段(可能是多个程序段)。

(3) 刀补进行中:在偏置方式中由定位(G00)、直线插补(G01)或圆弧插补(G02、G03)实现补偿。在刀补状态下,可以处理多个刀具不移动的程序段(辅助功能、暂停等),刀具不会因此产生过切或欠削。如果在偏置方式中切换插补平面,则出现系统错误提示,并且刀具停止移动。

(4) 刀补进行中刀具半径补偿值发生变化:刀具半径补偿值应在刀补取消状态下改变;在刀补进行中不允许改变刀具半径补偿值。

(5) 正负刀具半径补偿值和刀具中心轨迹:本系统中区分刀具半径的正负号,系统会根据所指定刀具的半径值的正负号,来改变它的补偿方向。如果在 G41 编程时的半径值取为负值,此时系统将以 G42 运行半径值的绝对值为准,反之对 G42 亦然。

一般情况下偏置量被编程是正值+。

(6) 刀具半径补偿值设定:补偿值保存在刀具文件中。当用户指定刀具号时,程序会从刀具文件中读取刀具补偿值。在程序运行期间刀具补偿值来自运行前刀具文件中的参数值。刀具文件中的刀具补偿值必须在程序运行前设定好。

5. 半径补偿的实例

半径补偿的实例如图 2.37 所示,其相关说明见表 2.15。

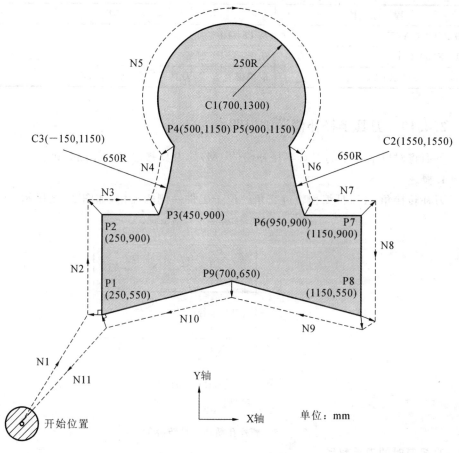

图 2.37 刀具半径补偿实例

表 2.15 关于图 2.37 的说明

程 序 段	说 明
G92 X0 Y0 Z0	指定绝对坐标值,刀具定位在(X0 Y0 Z0)
N1 G90 G17 G00 G41 D07 X250 Y550	开始刀具半径补偿(起刀),使用 7 号刀具的半径补偿值
N2 G01 Y900.0 F150	从 P1 到 P2 加工
N3 X450.0	从 P2 到 P3 加工
N4 G03 X500.0 Y1150.0 R650.0	从 P3 到 P4 加工
N5 G02 X900.0 R−250.0	从 P4 到 P5 加工
N6 G03 X950.0 Y900.0 R650.0	从 P5 到 P6 加工
N7 G01 X1150.0	从 P6 到 P7 加工
N8 Y550.0	从 P7 到 P8 加工

程 序 段	说 明
N9 X700.0 Y650.0	从 P8 到 P9 加工
N10 X250.0 Y550.0	从 P9 到 P1 加工
N11 G00 G40 X0 Y0	取消偏置方式,刀具返回到(X0,Y0,Z0)

2.4.19 刀具半径补偿详细说明

下面将对以上介绍的刀具半径补偿(T/M)的刀具移动进行详细分析。

1.概述

刀补转接角 α :刀具编程轨迹交角处位于工件一侧的夹角,如图 2.38 所示。

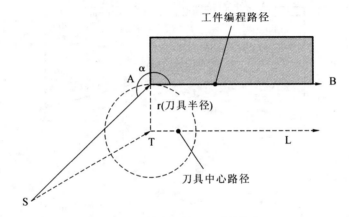

图 2.38 螺栓孔循环刀具转接角

2.起刀时的刀具移动

本系统中,刀补起刀分为以下三种情况。

1)刀补转接角 $\alpha > 180°$ (如图 2.39 和图 2.40 所示)

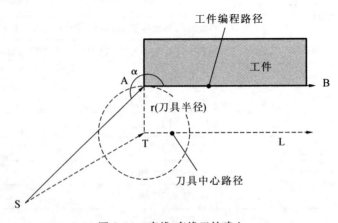

图 2.39 直线-直线刀补建立

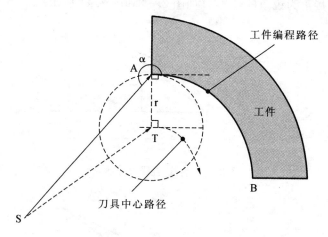

图 2.40 直线-圆弧刀补建立

2) 刀补转接角为直角或钝角(90°≤α<180°)(如图 2.41 和图 2.42 所示)

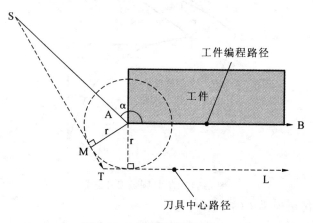

图 2.41 直线-直线刀补建立

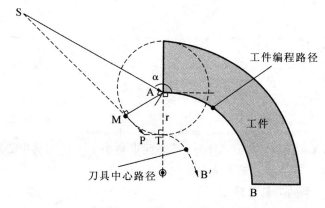

图 2.42 直线-圆弧刀补建立

3) 刀补转接角为锐角（α＜90°）（如图 2.43 和图 2.44 所示）

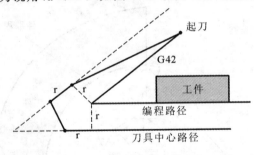

图 2.43　直线-直线刀补建立

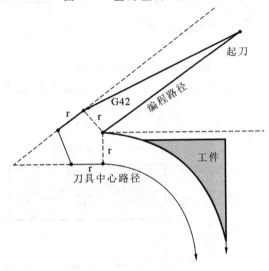

图 2.44　直线-圆弧刀补建立

4) 刀补转接角为锐角（α＜1°）

刀具绕小于 1°的锐角外边做直线-直线移动（即转接角[0－1]度，如图 2.45 所示。

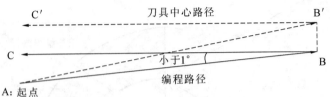

图 2.45　直线-刀补转接角为锐角

编程路径：A—B—C,其中 AB 与 BC 之间夹角小于 1°。刀具中心路径：A—B′—C′,其中 C′位置由下一条运动段决定。

3.刀补进行中的刀具移动

本系统中,刀补进行中的刀具移动分为以下三种情况。

1）刀补转接角 α≥180°（如图 2.46 至图 2.49 所示）

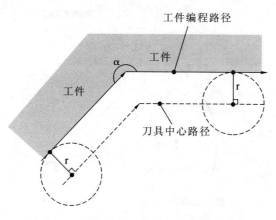

图 2.46　直线-直线刀补进行中的转接过渡

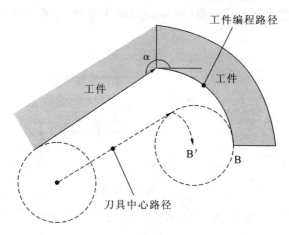

图 2.47　直线-圆弧刀补进行中的转接过渡

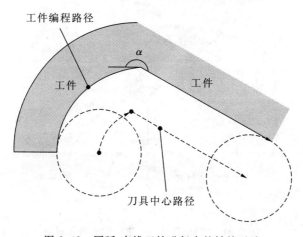

图 2.48　圆弧-直线刀补进行中的转接过渡

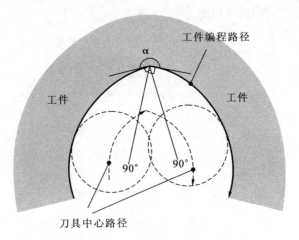

图 2.49　圆弧-圆弧刀补进行中的转接过渡

2）刀补转接角为直角或钝角（$90° \leqslant \alpha < 180°$）（如图 2.50 至图 2.53 所示）

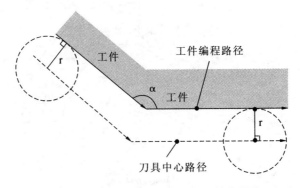

图 2.50　直线-直线刀补进行中的转接过渡

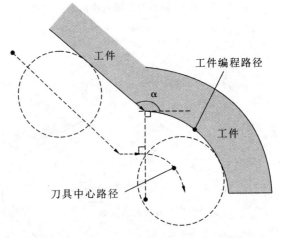

图 2.51　直线-圆弧刀补进行中的转接过渡

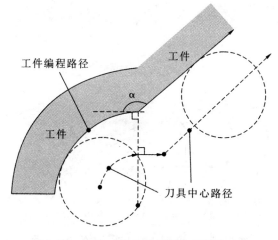

图 2.52 圆弧-直线刀补进行中的转接过渡

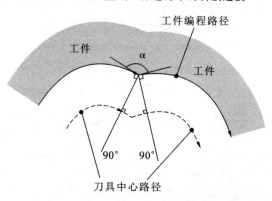

图 2.53 圆弧-圆弧刀补进行中的转接过渡

3) 刀补转接角为锐角(α<90°)(如图 2.54 至图 2.57 所示)

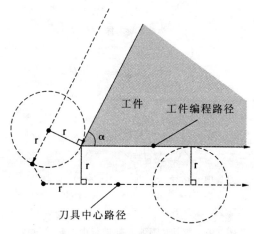

图 2.54 直线-直线刀补进行中的转接过渡

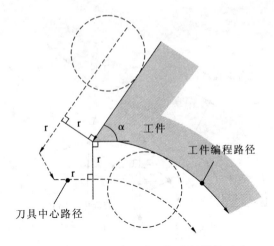

图 2.55 直线-圆弧刀补进行中的转接过渡

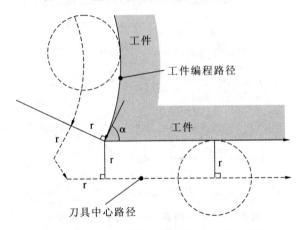

图 2.56 圆弧-直线刀补进行中的转接过渡

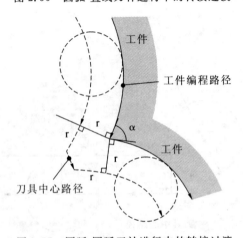

图 2.57 圆弧-圆弧刀补进行中的转接过渡

4) 刀补转接角为锐角（359°≤α≤360°）

刀具绕小于1°的锐角内边做直线-直线移动（即转接角[359－360]度,如图2.58所示）。

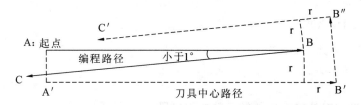

图2.58 圆弧-刀补转接角为锐角

编程路径：A—B—C,其中 AB 与 BC 之间夹角小于 1°。刀具中心路径：A′—B′—B″—C′,其中 A′为当前刀具中心位置,C′位置由下一条运动段决定。

5) 特殊情况

（1）没有内交点

一般补偿后形成的两个圆弧刀具中心轨迹相交在一点 P,如果刀具半径补偿值指定得过大,交点 P 可能不出现。当出现这种情况时,系统报错,并停止刀具运动。如图2.59中给定的刀补值过大,以致没有交点出现,刀具停止在最后一个交点上,如图2.59所示。

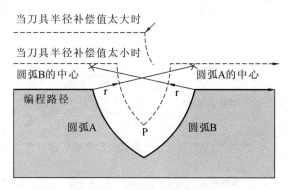

图2.59 没有内交点的情况

（2）无刀具运动程序段

下面的程序段没有在刀补平面内的刀具移动,在这些程序段中即使有刀具半径补偿,刀具也不会在刀补平面内移动,直到读到下一个刀补平面内的运动段为止。

G17G41 D1 X0Z0

......

F800

M7

M8   既没有刀补平面内的轴运动,也没有第三轴的运动的程序段

M9

......

例

G17G41 D1 X0Z0

......

$\left.\begin{array}{l} \text{F800} \\ \text{M7} \\ \text{Z100} \\ \text{M8} \\ \text{M9} \end{array}\right\}$ 没有刀补平面内的轴运动的程序段

......

4. 刀补取消时的刀具移动

1）刀补转接角（α≥180°）（如图 2.60 和图 2.61 所示）

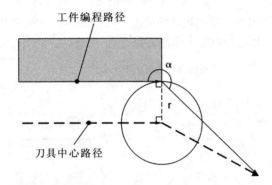

图 2.60　直线-直线刀补取消过程中的转接过渡

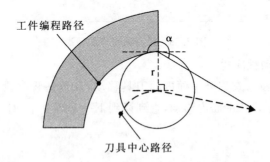

图 2.61　圆弧-直线刀补取消过程中的转接过渡

2）刀补转接角为直角或钝角（90°≤α<180°）（如图 2.62 和图 2.63 所示）

3）刀补转接角为锐角（α<90°）（如图 2.64 和图 2.65 所示）

4）刀补转接角为锐角（α<1°）

刀具绕小于 1°的锐角外边做直线-直线移动（即转接角［0－1］度，如图 2.66 所示）。

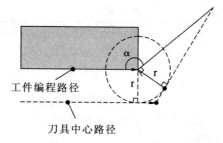

图 2.62　直线-直线刀补取消过程中的转接过渡

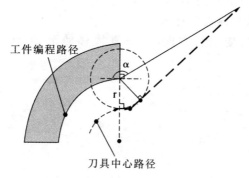

图 2.63　圆弧-直线刀补取消过程中的转接过渡

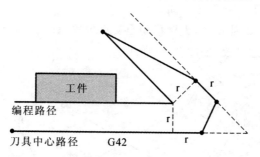

图2.64　直线-直线刀补取消过程中的转接过渡

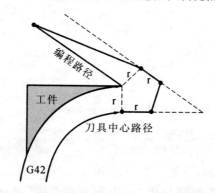

图2.65　圆弧-直线刀补取消过程中的转接过渡

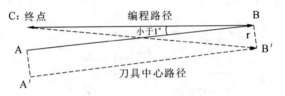

图 2.66　圆弧-刀补转接角为锐角

编程路径：A—B—C，其中 AB 与 BC 之间夹角小于 1°。刀具中心路径：A′—B′—C，其中 A′为当前刀具中心位置。

5. 刀补过程中切换刀补方向

1）刀补起刀时改变偏置方向

在刀补起刀时改变偏置方向，刀具直接移动至 A 点对应垂直矢量位置，如图 2.67 所示。

图 2.67　刀补起刀时改变偏置方向

2）在偏置方式下改变偏置方向

（1）具有交点的刀补路径，直接移动至交点位置，详见下面几种情况。

① 直线与直线运动段，如图 2.68 所示。

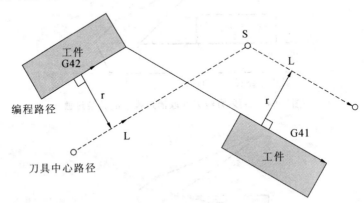

图 2.68　直线与直线运动段

② 直线与圆弧运动段，详见图 2.69 所示。

③ 圆弧与直线运动段，详见图 2.70 所示。

④ 圆弧与圆弧运动段，详见图 2.71 所示。

（2）无交点的刀补路径，需构建一个与 B 程序段的起点垂直的矢量，详见下面几种情况。

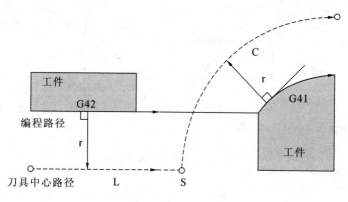

图 2.69 直线与圆弧运动段

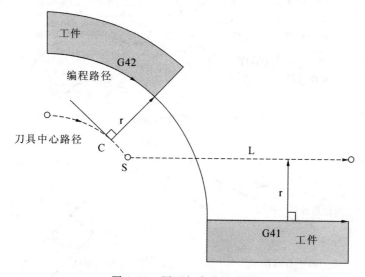

图 2.70 圆弧与直线运动段

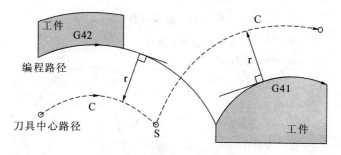

图 2.71 圆弧与圆弧运动段

① 直线与直线运动段,详见图 2.72 所示。

② 直线与圆弧,详见图 2.73 所示。

③ 圆弧与直线,详见图 2.74 所示。

④ 圆弧与圆弧,详见图 2.75 所示。

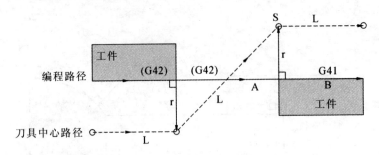

图 2.72　直线与直线运动段

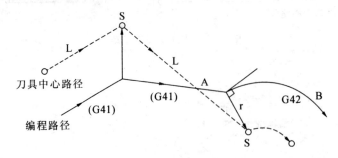

图 2.73　直线与圆弧

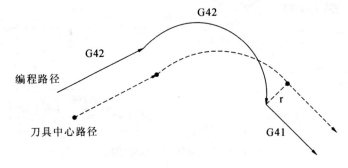

图 2.74　圆弧与直线

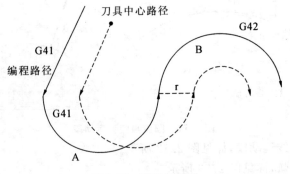

图 2.75　圆弧与圆弧

6. 刀补状态下的干涉检查

1）干涉检查条件

刀具过切称为干涉,干涉检查功能预先对刀具过切进行检查。刀具轨迹的方向与编程轨迹的方向相反则认为产生干涉,如图 2.76 所示。

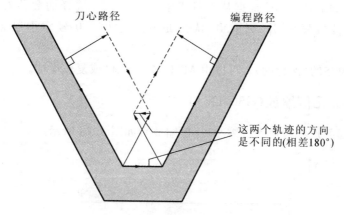

图 2.76　干涉检查原理图

2）干涉处理

刀补状态下,每执行一段运动轨迹前都会进行干涉检查,如果发现干涉现象出现,则系统提示错误信息,并停止运动。

2.4.20　刀具长度补偿(G43/G49)(M)

该功能用于补偿实际刀具和编程中的假想刀具(所谓的标准刀)的偏差,将偏差值设置到偏置存储器中,就可不用修改程序地补偿刀具长度的差异。

由输入的相应地址号 H 代码从偏置存储器中选择刀具长度偏置值。CNC 能存储 300 组刀具的半径和长度(H00～H299),如图 2.77 所示。

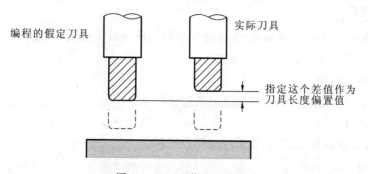

图 2.77　刀具偏置示意图

G43 H_
G49

G43 H_:长度补偿,H 为刀具补偿索引值。

G49:取消刀具长度偏置,在 G49 指定之后,系统立即取消偏置补偿。

当编入 G43 时,CNC 根据从刀具表中(00~299)选择的数值补偿长度。如果不选择刀具偏置索引,则 CNC 认为是 0 号索引。0 号索引补偿为 0,不可更改。

G43 是模态的(保持的)。可以由 M02、M30、急停或复位撤销。

2.4.21　比例缩放(G50/G51)

编程图形的形状被放大或缩小(比例缩放),如图 2.78 所示。

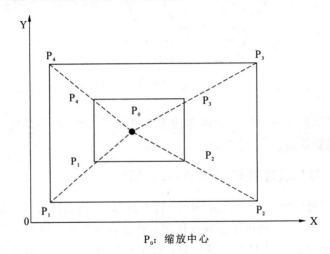

P₀:缩放中心

图 2.78　比例缩放

沿所有轴以相同比例缩放/沿各轴以不同的比例放大或缩小(镜像)。

G51 X_Y_Z_P_/I_J_K_:缩放开始。

G50:缩放取消。

X_Y_Z_:比例缩放中心坐标值的绝对值指令。

P_:缩放比例。

I_J_K_:分别为 X、Y、Z 轴对应的缩放比例。

(1)当镜像/缩放的中心坐标 X、Y、Z 被省略时,指定当前刀具所处的位置为中心点。

(2)所有轴的镜像/缩放:以相同倍率 P 沿所有轴比例缩放,当 P 为负值时,所有轴进行镜像;最小指定单位为 0.001 或 0.00001。

（3）每个轴的镜像/缩放：可用不同倍率对每个轴比例缩放；当指定负倍率时，对应轴进行镜像。

（4）每个轴(I、J、K)的比例缩放的倍率最小指定单位是 0.001 或 0.00001。可以指定的倍率在±(0.00001～9.99999)或±(0.001～999.999)范围内设定。

（5）刀具补偿：在有刀具补偿的情况下，先进行缩放，然后才进行刀具半径补偿、刀具长度补偿。比例缩放不会改变刀具半径补偿值和刀具长度补偿值。

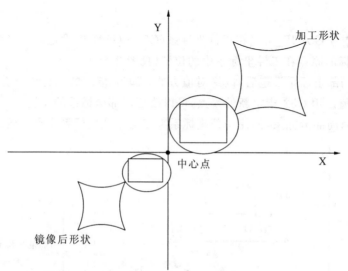

图 2.79　比例缩放实例

以图 2.79 为例，编程如下。

N1 G17

N2 G0X0Y0

N3 M98 $ macro_90. prg

N4 X0Y0

N5 G51I－0.5J－0.5

N6 M98 $ macro_90. prg

N7 G50

N8 M30

请在镜像中心作 G50 镜像取消或者在取消后以绝对值指令定位。

2.4.22 局部坐标系(G52)

在工件坐标系中编制程序时,为方便编程,可以设定工件坐标系的子坐标系。子坐标系也称为局部坐标系。

指令格式

G52 IP_:设定局部坐标系。

G52 IP0:取消局部坐标系。

IP_:局部坐标系的原点位置。

说明

(1)用指令 G52 IP_可以在工件坐标系(G54~G59)中设定局部坐标系。以 IP_指定局部坐标的原点在工件坐标系中的位置(见图 2.80)。

(2)当局部坐标系设定后,以绝对值方式(G90)指定的坐标位置是在局部坐标系下的坐标值。用 G52 指定新的零点,可以改变局部坐标系的位置。

(3)取消局部坐标系,即使局部坐标系零点与工件坐标系零点一致。

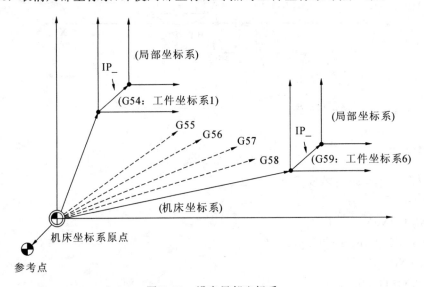

图 2.80　设定局部坐标系

2.4.23 机床坐标系(G53)

机床上用作加工基准的特定点称为机床零点。机床制造厂对每台机床设置机床零点。

用机床零点作为原点设置的坐标系称为机床坐标系。

在通电之后执行手动返回参考点设置机床坐标系。机床坐标系一旦设定就保持不变,直到电源关掉为止。

指令格式 ▶

G53(G0/G1) IP_

IP_:绝对尺寸字。

说明

（1）指定的轴参数 IP 为机床坐标系下的坐标值。

（2）G53 是非模态 G 代码，即它仅在指令程序段有效。G53 应在绝对编程方式 G90 下使用。当为增量编程方式 G91 时，使用 G53 指令系统会报错。若需将刀具移动至机床的特殊位置时，如换刀位置，应该在基于 G53 的机床坐标系下编写程序。

注意

（1）补偿功能的取消：当指定 G53 指令时会清除刀具半径补偿、刀具长度偏置和刀具偏置。

（2）电源接通后在 G53 指令指定之前，必须设置机床坐标系。因此通电后必须进行回零操作。如采用绝对位置编码器时，就不需要每次执行该操作。

2.4.24　选择工件坐标系(G54～G59)

用于工件加工的坐标系叫做工件坐标系。工件坐标系由 CNC 预先设定（设定工件坐标系）。加工程序选择对应的工件坐标系。已设定的工件坐标系可以通过移动其原点来变更（变更工件坐标系）。

通过指定 G54～G59 的 G 代码，可以选择对应的工件坐标系。

G54:选择工件坐标系 1。

G55:选择工件坐标系 2。

G56:选择工件坐标系 3。

G57:选择工件坐标系 4。

G58:选择工件坐标系 5。

G59:选择工件坐标系 6。

工件坐标系是在通电后执行回零操作时建立的。复位和上电时默认的工件坐标系，由参数 0609 设置。

 例 ▶

以图 2.81 为例说明，如下所示。

除了 6 个工件坐标系 G54～G59 之外，还可使用由 G54.1 指定的 48 个附加工件坐标系。

指令格式 ▶

G54.1Pn

G55 G00 X100.0 Z40.0;

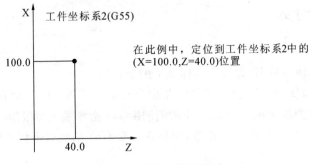

图 2.81　选择工件坐标系

Pn：指定附加工件坐标系的代码。

n：1～48。

 说明

(1) 当 P 代码和 G54.1 一起指定时，从附加工件坐标系 1～48 中选择相应的坐标系。

(2) 工件坐标系一旦选择，一直有效，直到另一个工件坐标系被选择。

G54.1 P1：附加工件坐标系 1。

G54.1 P2：附加工件坐标系 2。

⋮

G54.1 P48：附加工件坐标系 48。

注意

若在同一程序段中 G54.1 后未指定 P 代码，则认为是附加工件坐标系 1（G54.1P1）。

如果 P 指定值不在指定范围内，将触发系统报警。

2.4.25　设置运动模式(G61/G61.1/G64)

G61：设置运动模式为小线段加工模式，尽可能以设置进给率沿编程路径运动，需要的时候在拐角处减速或停顿。

G61.1：设置运动模式为精确停止模式。刀具在程序段终点减速到 0，再执行下一程序段。

G64：设置运动模式为速度混合加工模式。刀具在程序段终点位置减速到系统参数 pm0107 形状允许误差所限定的速度时，开始执行下一程序段。在拐角处减速或停顿，拐角可能被轻微磨圆（见图 2.82 与图 2.83）。

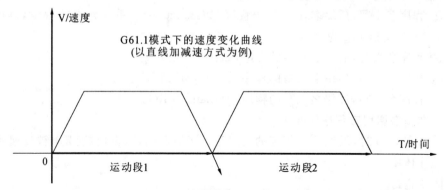

图 2.82 G61.1 模式下速度变化曲线

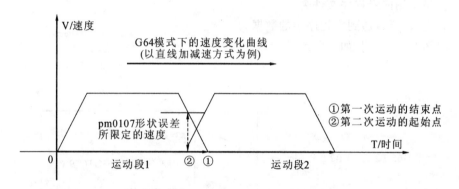

图 2.83 G64 模式下速度变化曲线

2.4.26 宏程序调用(G65/G66/G67)

当一段程序完成类似的加工过程,我们可以将这段程序编制为宏程序。宏程序在使用上类似于子程序,两者不同的是宏程序可以指定自变量,而子程序则不可以。使用宏程序可以完成一类零件的加工,而用户在编程时,通过变量赋值刻画零件的特征。

宏程序调用分为非模态(G65)和模态(G66)。非模态调用只在 G65 指定的程序段调用宏程序,而模态调用从 G66 指定的程序段开始,对轴移动的程序段有效,直到使用 G67 取消模态。

当系统中存在多个程序名相同但大小写字母不同的子/宏程序时,其调用规则为:首先调用工件程序中所指定的子/宏程序(大小写完全匹配),当该子/宏程序不存在时,按照下列序号的优先级进行调用。

① 程序名小写,后缀名小写的子程序,如:name. prg(系统允许的后缀名均可,如:cnc 等,这里以 prg 为例)。

② 程序名大写,后缀名小写的程序,如:NAME. prg。

③ 程序名大写,后缀名大写的程序,如:NAME. PRG。

④ 程序名小写,后缀名大写的程序,如:name. PRG。

1. 非模态调用宏程序(G65)

当指定 G65 时,以地址 P 指定的用户宏程序被调用,数据(自变量)被传递到用户宏程序体中。

┃指令格式▶

G65 L〈自变量指定〉P p

L:重复次数,默认值为1。

p:被调用的宏程序文件名。

自变量:要传递到宏程序中的数据。

以图 2.84 为例,如下所示。

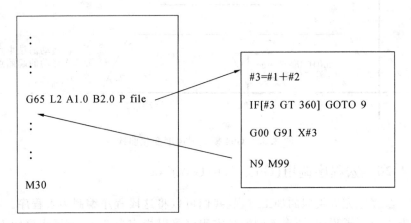

图 2.84　非模态调用宏程序

说明

(1)当要求重复时,在地址 L 后指定从 1 到 9999 的重复次数。省略 L 值时,默认 L 等于 1。使用自变量指定时,其值被赋值到相应的局部变量。

(2)地址 P 指定被调用的用户宏程序文件名,必须在指令行最后加以指定。

1)自变量指定方式

使用除了 G、L、N、O、P 以外的字母,每个字母指定一次。根据使用的字母,自动地决定自变量指定的类型(见表 2.15)。

表 2.15 自变量指定类型

地　　址	变 量 号	地　　址	变 量 号	地　　址	变 量 号
A	#1	I	#4	T	#20
B	#2	J	#5	U	#21
C	#3	K	#6	V	#22
D	#7	M	#13	W	#23
E	#8	Q	#17	X	#24
F	#9	R	#18	Y	#25
H	#11	S	#19	Z	#26

地址 G、L、N、O 和 P 不能在自变量中使用。

不需要指定的地址可以省略,省略地址的局部变量设为空。

2)调用嵌套

局部变量嵌套从 0 到 4 级,主程序是 0 级。

宏程序每调用 1 次局部变量级别加 1,前 1 级的局部变量值保存在 CNC 中。

当宏程序中执行到 M99 时,控制返回到调用的程序。此时,局部变量级别减 1,并恢复宏程序调用时保存的局部变量值(见图 2.85)。

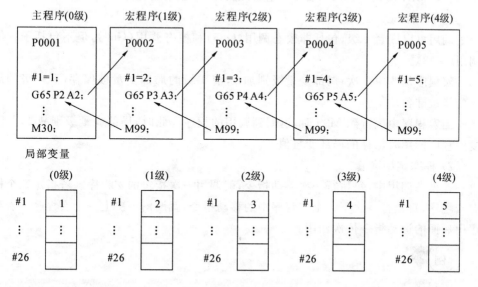

图 2.85 局部变量嵌套

2. 模态调用宏程序(G66)

G66 指定模态调用,即每执行一次移动指令,就调用一次所指定的宏程序。G67 取消模态调用。

▶ 指令格式

G66 L l〈自变量指定〉P p

L:重复次数,默认值为 1。

p:被调用的宏程序文件名。

自变量:要传递到宏程序中的数据。

📖 说明

(1) 当要求重复时,在地址 L 后指定从 1 到 9999 的重复次数,默认 L 值为 1。

(2) 与非模态调用(G65)相同,自变量指定的数据传递到宏程序体中。

(3) 地址 P 指定被调用的用户宏程序文件名,必须放在指令行最后。

(4) 指定 G67 代码时,其后面的程序段不再执行模态宏程序调用。

(5) G66 和 G67 必须成对使用。

(6) 自动或单步模式下可利用配置参数 0127 来设定宏程序在界面中的显示。pm0127=0:在程序运行时不显示宏程序内容。pm0127=1:在程序运行时显示宏程序内容。MDI 模式下,0127 参数不生效,运行时不显示宏程序。

1)调用嵌套

调用可以嵌套 4 级,包括非模态调用(G65)和模态调用(G66),但不包括子程序调用(M98)。

宏程序每调用 1 次,局部变量级别加 1,前 1 级的局部变量被保存,下一级的局部变量被准备。

当宏程序中执行到 M99 时,返回到调用的程序。此时,局部变量级别减 1,并恢复宏程序调用时保存的局部变量值。

2)模态调用嵌套

在模态调用中,每执行一次移动指令,就调用一次指定的宏程序。若指定几个模态宏程序,每执行一次下一个宏程序中的移动指令,就调用一次上一个宏程序。宏程序由后面的运动指令依次调用。

 例 ▶

主程序:

G66 P macrol. prg	模态调用 1
G1X 10000	(1—1)
G66 P macro2. prg	模态调用 2
X 15000	(1—2)

G67	取消模态调用 2
G67	取消模态调用 1
X 25000	(1—3)
M30	

宏程序 macro1. prg：

| G1Y 5000 | (2—1) |
| M99 | |

宏程序 macro2. prg：

G1X 6000	(3—1)
Y 5000	(3—2)
M99	

执行顺序为：(1—1)→(2—1)→(1—2)→(3—1)→(2—1)→(3—2)→(2—1)→(1—3)

3. GMT 宏程序调用

1) 专用 G 代码的宏程序调用（24 组）

Gxx

(1) 可以指定自变量，与 G65 格式相同。

(2) xx 范围：[0.0—199.9]。

(3) 系统变量与程序名的对应关系如下：

参数	程序名
#6001	O9001. prg
——	——. prg
#6024	O9024. prg

(4) 在变量（#6001～#6024）中设置用于宏调用的 G 代码号；变量值范围为 [—1,1999] 的整数，默认值为—1。使用 G 代码宏调用时，变量值需设定为该 G 代码的 10 倍，即若 #6001～#6024 变量中存在 [#60▲▲]＝xx＊10，则指令 Gxx 执行宏调用操作，调用 #60▲▲ 对应的 O90▲▲. prg 程序，否则该指令当作普通 G 代码处理。

例

若输入指令 G0.5 且设置变量 [#6001]＝5 时，则 G0.5 指令为宏调用 O9001. prg 的指令。

注意

(1) 即使是具有固定功能的 G 代码号，宏调用优先判断，其次按照普通 G 代码处理。

(2) 专用 G 代码宏调用为单层嵌套;专用 G 代码宏程序调用中不允许再使用其他专用代码宏调用;即,在专用 G/M/T 代码的宏调用中的 G 代码,被作为一个普通 G 代码处理。

2) 专用 M 代码的宏程序调用(24 组)

指令格式 ▶

G_X_Z_   Mxx/   Mxx   G_X_Z_/ Mxx

xx 范围:[0—999];

 说明

(1) 在系统变量(♯6025~♯6048)中设置用来调用宏程序的 M 代码 xx;变量值范围为[−1,999]的整数,默认值为−1。若使用 M 代码宏调用时,变量值需设定为该 M 代码号,即输入指令 Mxx,若♯6025~♯6048 中存在变量[♯60▲▲]=xx,则该指令执行 M 代码宏调用操作,调用 O90▲▲.prg 程序,否则当作普通 M 代码处理。

(2) 系统变量与程序名的对应关系如下:

参数   程序名

♯6025   O9025.prg

——   ——.prg

♯6048   O9048.prg

注意

(1) M 代码调用的宏程序不允许自变量定义。

(2) 同一段中移动指令完成后执行 M 代码宏调用。

(3) 在专用 G/M/T 代码的宏调用中的 M 代码,被作为一个普通 M 代码处理。

(4) 使用已有固定功能的 M 代码号,宏调用优先判断,其次按照普通 M 代码处理。

3) 专用 T 代码的宏程序调用(1 组)

指令格式 ▶

G_X_Z_ T＊＊＊＊

 说明

(1) 同一段中移动指令完成后执行 O9000.prg 的宏程序。

(2) 通过设置♯6134 来决定 T 代码是作为普通 T 代码使用还是宏调用指令:当♯6134=1 时,T 代码作为调用 O9000.prg 宏程序的指令使用,作为宏调用指令时,将 T 定义的值"＊＊＊＊"赋给♯149;当♯6134=非 1 时,T 代码作为普通 T 代码使用。

注意

(1) 系统变量♯6001~♯6048 和♯6134,在界面"系统—宏变量—GMT"中进行设置。

（2）执行 GMT 宏调用时，当系统中存在同名但大小写不同的宏程序时，优先调用小写宏程序。

当指令调用 ♯6001 对应宏程序时，若系统中存在 o9001. prg 和 O9001. prg，优先调用小写字母宏程序 o9001. prg。

2.4.27　坐标系旋转 M(G68、G69)

该功能可以将插补平面上的编程形状绕基准点旋转某一指定角度。另外，如果工件的形状由许多相同的图形组成，则可将图形单元编成子程序，然后用主程序的旋转指令调用。这样可简化编程，省时、省存储空间（见图 2.86）。

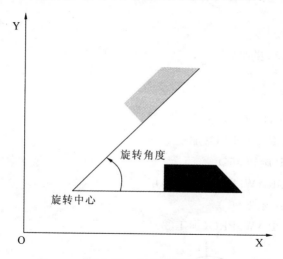

图 2.86　坐标系旋转

|指令格式|

(G17/G18/G19) G68α_β _R_:坐标系旋转开启。

G69:坐标系旋转取消指令。

(G17,G18 或 G19):平面选择，选择包含要旋转的形状的平面。

α_β_:选定平面的对应轴的旋转中心坐标值。

R_:角度位移。正值表示逆时针旋转，负值表示顺时针旋转。角度为 R 的绝对值。当用小数指定角度 R_ 时，个位对应单位度。

|说明|

1）平面选择 G 代码

在坐标系旋转 G 代码（G68）的程序段之前指定平面选择代码（G17,G18 或

G19）。平面选择代码不能在坐标系旋转方式中指定。

2）坐标系旋转方式中的增量值指令

当 G68 被编程时，在 G68 之后绝对值指令之前，增量值指令的旋转中心是刀具位置。

3）旋转中心

当 α_β_ 不编程时，G68 程序段的当前刀具位置认为是旋转中心。

4）坐标系旋转取消指令

在 G68 指令之后的程序段中，指令 G69 可以取消坐标系旋转方式。

G69 必须编程在单独程序段中。改变插补平面（G17，G18，G19）或 M02、M30、"急停""复位"可撤销图形旋转。

以图 2.87 为例，说明如下。

N10 G0 X0 Y0 Z50

N15 G90 G17 M03 S600

N20 G43 H02 G1 Z−5

N25 M98 ＄DRAW.PRG（加工①）

N30 G68 R45（旋转 45°）

N40 M98 ＄DRAW.PRG（加工②）

N60 G68 R90（旋转 90°）

N75 M98 ＄DRAW.PRG（加工③）

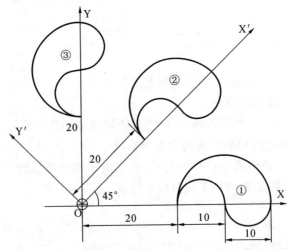

图 2.87　旋转编程示例

N70 G69

N75 G49 Z50

N80 M05 M02(程序结束,取消旋转)

(end)

(子程序 draw.prg)

N100 G01 X20 Y－5 F1000

N105 Y0

N110 G02 X40 I10

N120 X30 I－5

N130 G03 X20 I－5

N140 G00 Y－6

N145 G1 X0 Y0

N150 M99

2.4.28　固定切削循环 M(G81～G89)

固定循环使编程员的编程工作变得容易。用固定循环,可以使一些频繁使用的固定加工操作用 G 功能在单程序段中指定。如果没有固定循环,这样的操作一般要求编写多个程序段。另外,固定循环能够使程序短小、精练。

本系统提供的固定循环功能如下。

- G81:钻孔固定循环
- G82:带有停顿的钻孔固定循环
- G83:钻深孔(断屑)固定循环
- G84:攻螺纹固定循环
- G85:镗孔不停顿,以进给速度退出固定循环
- G86:镗孔主轴停,快速退出固定循环
- G86.1:精镗孔固定循环
- G87:背镗孔固定循环
- G88:镗孔主轴停转,手动退出固定循环
- G89:镗孔停顿,进给速度退出循环

所有的固定循环都是模态的,即从编入固定循环的那个程序段开始,固定循环指令生效且一直保持有效状态,直到该固定循环指令被 G80,G01,G02,G03,M02,M30指令或者其他固定循环指令以及"复位"或"急停"信号撤销。

所有的固定循环都是沿深度控制轴运行的。

固定循环可以在任何平面上进行,深度控制功能是在垂直于该平面的轴向发生的。

固定循环的作用范围:固定循环一旦定义,那么其后所有的,直到该固定循环被撤销以前的程序段都是该固定循环的作用范围。也就是说,每次执行一个坐标轴运

动的程序段,该固定循环对应的切削将自动进行。

固定循环作用范围内的程序段的结构与普通程序段相同,但在程序段的末尾可增加 L 参数,表示该程序段的重复执行次数。

一种固定循环维持有效时,如果编制了无位移运动的程序段,则该程序段执行完成后不执行固定循环对应的切削(除非定义固定循环的程序段)。

如果希望改变任一参数(Z,I,J,K)后继续执行同一种固定循环,该循环必须重新定义。

撤销固定循环:

(1) 在程序段中编入 G80 代码,撤销任何有效的固定循环。

(2) 定义一个新的固定循环,撤销并代替别的有效的固定循环。

(3) 所有的固定循环都可被 M02,M30 指令或"RESET"及紧急停止信号撤销。

(4) 所有的固定循环都可被平面指定指令 G17,G18,G19 撤销。

需考虑的事项:

(1) 可以在一个子程序或宏程序内定义一个固定循环。

(2) 在固定循环作用范围内可以调用子程序或宏程序,但被调用的子程序或宏程序内不能含有撤销该固定循环的程序段。

(3) 固定循环的执行既不影响原先的 G 代码的有效性,也不影响主轴的旋转方向。一个固定循环可以以任一旋转方向开始(M03,M04),也以同一转向结束,不受固定循环内部的启动、停止的影响。

(4) 定义一个固定循环,就撤销了刀具半径补偿,在这一点上,它与 G40 相当。

(5) 在定义一个固定循环的程序段中,如果在固定循环 G 代码后再编入 G00 或 G01 中的任一个,则该固定循环代码被撤销。

固定循环(G81,G82,G84,G85,G86,G89)

指令格式 ▶

G8x X_Y_Z_R_ L_

G8x:所选择的固定循环的代码。

R:定义 R 平面位置。R 平面位置应在垂直于加工平面的轴上。

L:定义程序段重复执行的次数。

说明

(1) 不允许 L=0。L 仅在指定程序段内有效。

(2) 在增量模式下,R 平面是从初始平面开始的距离,孔底 Z 是从 R 点开始的距离,也就是说:R 平面=初始平面+R 值;Z 孔底=R 平面+Z 值。

(3) 一般在增量坐标模式下使用 L>1,可以在一直线上执行多个相同的加工;在绝对坐标模式下,这意味着在相同位置执行多次相同的加工。忽略 L 参数的时候,默认 L=1。当 L>1,增量坐标模式且在 XY 平面上执行时,X 和 Y 的值为在当前位置加上参数值,而 R 和 Z 的值在重复中不变。

所有的固定循环操作默认在当前选定的平面(XY,YZ,ZX)内执行。在本节中,大部分的描述假设当前平面是 XY 平面,在 YZ 和 ZX 平面的情况类比可知。

旋转轴也可以定义,建议不使用旋转轴,使用时应确保坐标值等于当前位置的坐标,以保持旋转轴不动。

在第一次执行前,假设在 XY 平面上,如果当前 Z 轴位置低于 R 的位置,则 Z 轴先移动到 R 的位置。这个操作只执行一次,不论 L 取何值。

预运动,在每一次重复之前,可能:

(1) 平行于 XY 平面作快速直线移动到指定 XY 的位置。

(2) 当 Z 轴不在 R 指定的位置,快速直线移动到 R 的位置。

下面详细解释各种固定循环。为方便起见,假设主平面是由 X,Y 组成的,Z 是刀具轴。

1. 钻孔循环(G81)

该循环用作正常钻孔。切削进给执行到孔底,然后,刀具从孔底快速移动退回(以图 2.88 为例说明)。

指令格式

(G17) G81 X_Y_Z_R_L_F_A_/B_/C_

X_Y_A_B_C_:孔位数据;

Z_:孔底的位置;

R_:R 点位置;

L_:重复次数(如果需要的话);

F_:切削进给速度。

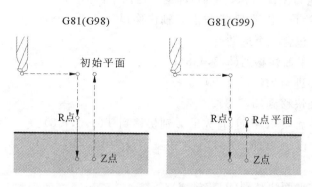

图 2.88 钻孔循环示例

刀具做如下的运动:

(1) 沿着 X/Y 轴及 A/B/C 轴所指定的位置进行定位;

(2) 定位后,快速移动到 R 点;

（3）以当前进给率从 R 点到 Z 点执行钻孔加工；

（4）刀具以快移速度退回到退刀平面（退刀平面由 G98/G99 决定）。

 注意

在指定 G81 之前用辅助功能 M 代码旋转主轴。

 例

假设当前位置为（1,2,3），并且选择 XY 平面，下面的程序代码将被执行。

G90 G81 G98 X4 Y5 Z1.5 R2.8

程序设置绝对位移模式（G90）和返回模式（G98），并且调用 G81 执行一次钻孔操作。X 位置值是 4，Y 位置值是 5，Z 孔底位置值是 1.5，R 位置为 2.8，初始平面为 3，退刀返回平面为 3。程序将做下面的运动：

对 X、Y 进行定位，此时 Z 轴处于初始平面；

平行于 XY 平面，Z 轴快移到 R 位置（4,5,2.8）；

平行于 XY 平面，Z 轴进给到孔底（4,5,1.5）；

平行于 XY 平面，Z 轴快移到退刀返回平面（4,5,3）。

 例

假设当前位置为（1,2,3），并且选择 XY 平面，下面的程序代码将被执行。

G91 G81 G98 X4 Y5 Z−2.4 R1.8 L3

程序设置相对位移模式（G91）和返回模式（G98），并且调用 G81 执行三次钻孔操作。根据指令格式中的数值，得 X 的初始位置值为 5（即 1+4），Y 的初始位置值为 7（即 2+5），R 位置为 4.8（即 1.8+3），孔底 Z 值为 2.4（即 4.8−2.4），初始平面为 3，G98 决定退刀平面为初始平面，即退刀返回平面为 3。

因为初始平面 < R 平面，首先沿 Z 轴快移到 T（1,2,4.8）。

第一次重复包含三个运动：

平行于 XY 平面快移到（5,7,4.8）；

平行于 Z 轴进给到（5,7,2.4）；

平行于 Z 轴快移到（5,7,3）。

因为初始平面 < R 平面，首先沿 Z 轴快移到 T（5,7,4.8）。

X 轴位置重设为 9（即 5+4），Y 轴位置重设为 12（即 7+5）。第二次重复包含三个运动：

平行于 XY 平面快移到（9,12,4.8）；

平行于 Z 轴进给到（9,12,2.4）；

平行于 Z 轴快移到（9,12,3）。

因为初始平面 < R 平面，首先沿 Z 轴快移到 T（9,12,4.8）。

X 轴位置重设为 13（即 9+4），Y 轴位置重设为 17（即 12+5）。第三次重复包含三个运动：

平行于 XY 平面快移到(13,17,4.8)；

平行于 Z 轴进给到(13,17,2.4)；

平行于 Z 轴快移到(13,17,3)。

2. 切割功能(G81.1)

当进行轮廓磨削时,切割功能可用来磨削工件的侧面。通过本功能,在磨削轴(有磨轮的轴)垂直移动时,可执行轮廓程序,促使其沿其他轴运行。有两类切割功能:由程序指定的切割功能和利用信号输入的切割功能。

┃指令格式┃

G81.1 Z_Q_R_F_

Z:上死点位置

(工件坐标系值,对除 Z 轴外的轴,指定该轴地址。)

Q:上死点和下死点之间的距离

(以上死点为基准,用增量值指定。增量值小于 0。)

R:从上死点到 R 点的距离

(以上死点为基准,用增量值指定。增量值大于 0。)

F:切割时的进给速度

G80 切割功能取消

┃说明┃

1) 利用信号输入的切割

在启动切割前,切割轴、参考点、上死点、下死点和切割速度必须通过参数配置加以设定。

将切割启动信号 CHPST(PLC 的 G54.2)由"0"设定为"1"时,以参数配置的数据开始切割动作。

但是,启动的切割轴处在移动中时,将会产生 2060 号报警并复位,通过复位信号切断切割启动信号 CHPST。

切割启动信号 CHPST(PLC 的 G54.2)由"1"设定为"0"时,取消切割动作,切割轴以切割速度退回到 R 点。但切割启动信号 CHPST(PLC 的 G54.2)由"1"设定为"0"时不能取消由程序指定的切割功能。

2) 切割速度(移动到 R 点的速度)

从启动切割到 R 点,刀具以快速移动速度(参数 NO.1230)移动。

倍率功能利用参数 ROV(参数 NO.1503)来选择快移倍率有效或切割倍率有效。若切割倍率有效,则倍率范围在 0~150%之间。

3) 切割速度(从 R 点移动的速度)

从启动切割后的 R 点到取消切割动作之间,刀具以切割速度(参数 NO.1508)

移动。切割速度被钳制在最大速度(NO.1221)以下。

切割速度可因使用切割速度倍率信号(PLC信号G53)而应用0~150%的倍率。

4)设定切割功能

切割数据的参数设定项目如下所示:

- ROV   ···   参数 NO.1503
- 切割轴   ···   参数 NO.1504
- 切割参考点(R点)   ···   参数 NO.1505
- 切割上死点   ···   参数 NO.1506
- 切割下死点   ···   参数 NO.1507
- 切割速度   ···   参数 NO.1508

5)上死点和下死点变更后的切割动作

在切割动作过程中,上死点或下死点改变时,刀具移动到由变更前的数据指定的位置,然后以变更后的数据继续进行切割动作。以下描述数据变更后的动作。

(1)从上死点向下死点移动过程中上死点改变时,如图2.89所示。

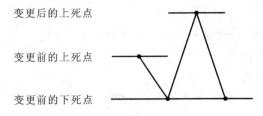

图2.89 上死点改变时(1)

在这种情况下,刀具首先向下死点移动,然后向变更后的上死点移动。

(2)从上死点向下死点移动过程中下死点改变时,如图2.90所示。

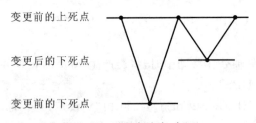

图2.90 下死点改变时(1)

在这种情况下,刀具首先向变更前的下死点移动,然后向上死点移动,最后向变更后的下死点移动。

(3)从下死点向上死点移动过程中上死点改变时,如图2.91所示。

在这种情况下,刀具首先向变更前的上死点移动,然后向下死点移动,最后向变更后的上死点移动。

(4)从下死点向上死点移动过程中下死点改变时,如图2.92所示。

在这种情况下,刀具首先向上死点移动,然后向变更后的下死点移动。

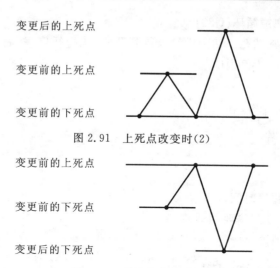

图 2.91　上死点改变时(2)

图 2.92　下死点改变时(2)

6）切割过程中的方式切换

如果在切割过程中改变工作模式，切割动作不会停止。在手动方式下，切割轴不能手动移动。

● 复位信号需要清除切割启动信号 CHPST

需要在逻辑程序中实现，使用复位信号切断切割启动信号 CHPST。

● 启动切割动作时，切割轴不能处在移动中

启动切割动作时，切割轴处在移动中时，将会产生 2060 号报警并复位，通过复位信号切断切割启动信号 CHPST。

● 启动切割动作时，切割轴须执行过返回参考点指令

启动切割动作时，切割轴未执行过返回参考点指令，将会产生 2058 号报警并复位，通过复位信号切断切割启动信号 CHPST。

● 启动切割动作时，切割轴不能处在手轮选中状态

启动切割动作时，切割轴处在手轮选中状态，将会产生 2059 号报警并复位，通过复位信号切断切割启动信号 CHPST。

● 启动切割动作时，不能有其他切割轴处在切割过程中

启动切割动作时，有其他切割轴处在切割过程中，将会产生 2057 号报警并复位，通过复位信号切断切割启动信号 CHPST。

● 在联动加工中，不能利用信号输入取消切割功能

在联动加工中，利用信号输入启动的切割功能，不能利用信号输入取消，否则会出现加工轨迹错误。

3. 钻孔循环,锪镗循环(G82)

该循环用作正常钻孔。切削进给执行到孔底,执行暂停,然后,刀具从孔底快速移动退回(以图 2.93 为例说明)。

指令格式➡

G82 X_Y_Z_R_P_L_F_

X_Y_:孔位数据;

Z_:孔底的位置;

R_:R 点位置;

P_:在孔底的暂停时间;

L_:重复次数(如果需要的话);

F_:切削进给速度。

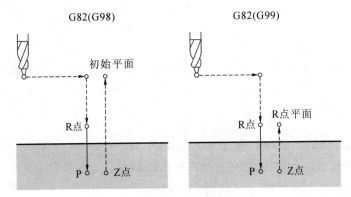

图 2.93 钻孔与锪镗循环

刀具做如下的运动:

(1) 沿着 X 和 Y 轴定位后快速移动到 R 点;

(2) 以当前进给率从 R 点到 Z 点执行钻孔加工;

(3) 暂停 P 秒;

(4) 刀具以快移速度退回到退出点。

注意

在指定 G82 之前用辅助功能 M 代码旋转主轴。

当 G82 指令和 M 代码在同一程序段中指定时,在第一个定位动作的同时执行 M 代码。然后,系统处理下一个动作。

当指定重复次数 L 时,只对第一个孔执行 M 代码,对第二个或以后的孔不执行 M 代码。

4. 深钻孔循环(G83)

该循环执行深孔钻。执行间歇切削进给到孔的底部。钻孔过程中切屑。

G83 的目的是钻深孔,根据指令格式的不同分为排屑深钻孔和断屑深钻孔。Q
参数指定一个 Z 轴的渐进增量。

以图 2.94 和图 2.95 为例介绍。

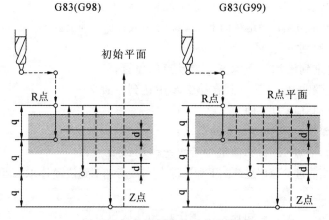

图 2.94 排屑深钻孔动作流程图

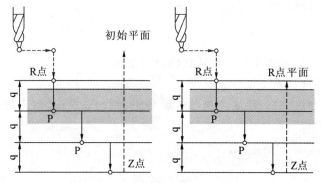

图 2.95 断屑深钻孔动作流程图

│指令格式▶

排屑深钻孔指令格式:

G83 X_ Y_ Z_ R_ Q_ L_ F_

断屑深钻孔指令格式:

G83 X_ Y_ Z_ R_ P_ Q_ L_ F_

X_Y_:孔位数据;

Z_:孔底的位置;

R_:R 点位置;

Q_:每次切削进给的切削深度(增量);

P_:暂停时间;

L_:重复次数(如果需要的话);

F_:切削进给速度。

说明

(1) 排屑深钻孔刀具做如下的运动:

① 预运动,沿着 X 和 Y 轴定位后快速移动到 R 点;

② Z 轴以当前进给速率继续向下加工深度 q,或者加工到位置 Z,取二者中浅的位置;

③ 快速退回到 R 平面;

④ 快速前进到已加工面深度上方 d 点的位置;

⑤ 重复步骤②、③、④,直到在第②步中达到位置 Z;

⑥ 快速退回到退刀平面。

(2) 断屑深钻孔刀具做如下的运动:

① 预运动,沿着 X 和 Y 轴定位后快速移动到 R 点;

② Z 轴以当前进给速率继续向下加工深度 q,或者加工到位置 Z,取二者中浅的位置;

③ 暂停 P 秒;

④ 重复步骤②、③,直到在第③步中达到孔底位置 Z;

⑤ 快速退回到退出点。

注意

在指定 G83 之前用辅助功能 M 代码旋转主轴。

5. 攻螺纹循环(G84)

该循环执行攻螺纹。在这个攻螺纹循环中,当到达孔底时,主轴以反方向旋转(以图 2.96 为例说明)。

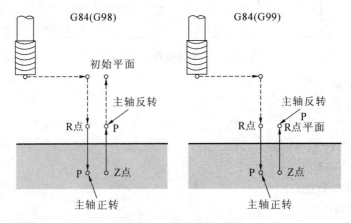

图 2.96 攻螺纹循环示例

指令格式

G84 X_ Y_ Z_ R_ L_ F_

X_Y_:孔位数据;

Z_:孔底的位置；

R_:R 点位置；

L_:重复次数(如果需要的话)；

F_:切削进给速度。

 说明

G84 的目的是攻螺纹。主轴以顺时针或者逆时针旋转执行攻螺纹。当到达孔底时,为了回退,主轴以相反方向旋转。这个过程生成螺纹。

刀具做如下的操作和运动:

① 沿着 X 和 Y 轴定位后快速移动到 R 点;

② 进入旋转速率和进给速率同步模式;

③ 主轴攻螺纹至 Z 指定的位置,主轴停;

④ 主轴相反方向旋转至 R 平面,主轴停;

⑤ 快速退回到退出点;

⑥ 若为 G98 模式,刀具快移至初始平面;否则,转⑦;

⑦ 若 L>1,L2 以后第二次不再进行主轴同步,重复①、③、④、⑤、⑥动作;否则转⑧;

⑧ G84 攻螺纹结束(指定 G80 或非攻螺纹循环指令时),主轴取消同步模式,主轴旋转,恢复到同步前的主轴状态。

注意

编程者应保证在循环过程中,旋转速率和进给速率正确的比例,即主轴旋转速率等于进给速率乘以节数(单位长度内螺纹数)。例如,节数为 2,即一毫米内有两周螺纹,当前为公制单位,进给率由 F150 设置,则主轴转速应由命令 S300 设置,150×2 ＝300。

当速率修调打开,且没有设置为 100% 时,较低的修调率有效,并同步转速和进给率。

在指定 G84 之前用辅助功能 M 代码旋转主轴。

6. 镗孔循环(G85)

G85 为镗孔功能,也可作为钻孔或铣功能(以图 2.97 为例说明)。

指令格式

G85 X_ Y_ Z_ R_ L_ F_

X_Y_:孔位数据;

Z_:孔底的位置;

R_:R 点位置;

L_:重复次数(如果需要的话);

F_:切削进给速度。

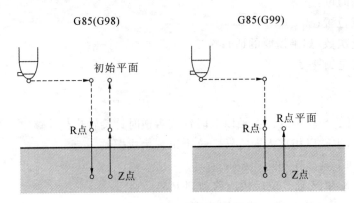

图 2.97　镗孔循环示例

📖 **说明**

刀具做如下的操作和运动：

① 预运动,沿着 X 和 Y 轴定位后快速移动到 R 点;

② Z 轴以当前进给速率运动到 Z 指定的位置;

③ 刀具以进给率退回到退出点(退出点坐标参考退出模式的设置)。

7. 镗孔-主轴停-快速退出(G86)

G86 为镗孔功能,使用 P 参数指定停顿时间(以图 2.98 为例说明)。

指令格式 ➤

G86 X_ Y_ Z_ R_ P_ L_ F_

X_Y_:孔位数据;

Z_:孔底的位置;

R_:R 点位置;

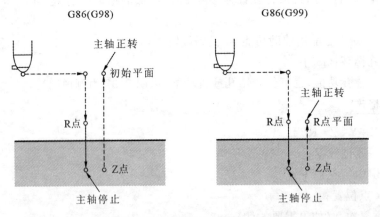

图 2.98　镗孔-主轴停-快速退出示例

P_:暂停时间;

L_:重复次数(如果需要的话);

F_:切削进给速度。

刀具做如下的操作和运动:

① 预运动,沿着 X 和 Y 轴定位后快速移动到 R 点;

② Z 轴以当前进给速率运动到 Z 指定的位置;

③ 停顿 P 秒;

④ 主轴停转;

⑤ 刀具快速退回到退出点;

⑥ 主轴恢复原来的运动方向。恢复主轴转速。

注意

在指定 G86 之前用辅助功能 M 代码旋转主轴。

8. G86.1 精镗孔

G86.1 为精镗孔功能,使用 P 参数指定停顿时间(以图 2.99 为例说明)。

指令格式

G86.1 X_ Y_ Z_ I_ J_(或 J_ K_ 或 I_ K_) R_ P_ L_ F_

X_Y_:孔位数据;

Z_:孔底的位置;

I_:刀具 X 方向偏移量;

J_:刀具 Y 方向偏移量;

R_:R 点位置;

P_:暂停时间;

L_:重复次数(如果需要的话);

F_:切削进给速度。

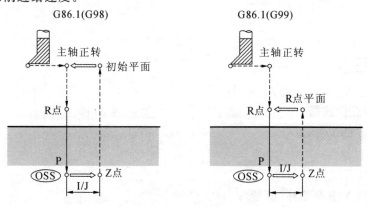

图 2.99　精镗孔示例

刀具做如下的操作和运动:

① Z 轴以当前进给速率移动至 Z 指定孔底位置(X,Y,Z);

② 刀具快移至 IJ 指定偏移位置(X+I,Y+J,Z);

③ 刀具快移至退刀平面(X+I,Y+J,退刀平面);

④ 刀具快移至退刀平面 XY 指定位置(X,Y,退刀平面);

⑤ 恢复主轴转速;

⑥ 停顿 P 秒;

⑦ 预运动,沿着 X 和 Y 轴定位后快速移动到 R 点(X,Y,R);

⑧ 主轴定位;

⑨ 主轴停转。

在指定 G86.1 之前用辅助功能 M 代码旋转主轴。

9. 背镗孔循环(G87)

背镗孔循环以图 2.100 为例说明。

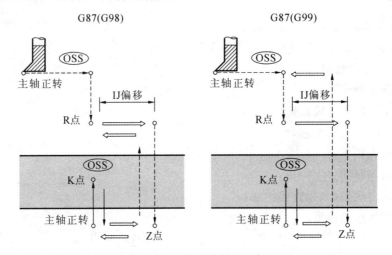

图 2.100 背镗孔循环示例

指令格式

G87 X_ Y_ Z_ R_ I_ J_ K_ L_ F_

X_Y_:孔位数据;

Z_:孔底的位置;

R_:R 点位置;

I_:刀具 X 方向偏移(增量);

J_:刀具 Y 方向偏移(增量);

K_:镗孔深度(增量);

L_:重复次数(如果需要的话);

F_:切削进给速度。

说明

如图 2.101 所示,假如工件上有一个被铣透的孔,现在想在工件的底端铣出一个直径更大的圆槽,此时,当刀具在工件的上面,需要更换成一个 L 形的刀具。在主轴停转的情况下,小心地让刀具穿过孔,然后主轴转动,以进给速率向上铣出一个圆槽。最后,停转主轴,并从孔中退回刀具。

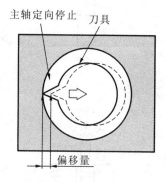

图 2.101 示例

I,J 参数指定刀具插入时在 X、Y 轴上的坐标,是相对参数 X、Y 的偏移值,因而不受坐标模式的影响。K 参数指定刀具向上加工的结束位置,平行于 Z 轴,是相对于参数 Z 的偏移值。

刀具执行如下的操作和运动:

① 预运动,如前所述;

② 快速移动到 I、J 指定的在 X、Y 平面上的位置;

③ 主轴停止在指定的方向上;

④ 快速向下移动主轴到位置 Z;

⑤ 快速移动到 X、Y 指定的位置;

⑥ 主轴以原来的方向恢复旋转;

⑦ Z 轴以当前进给速率向上移动到 K 指定的位置;

⑧ Z 轴以当前进给速率向下移动到 Z 指定的位置;

⑨ 主轴停止在原来指定的方向;

⑩ 快速移动到 I、J 指定的在 X、Y 平面上的位置;

⑪ 快速移动到退出点;

⑫ 快速移动到 X、Y 指定的位置;

⑬ 恢复主轴原来的运动。

在指定 G87 之前用辅助功能 M 代码旋转主轴(见图 2.102)。

使用这个固定循环的时候,I 和 J 的值必须仔细计算,使得刀具停在某个方向,且可以穿过孔洞。由于不同的刀具的特点,需要仔细分析或用经验来决定 I、J 的值。

10. 镗孔-主轴停转-手动退出循环(G88)

G88 为镗孔功能,使用 P 参数指定停顿时间(以图 2.103 为例说明)。

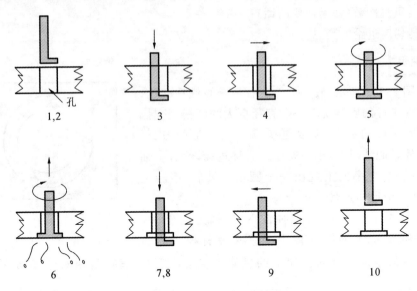

图 2.102　G87 背镗孔循环

G88(G98)　　　　　　　　G88(G99)

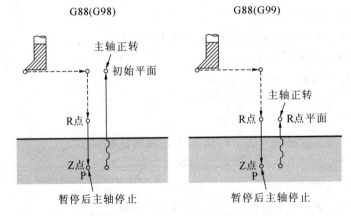

图 2.103　镗孔-主轴停转-手动退出循环示例

指令格式 ▶

G88 X_ Y_ Z_ R_ P_ L_ F_

X_Y_:孔位数据;

Z_:孔底的位置;

R_:R 点位置;

P_:暂停时间;

L_:重复次数(如果需要的话);

F_:切削进给速度。

刀具执行如下的操作和运动:

① 预运动,如前所述;

② Z 轴以当前进给速率运动到 Z 指定的位置；

③ 停顿 P 秒；

④ 主轴停转；

⑤ 程序停止，允许操作者手动退出刀具；

⑥ 主轴恢复原来运动方向。

在指定 G88 之前用辅助功能 M 代码旋转主轴。

11. 镗孔-停顿-进给速度退出循环(G89)

G89 为镗孔功能，使用 P 参数指定停顿时间(以图 2.104 为例说明)。

|指令格式 ▶

G89 X_ Y_ Z_ R_ P_ L_ F_

X_Y_：孔位数据；

Z_：孔底的位置；

R_：R 点位置；

P_：暂停时间；

L_：重复次数(如果需要的话)；

F_：切削进给速度。

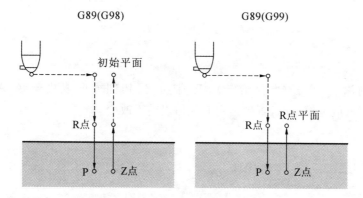

图 2.104　镗孔-停顿-进给速度退出循环示例

刀具执行如下的操作和运动：

① 预运动，如前所述；

② Z 轴以当前进给速率运动到 Z 指定的位置；

③ 停顿 P 秒；

④ 刀具以当前进给速率退出。

在指定 G89 之前用辅助功能 M 代码旋转主轴。

12. 固定切削循环取消(G80)

G80 可以撤销固定循环。G80 同时撤销设置的运动模式,确保所有轴不会在未重新设置新的运动模式前移动。

┃**指令格式** ➤

G80

┃**说明** ┃

取消所有的固定切削循环,执行正常的操作。R 点和 Z 点也被取消。这意味着,在增量方式中,R＝0 和 Z＝0。其他循环数据也被取消(清除)。

2.4.29 简化编程功能 T

2.4.29.1 多重循环(G70~G76)

固定循环功能可简化 CNC 的编程。例如,用精加工的形状数据描绘粗加工的刀具轨迹,以简化编程。本系统还具有螺纹加工多重循环简化功能。

1. 粗车循环(G71)

┃**指令格式** ➤

G71 U(d) ＿ R(e) ＿ I(u) ＿ K(w) ＿ L＿ H＿

G25 L＿

— — — — — — — —

— — — — — — — —

G26

U:切削深度(直径/半径给定)。不带符号,切削方向取决于 A/A′方向(见图 2.105)。该值是模态的,直到指定其他值以前不改变。

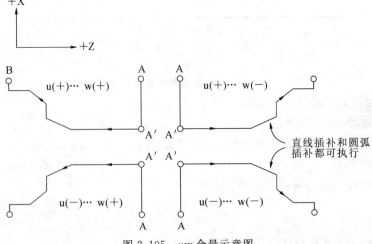

图 2.105 uw 余量示意图

R:退刀量(可选参数)。这是模态的。该值也可不编程,此时默认值由参数0627指定。

I:X方向精加工余量的距离和方向(直径/半径指定)。

K:Z方向精加工余量的距离和方向。

H:H=1时可省略,表示选择类型I;H=2时,表示选择类型Ⅱ,带凹槽功能。

L:精车加工的轮廓号(1~100)。

其中轮廓程序从G25L_开始直至G26结束。

考察下面的4个切削图形。所有这些切削循环都平行于Z轴,u和w的符号如图2.105所示。

A和A′之间的刀具轨迹是在包含G00或G01顺序号为"G25L_"的程序段中指定的,并且在这个程序段中,不能指定Z轴的运动指令。A′和B之间的刀具轨迹在X和Z方向逐渐增加或逐渐减少。当A和A′之间的刀具轨迹用G00/G01编程时,沿A/A′的切削是以G00/G01方式完成的。

N01 M03 S500

N02 G00 X120 Z10T0101

N03 G71U10R5I2K2L2F2000

N04 G25L2

N05 G00X40

N06 G01 Z−30 F2000

N07 X60 Z−60

N08 Z−80

N09 X100 Z−90

N10 Z−110

N11 X120 Z−130

N12 G26

N13 G70L2

N14 X200 Z140

N15 M05T0100

N16 M02

其中N04到N12为图2.106所示的从A到B的轮廓程序。

在图2.106中:d为切削深度;e为退刀量;u(u/2)为直径(半径)X轴方向的加工余量;w为Z轴方向加工余量。

说明

L_必须是A→B之间沿X,Z单调变化的轮廓程序(各自的坐标值必须逐渐增加

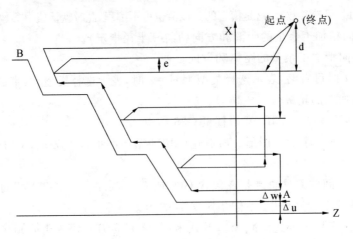

图 2.106　轮廓程序轨迹

或减少）。

　　轮廓程序在 G71 之前或之后出现均可。

　　切削余量必须用 I、K 指定，不能用 X、Z 代替。

　　不能从 A′点直接指令圆弧，若轮廓的起始是圆弧指令，则在 A′点后应加入 Z 轴横向指令（如 G00 Z__），在此之后指令圆弧。

　　使用类型Ⅱ情况：只要求平面第一轴必须是单调增加或减少的形状，例如：若选择 ZX 平面，Z 轴必须是单调增加或减少的。适合加工精车形状中有槽孔的情形，也就是沿 X 轴的外形轮廓不必单调递增或单调递减，该形状不能使用类型Ⅰ，如图 2.107 所示。

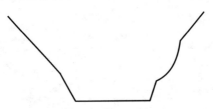

Z轴单调变化，X轴可以不单调变化

图 2.107　使用类型Ⅱ情况

类型Ⅱ不能加工的图形，如图 2.108 所示。

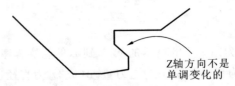

图 2.108　类型Ⅱ不能加工的图形

　　类型Ⅰ的加工路径图，如图 2.109 所示。

　　类型Ⅱ的加工路径图，如图 2.110 至图 2.112 所示。

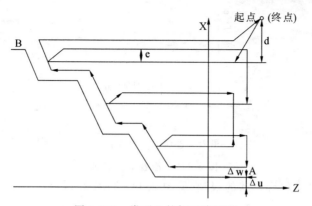

图 2.109 类型 I 的加工路径图

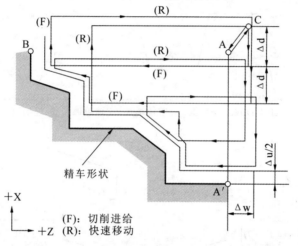

(F)：切削进给
(R)：快速移动

外侧粗车循环的切削路径(类型 II)

图 2.110 类型 II 的加工路径图

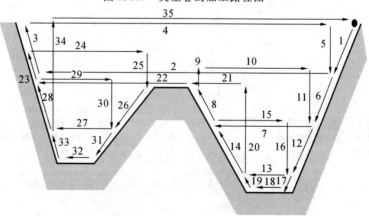

多个槽孔的切削路径(类型 II)

图 2.111 多个槽孔的切削路径

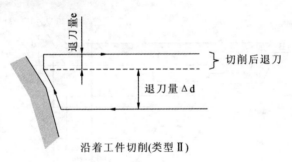

图 2.112　沿着工件切削

类型Ⅱ精加工轮廓形状的限制(见图 2.113 和图 2.114)：

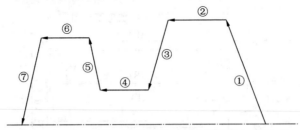

G71 Direction=4第一刀X轴增加，Z轴单调减少 起始点

图 2.113　示例

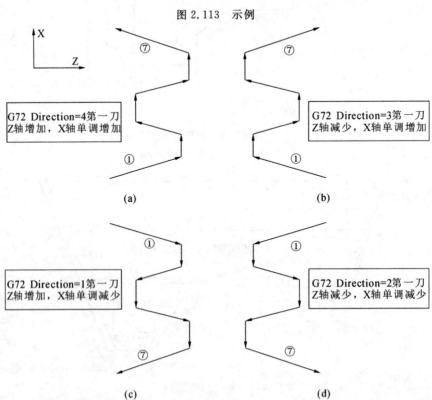

图 2.114　图解

G71 精车轮廓 Z 应单调变化；

G72 精车轮廓 X 应单调变化；

凹平面不应为一条圆弧；

精加工开头程序段需为 G0 或 G1；

轮廓点均应高于或低于起始点位置；

G71：Direction＝1 或 2　X 轴方向所有轮廓点均应低于或等于起始点；

Direction＝3 或 4　X 轴方向所有轮廓点均应高于或等于起始点；

G72：Direction＝2 或 3　Z 轴方向所有轮廓点均应低于或等于起始点；

Direction＝1 或 4　Z 轴方向所有轮廓点均应高于或等于起始点。

2. 平端面粗车(G72)

指令格式

G72 W(d) _R(e) _I(u) _ K(w) _ L_

G25 L_

——————————

——————————

G26

W：切削深度（半径给定）。

不带符号，切削方向取决于 A/A′方向。该值是模态的。直到指定其他值以前不改变。

R：退刀量（可选参数）。这是模态的。该值也可不编程，此时默认值由参数 0627 指定。

I：X 方向精加工余量的距离和方向（直径/半径指定）。

K：Z 方向精加工余量的距离和方向。

L：精车加工的轮廓号。

其中轮廓程序从 G25L_开始直至 G26 结束。

G00 X176 Z132T0101

G72 W3 R2 I2 K5 L3

G25 L3

G00 Z60

G01 X120 Z70 F3000

Z80

X80 Z90

Z110

X36 Z132

G26
G00 X200 Z200
M05T0100
M02

如图 2.115 所示,除了切削是由平行 X 轴的操作外,该循环与 G71 完全相同。

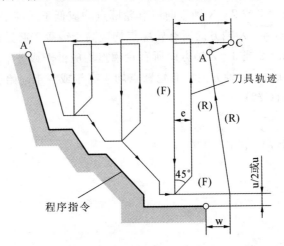

图 2.115　轮廓程序轨迹

如图 2.116 所示,其中:d 为切削深度;e 为退刀量;u(u/2) 为直径(半径) X 轴方向的加工余量;w 为 Z 轴方向的加工余量。

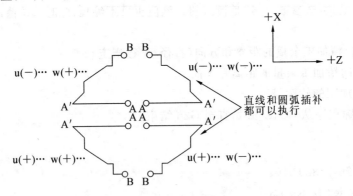

图 2.116　uw 余量示意图

说明

L_ 必须是 A→B 之间沿 X,Z 单调变化的轮廓程序。

轮廓程序在 G72 之前或之后出现均可。

切削余量必须用 I、K,不能用 X、Z 代替。

在指定 A/A′运动时,不能有 X 方向的增量,即必须是如图 2.116 所示的平行于 Z 轴的运动指令。

不能从 A′点直接指令圆弧,若轮廓的起始是圆弧指令,则 A′点后应加入 X 轴纵向指令(如 G00X_),在此之后指令圆弧。

平端面粗车(G72)

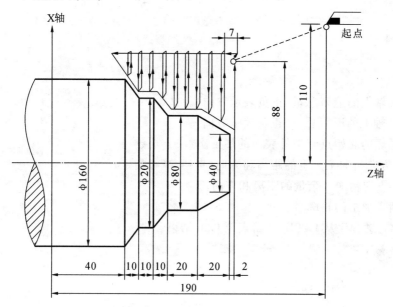

图 2.117　平端面粗车 G72 实例

以图 2.109 为例

N01 G92 X220 Z190

N02 G00 X176 Z132 M03 S550

N03 G95 G72 W7 R1 I4 K2 F0.3 L1

N04 G25 L1

N05 G00 Z58 S700

N06 G01 X120 W12 F0.15

N07 W10

N08 X80 W10

N09 W20

N10 X36 W22

N11 G26

N12 G70 L1

3. 型车复合循环(G73)

本功能可以车削固定的图形。这种切削循环,可以有效地切削铸型、锻造成型或已粗车成型的工件。

 指令格式 ➤

G73 U(Δi) _W(Δk) _R(d) _I(Δu) _K(Δw) _L_

————————————

G25 L_

————————————

G26

U:X 轴上的退刀总量(正负表示方向)。

W:Z 轴上的退刀总量(正负表示方向)。

R:循环的起始点到工件表面的加工次数(分割数)。

I:X 方向精加工余量的距离和方向(直径/半径指定)。

K:Z 方向精加工余量的距离和方向。

L:精车加工的轮廓号。

其中轮廓程序从 G25L_开始直至 G26 结束。

例 ➤

以图 2.118 为例,说明如下。

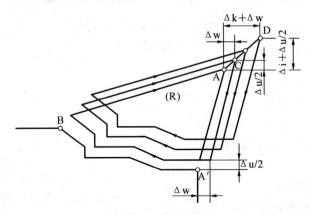

图 2.118　型车复合循环

程序中指定的图形方向为:A—A′,—B。

N01 M03 S500

N02 G00 X140 Z40T0101

N03 G73 U9.5W9.5 R3 I5 K5L1F2000

N04 G25L1

N05 G00 X20 Z0

N06 G01 Z—20

N07 X40 Z—30

N08 Z－50

N09 X60

N10 G01 X80 Z－80

N11 X105

N12 G26

N13 G70L1

N14 M05T0100

N15 M02

 例▶

以图2.119为例,说明如下。

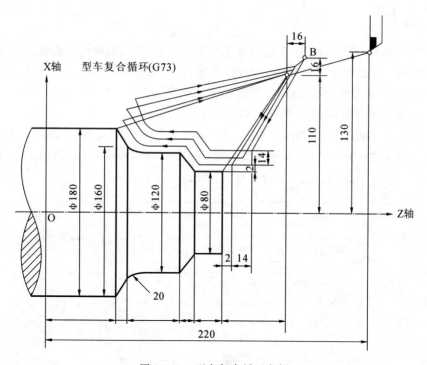

图2.119 型车复合循环实例

N01 G92 X260 Z220

N02 G00 X220 Z160

N03 M03 S180 G95

N04 G73 U14 W14 R3 I4 K2 F0.3 L1

N05 G25 L1

N06 G00 X80 W－40

N07 G01 W－20 F0.15 S600

N08 W－20 S400

N09 G02 X160 W－20 R20

N10 G01 X180 W－10 S280

N11 G26

N12 G70L1

说明

轮廓程序在 G73 之前或之后出现均可。

切削余量必须用 I、K，不能用 X、Z 代替。

与 G71、G72 不同的是，G73 的 X、Z 方向均可不按单调方式指定轮廓。

4. 精车循环(G70)

说明

(1) 必须在 G71、G72、G73 粗切加工程序段之后指定，单独指定无效。

(2) 指令轮廓程序时只指令 L 即可，无须指令 G25、G26。

(3) 当 G70 循环加工结束时，刀具返回到起点并读下一个程序段。

5. 端面啄式深孔钻/Z 向切槽循环(G74)

该指令对端面进行啄式加工，用于工件端面加工环形槽或中心深孔，轴向断续切削起到断屑和及时排屑的作用。当不指令 X 轴增量时，该指令可作单步深孔钻(见图 2.120)。

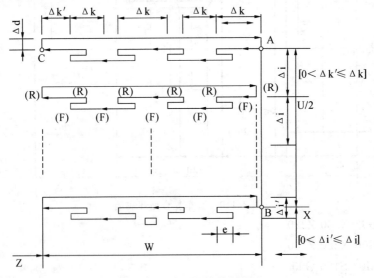

图 2.120　端面深孔钻削轨迹

指令格式

G74 X(U) _Z(W) _K(Δd) _H(e) _P(Δi) _Q(Δk) _F_

X(U)：X 轴方向的进给量(B 点值)，若指定 U 则为上图 A 到 B 的增量，当只进行单孔钻时不指定该值。

Z(W):Z 轴方向的进给量(C 点值),若指定 W 则为上图 A 到 C 的增量,当深孔钻循环时为孔底位置。

K(Δd):刀到达底部的退刀量,该退刀方向不带符号总与 Z 轴向进给方向相反,该值也可不编程,此时默认值由参数 0627 指定。如果在单孔钻,且不指定 X 的情况下,退刀方向为 Z 轴正向退刀。

H(e):回退量,该值是模态的。

P(Δi):X 轴方向循环每次进给量(不带符号)。

Q(Δk):Z 轴方向每次切削深度(不带符号)。

F:进给速度。

$\Delta i'$:最后一次进给量不足 Δi 时的进给量。

$\Delta k'$:最后一次切削深度不足 Δk 时的切削深度。

📖 **说明**

(1) X 参数必须与 P 参数匹配出现。

(2) Z 的切削方向只能是单调递减的方向,否则会造成切削反向。

(3) 刀具半径补偿功能无效。

(4) 钻中心孔时 P 参数须省略,否则系统报错。

6. 内/外径钻循环(G75)

该指令对 X 轴方向进行啄式加工,用于加工径向环形槽或圆柱面,径向断续切削,起到断屑和及时排屑的作用。除 X 用 Z 代替外,其余的与 G74 相同,在本循环可处理断削,可在 X 轴切槽及 X 轴啄式钻孔(见图 2.121)。

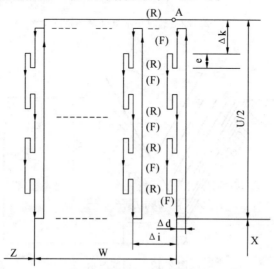

图 2.121 外径/内径钻循环轨迹

指令格式

G75 X(U) _Z(W) _K(Δd) _H(e) _P(Δi) _Q(Δk) _F_

X(U):X 轴方向的切削深度。

Z(W):Z 轴方向的进给量。

K(Δd):刀到达底部的退刀量,该退刀方向不带符号总与 X 轴向进给方向相反, 该值也可不编程,此时默认值由参数 0527 指定。如果在单孔钻,且不指定 Z 的情况下,退刀方向为 X 轴正向退刀。

H(e):回退量,该值是模态的。

P(Δi):Z 轴方向循环每次进给量(不带符号),若为单孔钻时该值不指定。

Q(Δk):X 轴方向每次切削深度(不带符号)。

F:进给速度。

7. 螺纹切削复合循环(G76)

如图 2.122 和图 2.123 所示的螺纹切削复合循环用 G76 指令编程。

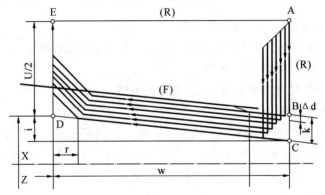

图 2.122　螺纹切削复合循环轨迹

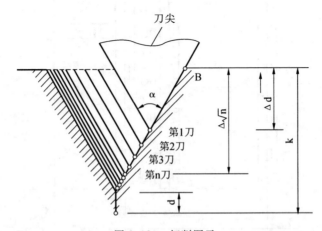

图 2.123　切削图示

指令格式

G76 P(m)(r)(a) Q(Δd_{min}) R(d)

G76 X(u) Z(w) R(i) P(k) Q(Δd)F(L)

或 G76 X(u) Z(w) R(i) P(k) Q(Δd) E(L)

m：精加工重复次数（1～99），既可用参数 0522 设定，也可用程序指令改变。

r：倒角量，用两位数 00～99 表示，其单位为 0.1L，L 为螺距，既可用参数 0623 设定，也可用程序指令改变。

a：刀尖角度，可以选择 00～99，由两位数规定，单位：度，既可用参数 0626 设定，也可用程序指令改变。

m、r 和 a 都是模态的，用地址 P 同时指定。

当 m＝2，r＝1.2L，a＝60 时，指定如下（L 是螺距）。

P02 12　60

｜　　｜　　｜

m　　r　　a

$\Delta_{d\,min}$最小切深（用半径值指定）。

当一次循环运行（$\Delta d - \Delta d - 1$）的切深小于此值时，切深箝在此值。该值是模态的，可用参数 0624 设定，也可用程序指令改变。

d：精加工余量。

该值是模态的，可用参数 0625 设定，也可用程序指令改变。

i：螺纹半径差。如果 i＝0，可以进行普通直螺纹切削。

K：螺纹高，这个值用半径值规定。

Δd：第一刀切削深度（半径值）。

F：代表公制；E：代表英制。

L：螺距（同 G33）。

以图 2.124 为例，说明如下。

N01 G54

N02 M4S1500

N03 G0Z50

N04 X100

N05 T0101（90 度正偏刀）

N06 M8

N07 G0X45

N08 Z3

N09 G72W1R0.5I0.5K0.5L1F150（加工工件端面）

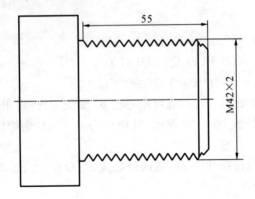

图 2.124　示例

N10 G25L1

N11 G0Z0

N12 G1X－0.5F70

N13 Z4F555

N14 G26

N15 G70L1

N16 G1Z1F100（加工外圆）

N17 X38

N18 Z0

N19 X42Z－2F70

N20 Z－60

N21 X45

N22 G0X100

N23 Z50

N24 T0202（螺纹刀）

N25 G0X100

N26 S500

N27 Z2

N28 X50

N29 G76 P6 0.5 60 Q0.1 R0.1

N30 G76 X39.4 Z－55 R0 P1.3 Q0.5 F2

N31 G0X100

N32 Z100

N33 T0101

N34 M05

N35 M30

8. 多重循环(G70~G76)的注释

(1) 在指令的多重循环的程序段中,应当正确地指定 U、W、I、K、R 值,以及以 G25、G26 所标志的轮廓程序的范围。

(2) MDI 下不能指令 G70、G71、G72、G73,否则将报错。

(3) 在 G70、G71、G72、G73 的轮廓程序段(G25,G26 之间程序段)中不能指令 M98,M99(子程序调用)。

(4) 轮廓程序段中只能出现 G00、G01、G02、G03、G04、G91、G90 代码,不能出现 M 代码。

(5) 刀尖半径补偿不能在 G71、G72、G73、G74、G75、G76 中指令。

2.4.29.2 固定循环(G77/G78/G79)

以下内容分别对 G77、G78、G79 的功能进行说明,如图 2.125 所示,(F)为进给方式,(R)为快移方式。

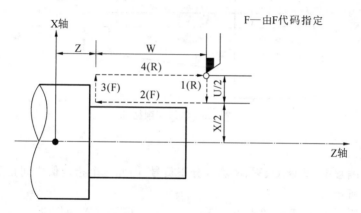

图 2.125 直线切削循环

1. 内/外径切削循环(G77)

1) 直内/外径切削

G77X(U)_Z(W)_F_

X:垂直方向(U 表示垂直增量)。

Z:水平方向(W 表示水平增量)。

F:切削进给速度。

说明

当指定增量模式时,图 2.125 中 1、2 的进刀轨迹由 U、W 的正负指定(与起始点的相对位置),图 2.125 所示的切削轨迹 U、W 均应为负值。另外 G77 是模态指令,可在指定新增量的情况下实现多步切削。

2) 锥形切削循环(见图 2.126)

指令格式

G77X(U) _Z(W) _R_F_

X:垂直方向(U 表示垂直增量)。

Z:水平方向(W 表示水平增量)。

R:锥形斜面高度(带正负号)。

F:切削进给速度。

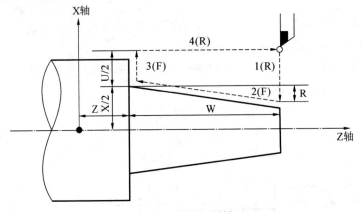

图 2.126　锥形切削循环

说明

在增量编程中,地址 U、W、R 均区分正负号,因此三个指定值之间正负号的依据如图 2.127 所示。

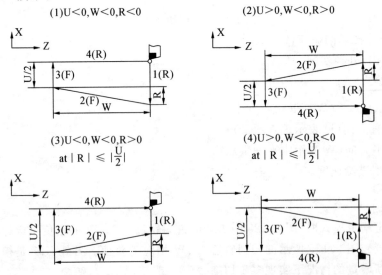

图 2.127　参数符号与刀具轨迹关系图

（1）如图 2.127 所示，在后两种情形下如果指定的 R 值（绝对值）大于 U/2，系统将会报错。

（2）当指定的首次终点坐标值与起始点相比在水平或垂直方向上没有增量变化时，系统将报错。例如：

G00 X100Z100

G77 X30 Z100 F150（在 Z 方向上没有增量变化，系统报错）

2. 螺纹切削循环（G78）

1）直螺纹切削循环

指令格式

G78X(U) _Z(W) _F(E) _Q_L_

X：垂直方向（U 表示垂直增量）。

Z：水平方向（W 表示水平增量）。

F：公制螺纹螺距。

E：英制螺纹螺距。

Q：多头螺纹的螺纹起始角度（非模态值）。

L：多头螺纹指定头数（非模态值）。

说明

（1）如图 2.128 第二步的螺纹加工循环会在指定位置前与水平方向呈 45 度角退刀，退刀距离 r＝F（螺距）＊退刀量系数（该系数由参数 0623 指定）。

（2）关于坐标终点的指定同 G77。

（3）模态代码，在指定单轴增量情况下能够实现多步加工（见 G77 相关说明）。

（4）螺纹起始角度 Q 是用于加工多头螺纹的指令字，是模态值，如果不指定 Q 值，将默认是 0。

（5）指令 L 参数，用于加工多头螺纹时的指定头数。当指定 L 时，Q 无效。L 为模态。

2）锥螺纹切削循环（见图 2.129）

指令格式

G78X(U) _Z(W) _R_F(E) _Q_

X：垂直方向（U 表示垂直增量）。

Z：水平方向（W 表示水平增量）。

R：锥形斜面高度（带正负号）。

F：公制螺纹螺距。

E：英制螺纹螺距。

Q：螺纹起始角度。

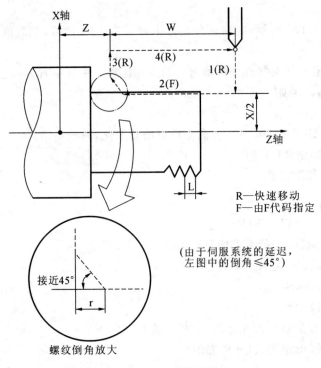

R—快速移动
F—由F代码指定

（由于伺服系统的延迟，
左图中的倒角≤45°）

螺纹倒角放大

图 2.128　直螺纹切削

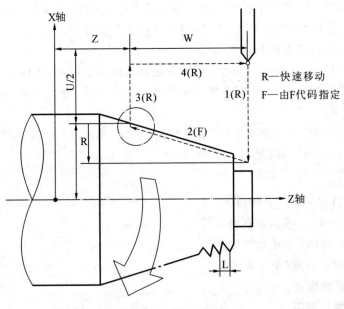

R—快速移动

F—由F代码指定

图 2.129　锥螺纹切削循环

说明

(1) 当锥螺纹角度大于 45 度时,将采用与 Z 轴正向成 45 度角的方向退刀。

(2) U、W、R 需要正负号指定。

(3) 螺纹起始角度 Q 是用于加工多头螺纹的指令字,是模态值,如果不指定,将默认是 0。

(4) 指令 L 参数,用于加工多头螺纹时指定头数。当指定 L 时,B 无效;L 为非模态值。按螺纹头数 L 划分 360° 来计算各头螺纹的起始点,第一头螺纹起始角度为 0,之后每头螺纹起始角度每次增加 360°/L,共进行 L 次螺纹循环。例如:若加工 4 头螺纹 (L=4),则螺纹起始角度分别为 0°、90°、180°、270°,共进行 4 次螺纹循环加工。

3. 端面车削循环(G79)

1) 平端面车削循环(见图 2.130)

指令格式

G79X(U)_Z(W)_R_F_

X:垂直方向(U 表示垂直增量)。

Z:水平方向(W 表示水平增量)。

R:锥形斜面高度(带正负号)。

F:切削进给速度。

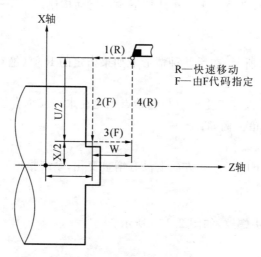

图 2.130　平端面切削循环

说明

在增量编程中,地址 U 和 W 后面的数值的符号取决于轨迹 1 和轨迹 2 的方向。即轨迹的方向是 Z 轴的负方向,W 值是负的。在单程序段方式,1、2、3、4 的切削过程,必须一次一次地按下循环启动按钮。

2) 锥面切削循环(见图 2.131)

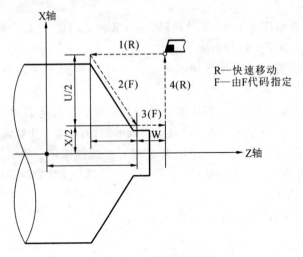

图 2.131　锥面切削循环

如图 2.132 所示,在增量编程中,地址 U 和 W 后面的数值的符号取决于轨迹 1 和轨迹 2 的方向。即轨迹的方向是 Z 轴的负方向,W 值是负的。在单程序段方式,1、2、3、4 的切削过程,必须一次一次地按下循环启动按钮。

(1) 如图 2.132 所示,在后两种情形下如果指定的 R 值(绝对值)大于 W 值,系统将会报错。

(2) 当指定的首次终点坐标值与起始点相比在水平或垂直任一个方向上没有增量变化时,系统将报错。例如:

G00 X100Z100

G79 X30 Z100 F150(在 Z 方向上没有增量变化,系统报错)

用 G78 车削双头螺纹,如图 2.133 所示。

N01 G54

N02 T0606 S600 M4

N03 G0 X55 Z5

N04 G78 X49 Z−55 F4

N05 X48.5

N06 X48

N07 X47.6

(1)U<0,W<0,R<0

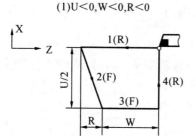

(2)U>0,W<0,R<0

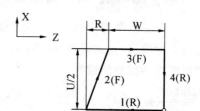

(3)U<0,W<0,R>0

at | R | ≤ |W|

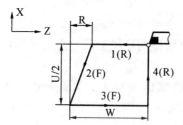

(4)U>0,W<0,R>0

at | R | ≤ |W|

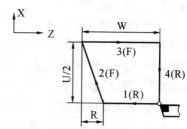

图 2.132　参数符号与刀具轨迹关系图

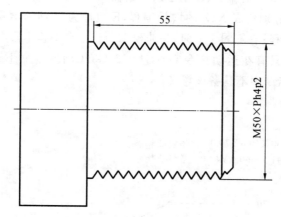

图 2.133　G78 车削双头螺纹

N08 X47.4

N09 G78 X49 Z−55 F4 Q180

N10 X48.5 Q180

N11 X48 Q180

N12 X47.6 Q180

N13 X47.4 Q180

N14 G0 X100 Z100

N15 M30

2.4.30　绝对值/增量值编程(G90/G91)

有两种方法指令刀具的移动:绝对值编程和增量值编程。在绝对值编程中,编程值为终点坐标值;而在增量值编程中,编程值为移动距离。G90 和 G91 分别用于指令绝对值编程和增量值编程。

指令格式

G90 IP_ 绝对值指令编程

G91 IP_ 增量值指令编程

说明

(1) 在 G90 编程下,编程点的坐标值是相对于坐标原点。

(2) 在 G91 编程下,编程点的坐标值是相对于切削路径上前一点的坐标,也就是说,编程值表示了沿该轴的位移量。

(3) CNC 根据配置参数 pm0612 决定系统默认编程方式,及决定上电、执行 M02/M30 指令或者复位后,CNC 处于的编程状态。

(4) G90、G91 不能在同一个程序段中。

(5) 在 G02、G03 状态下,I、K 用于圆心编程时,总是增量式,与 G90、G91 无关。

(6) U_和 W_分别代表 X、Z 的增量编程,E 地址为 B 轴的增量式编程,H 地址为 C 轴的增量式编程;它不同于 G91,是非模态的。只在编程本段有效。

(7) E/H 地址只有在运动指令 G0/G1/G2/G3/G81～G89 下代表 B/C 轴的增量式编程,在其他指令中不具备该意义。

```
G90 X40.0 Y70.0      绝对值指令
G91 X-60.0 Y40.0     增量值指令
```

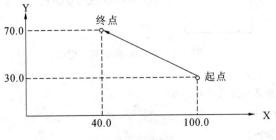

图 2.134　示例

例如图 2.134,指令如下。

| G90G1A10B10C10F2000 | (终点位置 A10 B10 C10) |
| A20H20 | (A20 B10 C30) |

O30B12   (A50 B12 C30)
E15   (A50 B27 C30)
M30

2.4.31　坐标偏移设置(G92/G92.1/G92.2/G92.3)

不作任何实际的移动,而使当前点具有指定的坐标值。

指令格式▶

G92 IP_

说明

(1) 各参数为指定当前点的新坐标值。未指定的轴坐标,则当前点在该轴上的坐标不变。

(2) G92 执行后,对坐标系进行轴偏移,即重新计算坐标系的轴偏移值,以使得当前点具有指定的坐标。此外,将 X、Y、Z 轴的轴偏移量保存至变量 #1021~#1026。

 例▶

假设刀具在 G54 坐标系下的 X=4 的位置且此时的轴偏移为 0,执行 G92X7 后,该指令对坐标系进行了轴偏移,令刀具的当前位置为 X=7(工作坐标系下),重新计算轴偏移值为 -3,同时设置变量 #1021=-3。

当 G92 指令改变轴偏移时,G92 的执行将同时影响所有工件坐标系,即所有工件坐标系都移动相同的值。

在增量编程模式下,使用 G92 指令不改变轴偏移量。

轴偏移值的计算方法如下:

[轴偏移量]=[机床坐标系下坐标值]-[G54~G59 的原点偏移值]-[工件坐标系下坐标值]

坐标偏移清除

指令格式▶

G92.1

G92.2

G92.3

说明

(1) 将各轴偏移值清零,可用 G92.1 或 G92.2。

① G92.1 将变量 1021~1026 设置为 0。

② G92.2 取消偏移值,但不将变量 1021~1026 中的值清零。

(2) G92.3 将变量 1021～1026 的值设置为当前偏移值。

(3) 可以在一个程序中设置偏移值,而在另一个程序中使用。

(4) 在第一个程序中使用 G92 指令,变量 1021～1026 将被赋予新值,在此程序余下的部分不要使用 G92.1 指令,否则偏移值将被清除,变量的值在第一个程序退出后被保留。

(5) 若在第二个程序中未用到偏移,而该偏移在接下来的程序中用到,则调用 G92.2,清除当前的偏移,但将其值保留在变量 1021～1026 中。

(6) 若想在接下来的程序中恢复以前用到的偏移值,只需在程序开始的时候使用 G92.3 指令,以恢复偏移值。

(7) 若这两个程序不能顺序执行,而接下来的程序又用到新的偏移值,即变量 1021～1026 值需要被其他的程序改变,此时若想保留之前的偏移,可以用公共变量 (♯500～♯999)作一备份,以便在需要的时候使用。

2.4.32 进给率模式设置(G93/G94/G95)

直线插补(G01)、圆弧插补(G02、G03)等的进给速度是用 F 代码后面的数值指定的。可用 3 种方式设定进给率模式。

(1) 时间倒数进给率模式 G93,在 F 之后指定要完成加工的时间倒数。

(2) 每分钟进给率模式 G94,在 F 之后指定每分钟的刀具进给量。

(3) 每转进给率模式 G95,在 F 之后指定主轴每转的刀具进给量。

指令格式

(1) 时间倒数进给。

G93:时间倒数进给的 G 代码;

F_:完成加工的时间倒数。

(2) 每分钟进给。

G94:每分进给的 G 代码;

F_:进给速度指令(mm/min 或 inch/min)。

(3) 每转进给。

G95:每转进给的 G 代码;

F_:进给速度指令(mm/r 或 inch/r)。

说明

(1) 时间倒数进给 G93。

G93 编程时,F 编程值表示移动应该在 1/F 分钟内完成。例如,F=2.0,则移动应该在半分钟内完成。时间倒数模式中的 F 值是非模态的,F 必须出现在用该模式的每一个运动段中;没有 G1、G2、G3 的行中,F 值将被忽略。时间倒数模式不影响 G0 的执行方式。

（2）每分钟进给 G94（见图 2.135）。

在 G94 编程时，F 编程值的单位是 1 mm/min（公制），1 inch/min（英制）或 deg/sec。在指定 G94 以后，刀具每分钟的进给量由 F 之后的数值直接指定。G94 是模态代码，一旦指定 G94，在 G93 或 G95 指定前一直有效。

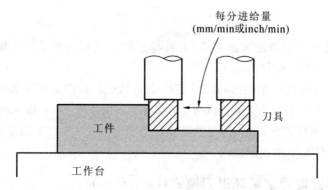

图 2.135　G94 进给模式

（3）每转进给 G95（见图 2.136）。

在指定 G95（每转进给）时，在 F 之后的数值直接指定主轴每转刀具的进给量。G95 是模态代码，一旦指定 G95，直到 G93 或 G94 指定之前一直有效。

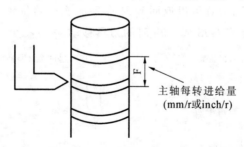

图 2.136　G95 进给模式

上电后，如果在 G94 或 G95 模式中未指定 F 值，则使用 0500 号参数设定的缺省切削进给速度作为切削加工速度；编程了 F 值后，则以编程指定的 F 值作为切削速度。

2.4.33　主轴表面恒线速控制（G96/G97）

指令格式

（1）表面恒线速控制的控制指令：
G96 S ○○○○
　　　　↑表面速度（米/分或英尺/分）
（2）表面恒线速控制的取消指令：
G97 S ○○○○
　　　　↑主轴速度（r/min）

（3）最大主轴速度钳制：

G92 S_

S 后面跟最大主轴速度值（r/min）

S0 表示取消 G92 的主轴速度钳制

说明

（1）G96 在 S 后面指定表面速度（刀具与工件间的相对速度），主轴回转而表面速度保持恒定，与刀具位置无关。

（2）G96（恒表面切削速度控制指令）是模态 G 代码。在指定 G96 指令后，程序进入表面恒线速控制方式（G96 方式），且以指定 S 值作为表面速度。G97 指令取消 G96 方式。

（3）在用表面恒线速控制时，主轴速度若高于 G92S_（最大主轴速度）中规定的值，就被钳制在最大主轴速度以内。

2.4.34 设置固定循环退刀模式（G98/G99）

在固定循环指令结束后，可以指定刀具返回的平面。

G99：在垂直于选定平面的轴上，退回到参数 R 指定的位置。

G98：退回到在固定循环开始前垂直轴所在的位置，也就是初始平面。

当刀具到达孔底后，刀具可以返回到 R 点平面或初始位置平面，由 G98 和 G99 指定。图 2.137 表示指定 G98 或 G99 时的刀具移动。

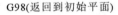

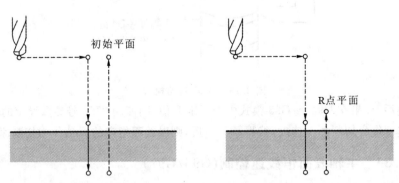

图 2.137　固定循环退刀模式示意图

2.5　其　　他

2.5.1　开关

影响程序的执行的开关共有三个，具体如下。

1. 转速和进给率修调

在本系统中由开(M48)/关(M49)修调命令来控制修调旋钮的使能与否,修调旋钮可以修调进给率和主轴旋转速度。

2. 斜线程序段(/)使能开关

当该开关打开的时候,程序中以"/"开始的行将不被执行;如果该开关关闭,将执行以"/"开始的程序段。

/:一级跳段

/2:二级跳段

…………

/9:九级跳段

跳段功能有上述九种格式,"/"后面只允许为 2～9 之间的数字或者不写数字,不允许写成"/1"、"/0"或者"/03"等。

说明

(1)若要在程序执行时跳过某一程序段不执行(不是删除该程序段),就在该程序段前插入"斜线使能符"(格式如上),并打开斜线使能开关,执行时将跳过此程序段。如果开关未打开,即使程序段前有"斜线使能符",该程序段仍会被执行。

(2)"/"一级斜线使能开关由操作面板的"程序跳段"键控制,其指示灯亮表示斜线使能生效,执行时将跳过"/"后的程序段。若指示灯未亮,程序段正常执行。

① 在自动模式下,通过【斜线使能】功能键 F5 也可以控制"/"是否使能。

② 通过 0604 参数控制系统上电时"/"使能状态。

③ PLC 控制:G19.1 为"/"使能与否的控制信号,当 G19.1 为 0 到 1 的上升沿信号时,"/"使能开关发生跳变。F4.1 信号为"/"使能开关的状态信号,0:"/"开关关闭状态,斜线未使能;1:"/"开关开启,斜线使能。

(3)其余 2～9 级斜线使能由 PLC 信号(G85.0～G85.7)启动,对应关系如下:

G85.0 ——"/2"

……

G85.7 ——"/9"

(4)低字节到高字节的 8 位分别对应斜线使能的 8 个级别,某位信号为 1,表示启动该级别的斜线使能功能;信号为 0 表示不启动该级别的斜线使能功能。

(5)跳段"/"、"/2～9"最好写在句首或者一个字的结束,最好不要写在字中间(字母和数字之间),这样也许会造成语句解释错误。

(6)跳段"/"、"/2～9"不允许写在表达式中,否则会被认为是"除号"。

3. 程序选择停开关

当执行 M1 指令时,若程序选择停开关处在开启状态,程序停止;如果程序选择停开关处在关闭状态,忽略 M1 指令,程序不停止。

2.5.2 一行中指令执行顺序

(1) 注释,包括消息;

(2) 设置进给率模式(移动速度或时间倒数模式)(G93,G94,G95);

(3) 设置进给率(F);

(4) 设置主轴转速(S);

(5) 选刀(T);

(6) 换刀(M6);

(7) 主轴停/开(M3,M4,M49);

(8) 冷却剂开/关(M7,M8,M9);

(9) 开/关修调(M48,M49);

(10) 其余前缀 M 代码;

(11) 设置长度单位(G20,G21);

(12) 刀具半径补偿打开/关闭(G40,G41,G42);

(13) 选择编程坐标系(G54~G59);

(14) 设置运动路径模式(G61,G61.1,G64);

(15) 使用绝对坐标(G53);

(16) 设置绝对、增量编程模式(G90,G91);

(17) 回参考点(G28,G30),或设置坐标系偏移(G10),或设置轴偏移(G92~G92.3);

(18) 暂停(G4);

(19) 执行运动指令;

(20) 后缀 M 代码;

(21) 停止(M0,M1,M2,M30)。

2.5.3 程序控制指令

在程序中,使用 GOTO 语句和 IF 语句可以改变控制的流向,有三种转移和循环操作可供使用:GOTO 语句(无条件转移)、IF 语句(条件转移 IF… THEN…和 IF…GOTO…)、WHILE 语句(当……时循环)。

1. 无条件转移:GOTO 语句

转移到标有顺序号 n 的程序段,n 是无符号的整数,其取值范围为 1~99999999。

┃指令格式

GOTO n   (0<n<100000000)

2. 条件转移:IF 语句

┃指令格式

IF[条件表达式]GOTO n   (0<n<100000000)

📖 **说明**

（1）如果指定的条件表达式满足,转移到标有顺序号 n 的程序段；

（2）如果指定的条件表达式不满足,执行 IF 下面的程序段。

▶ **指令格式**

IF[条件表达式]THEN　NC 语句

📖 **说明**

如果条件表达式满足,执行预先决定的宏程序语句,否则执行 IF 下面的程序段。

（1）条件表达式必须包括运算符,运算符插在两个变量中间或变量和常数中间,并且用"["和"]"封闭。

（2）运算符由 2 个字母组成,用于两个值的比较,以决定它们是相等还是一个值小于或大于另一个值,如表 2.16 所示。

表 2.16　运算符

运　算　符	含　　义
EQ	等于（＝）
NE	不等于（≠）
GT	大于（＞）
GE	大于等于（≥）
LT	小于（＜）
LE	小于等于（≤）

3. 循环：WHILE 语句

▶ **指令格式**

WHILE[条件表达式]DO n(n＝1,2,3)

…

…

END n

📖 **说明**

（1）以图 2.138 为例,在 WHILE 后指定一个条件表达式,当指定条件满足时执行从 DO 到 END 之间的程序,否则转到 END 后的程序段。

（2）DO 后的标号和 END 后的标号是指定程序执行范围的标号,标号值为 1、2、3。

（3）在 DO—END 循环中的标号（1 到 3）可根据需要多次使用,但是当程序有交叉重复循环（DO 范围的重叠）时程序将出错。

（4）循环最多可嵌套 3 层。

（5）控制可以转移到循环体外,但不能进入循环体内。

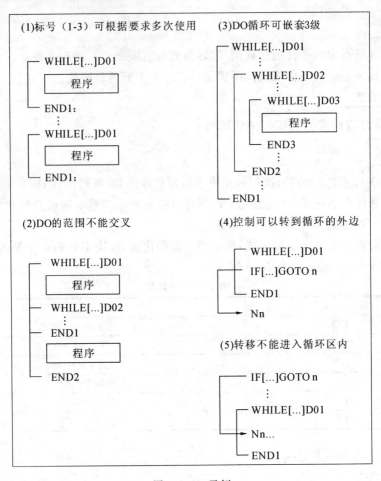

图 2.138　示例

2.5.4　任意角度倒角/圆弧过渡

该功能可以将倒角和倒角圆弧程序段自动地插入下边的程序段之间。

● 直线插补和直线插补程序段
● 直线插补和圆弧插补程序段
● 圆弧插补和直线插补程序段
● 圆弧插补和圆弧插补程序段

指令格式

,C_倒角过渡

,R_倒角圆弧过渡

（1）上述指令加在直线插补或圆弧插补程序段的末尾时,会自动在拐角处加上倒角或过渡圆弧。倒角和过渡圆弧的程序段可以连续指定。

（2）指定的倒角或圆弧过渡必须跟随一个直线插补或圆弧插补的指令，如下一段不包含以上指令，则报错。

（3）倒角或圆弧过渡只能在指定的平面内进行，在过渡期间不能切换平面，否则报错。

（4）指定的倒角或圆弧过渡不能超出原来的插补范围，否则报错。

（5）坐标系变动或返回参考点运动中不能指定过渡段。

（6）过渡期间不能插入其他运动代码，否则报错。

倒角 C（见图 2.139）

（1）G91 G01 X100.0, C10.0
（2）X100.0 Y100.0

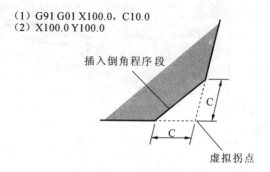

图 2.139　插入倒角程序段

圆弧过渡 R（见图 2.140）

（1）G91 G01 X100.0, R10.0
（2）X100.0 Y100.0

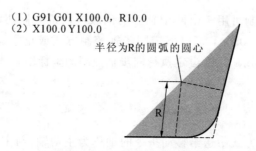

图 2.140　插入圆弧过渡程序段

以图 2.141 为例

N01 G00 X0 Y0

N02 G01 X10 Y10

N03 G01 X50 F1000, C5

N04 Y25, R8

N05 G03 X80 Y50 R30, R8

N06 G01 X50, R8

N07 Y70,C5
N08 X10,C5
N09 Y10
N10 G01 X0 Y0
N11 M02

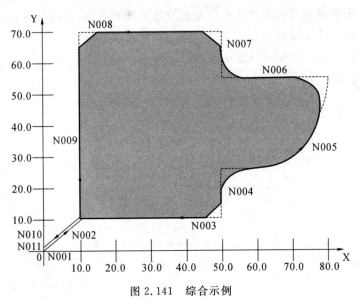

图 2.141　综合示例

2.5.5　进给轴同步控制

进给轴同步控制可用于由两个独立的伺服电动机共同驱动同一个工作台的情况,用机床参数(No.0300)可以指定同步轴控制方式或正常运行。在实际使用中,可通过机床参数(No.0301)设定执行同步轴控制的坐标轴。

 说明

(1)同步运行

在同步轴控制方式中送给移动指令的轴称为主动轴,与主动轴同步移动的轴称为从动轴。当用指令移动主动轴时从动轴同步移动,此处同步运行的意义是将主动轴的移动指令同时发送到主动轴和从动轴两个伺服电动机。

(2)同步运行和正常运行的切换

可以用机床参数(No.0300)指定同步轴控制方式或正常运行方式,方式切换后需要重启系统才能生效。

(3)同步误差检测

在同步轴控制方式中总在检查两个伺服电动机的偏差,但并不进行补偿,如果两轴的差值超过机床参数(No.0324)的设定值时进行报警,并立即终止运动。

（4）主从轴运行

同步轴控制方式期间，对主动轴在各种工作方式下的运动都执行同步运行，包括主动轴的回零和返回参考点。

从动轴没有轴名，不能单独接受指令，从动轴的实际速度不显示。

（5）误差补偿

螺距误差和反向间隙对主动轴和从动轴分别进行补偿。

2.5.6　主轴同步控制

主轴同步控制可以使得两个主轴（跟随主轴 FS 和引导主轴 LS）实现速度的同步运行。

速度同步：　　　　　　　　　$S(FS) = S(LS) * K$

$K =$ 传动比分子/传动比分母，当 K 为负时，表示 FS 和 LS 以相反的方向旋转。

位置同步及角度偏移：

$$\Delta\varphi(\text{跟随主轴位置}) = \varphi(\text{引导轴}) - \varphi(\text{跟随轴})$$

默认第一主轴 S1 是引导主轴 LS，第二主轴 S2 是跟随主轴 FS，进入同步主轴模式后第一主轴保持速度控制，第二主轴进入位置控制方式。

指令格式

同步激活指令

COUPON（传动比分子，传动比分母，跟随主轴位置）未指定传动比分子/分母时，其默认值为 1，未指定跟随主轴位置时，默认值为 0。

同步释放指令

COUPOF

说明

（1）COUPON 激活同步主轴控制，令第一主轴旋转到"跟随主轴位置"时，第二主轴从 0°开始，进入与第一主轴的同步模式，即第二主轴跟随第一主轴按比例的速度同步，传动比以分离的分子和分母编程，可以是负数；传动比和偏移角度可以在主轴运动中改变；

（2）COUPOF 释放同步主轴的比例关系，第二主轴采用默认转速恢复速度控制，第一主轴保持不变；

（3）第二主轴与第一主轴的同步控制信号

在执行同步激活指令时，NC 请求 PLC 切换第二主轴进入位置控制方式；复位后或同步功能释放后该信号为 0。第二主轴同步信号【F71.6】，进入第二主轴同步状态时该信号为 1；取消第二主轴同步状态时该信号为 0。此信号主要用于第二主轴与第一主轴的同步控制。

2.5.7　耦合轴

当一个已定义的引导轴运动时,指定给该轴的耦合轴(跟随轴)会在参照某个耦合系数的情况下,开始运行引导轴所引导的位移。

引导轴和跟随轴共同组成耦合组合。

┌─ 指令格式 ─

TRAILON(〈跟随轴〉,〈引导轴〉,〈耦合系数〉)

TRAILOF(〈跟随轴〉)

其中:

TRAILON 用于启用和定义耦合轴组合的指令,此命令生效方式为模态有效;

TRAILOF 用来关闭这个耦合组,模态有效;

〈跟随轴〉是耦合轴的名称;

〈引导轴〉是引导轴的名称。

┌─ 说明 ─

(1) 一个耦合组合可以由线性轴和旋转轴的任意组合构成,可同时激活的耦合组合的数量及建立耦合组合的轴由机床上现有的轴配置方法限制。

(2) 一个耦合轴只能有一个引导轴,且启用耦合组关系后耦合轴和引导轴都不能再与其余轴建立耦合组关系,建立耦合关系后耦合轴前面显示有图标 ⚙。

(3) 启用耦合组关系后只能通过复位或 TRAILOF 指令取消耦合组关系,切换操作方式不取消耦合组关系。

(4) 耦合轴可以单独执行运行指令同时按照耦合关系跟随引导轴运行,即耦合轴可以编程所有系统提供的运行指令(G0,G1,G2,G3,…),除了单独定义的位移,耦合轴还会按照耦合系数运行从引导轴导出的位移。

(5) 启用耦合组关系后的耦合轴和引导轴不允许执行回零操作,否则报警"2096:启用耦合控制,不能执行回零操作"。

(6) 耦合轴或引导轴只有在当前通道具备使用权且通道间有共用轴时才能开启耦合关系。

(7) 机床锁住时建立或取消耦合关系指令无效。

(8) 建立耦合关系后跟随轴的编程值不随引导轴的位移变化,实际值按引导轴的位移变化、复位或取消耦合关系后跟随轴的编程值和实际值保持一致。

例

该功能常用于使用 2 个耦合组合进行两面加工,如图 2.142 所示。

第 1 引导轴 Y,耦合轴 V

第 2 引导轴 Z,耦合轴 W

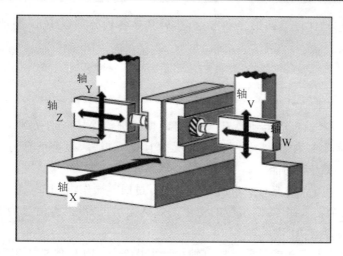

图 2.142 示例

N100 TRAILON(V,Y)；启用第 1 个耦合组合。

N110 TRAILON(W,Z,−1)；启用第 2 个耦合组合。耦合系数为负,耦合轴以与引导轴相反的方向做相应运动。

N120 G0 Z10；Z 轴和 W 轴以相反的轴向进给。

N130 G0 Y20；Y 轴和 V 轴以相同的轴向进给。

...

N200 G1 Y22 V25 F200；叠加耦合轴 V 的某个相关和不相关的运动。

...

N300 TRAILOF(V)；关闭第 1 个耦合组合。

N310 TRAILOF(W)；关闭第 2 个耦合组合。

(1) 在引导轴运行时要考虑耦合轴的动态性能,避免出现过载。用户和机床制造商应负责采取相应的措施,避免引导轴的运行导致耦合轴出现过载。

(2) 在引导轴运行时要考虑耦合轴的软硬限位控制和保护区域设置,避免出现碰撞。

2.5.8 换刀点功能

加工过程中需要换刀时,应规定换刀点。所谓"换刀点"是指刀架转动换刀时的位置,换刀点应设在工件或夹具的外部,以换刀时不碰工件及其他部件为准。

换刀点功能指的是各轴自动定位到换刀点(第二参考点)的功能,其中各轴的换刀点位置可以通过 1242 号参数进行设置,换刀点功能通过 PLC 信号启动,首先 Z 轴以 JOG 手动移动速度返回第二参考点,然后其他各轴分别以 JOG 手动移动速度返回第二参考点。

说明

(1) 只有在手动模式下(手动或手轮),通过 PLC 信号[G3.5]的 0/1 跳变开启换刀点功能,即所有轴自动走到换刀点;在自动模式进给保持时切换到手动模式下,或者当前模式为锁轴模式时此信号的变化无效且提示报警,报警信息为 2086"非手动模式不能执行换刀点功能"。

(2) 执行换刀点功能时要求所有轴已执行过回零操作,若 PLC 信号[G3.5]发生 0/1 跳变时某个轴未回零,则信号的变化无效且提示报警,报警信息为 2085"轴未回零不能执行换刀点功能"。

(3) 执行换刀点功能时要求所有轴在静止状态,若 PLC 信号[G3.5]发生 0/1 跳变时某个轴在运动,则信号的变化无效且提示报警,报警信息为 2008"轴正在运动此操作无效"。

(4) 执行自动到换刀点操作时,在所有轴都自动到换刀点之前不允许其他手动操作,否则提示报警,报警信息为 2087"正在执行换刀点功能,此操作无效"。

(5) 复位可取消换刀点功能。

(6) 执行换刀点功能时,显示屏幕中状态栏在加工模式(如"手轮"或"手动连续")旁边显示"换刀点";各轴在移动到换刀点的过程中 JOG 修调有效,且不允许切换到其他加工模式。

(7) 换刀点功能执行结束的判断方法是:所有轴的实际值与 0243 号参数设置的第二参考点在 0249 号参数设定的到位允许误差范围内,即认为换刀点功能执行完成,并在信息栏进行提示。

2.5.9　控制轴卸载功能

机床上某些轴(比如加工中心的回转工作台或大型龙门铣上的附件头等)经常在加工中需要安装或卸下,而且不能报警,把轴的这种状态叫做 Parking。将某个控制轴设成 Parking 轴后,通过 PLC 信号切换此轴进入 Parking 状态,此时拆除该轴的动力电缆和反馈电缆连接,系统不会报警。但拆掉该轴后,如果想取消 Parking 状态重新恢复对该轴的控制,则系统会报警;只有在确保电缆恢复连接且系统重启后才能恢复对该轴的控制。

此功能用在重力轴上时应充分注意,在进行控制轴拆除之前,需要事先准备好使用的机械制动器动作的顺序。

系统因 PLC 信号切换此轴进入 Parking 状态后,系统对此轴将不再进行控制,若该轴的动力电缆和反馈电缆并未拆除,需要注意防止误操作。

在将使用绝对位置检测器的轴设定为控制轴拆除状态时,机械和参考点之间的对应关系将会丢失。因此在解除拆除状态系统重新上电对该轴恢复控制后需要重新执行该轴的回零操作。

2.5.10　示教指令

指令格式 ▶

（SRN,轴名）	实现单个轴回零
（ARN）	实现全部轴回零
（WHF）	等待轴回零完成
（SET,Y_）	将 Y 信号置为 1,其中 Y 取值范围为[0.0～9.7],小数部分的有效位数为 1,且取值范围为 0～7
（CLR,Y_）	将 Y 信号置为 0,其中 Y 取值范围为[0.0～9.7],小数部分的有效位数为 1,且取值范围为 0～7
（ACR）	将所有 Y 信号置为 0
（WIF,X_）	等待 X 信号为 0,其中 X 为取值范围为[0.0～16.7],小数部分的有效位数为 1,且取值范围为 0～7
（WIT,X_）	等待 X 信号为 1,其中 X 为取值范围为[0.0～16.7],小数部分的有效位数为 1,且取值范围为 0～7

例 ▶

（SRN,X）	X轴单轴回零
（SET,Y5.1）	将 Y5.1 信号置为 1
（CLR,Y5.1）	将 Y5.1 信号置为 0
（WIF,X5.1）	程序等待 X5.1 信号为 0 时,继续执行
（WIT,X5.1）	程序等待 X5.1 信号为 1 时,继续执行

2.6　典型零件的铣削编程

2.6.1　标准型铣削基本功能测试

测试内容概述:主要用于标准型系统铣削基本功能指令、宏程序、子程序等功能的集成测试。

测试环境及试件:测试环境配套标准型系统的立式加工中心(见图 2.143)。

测试流程

1:机床准备

图 2.143　实例

2：手动手轮控制功能演示

3：刀具长度/半径测量、工件位置测量

4：铣削测试程序自动运行

2.6.2　铣削循环功能演示示例说明

铣床综合样件（见图 2.144）的加工程序由一个主程序和多个子程序组成，主程序通过 M98 依次调用子程序，并利用 M99 进行子程序返回，在主程序中还包含了自动换刀（M6Tn），自动返回参考点等功能。

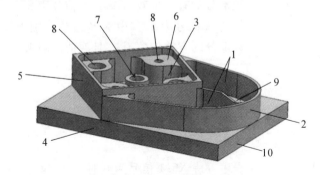

图 2.144　综合样件示意图

1—镜像加工对称型腔；2—圆弧加工；3—旋转加工规则型腔；4—粗加工；5—外轮廓加工；

6—开方槽加工；7—钻孔循环；8—攻螺纹循环；9—切换平面加工；10—直线加工

1. 子程序一

子程序一（见图 2.145）中主要为加工带有圆弧的不规则型腔和边缘的清理，橙色区域为加工区域，该型腔为两个对称的单个型腔组成，故在加工编程中通过 G50/G51 比例缩放（镜像）功能以 Y 轴零点作为对称中心进行加工。型腔的深度用 WHILE 语句表达式与二元运算来完成深度的加工要求。

该子程序中包含的 G/M 代码如下。

G00：快速定位　　　　　　　　G01：直线插补

G02：顺时针圆弧插补　　　　　G03：逆时针圆弧插补

G40：取消刀具半径补偿　　　　G41：左侧刀具半径补偿

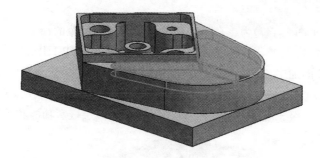

图 2.145　加工区域展示

G43：刀具长度补偿　　　　G49：取消刀具长度补偿

G50：取消比例缩放　　　　G51：比例缩放（镜像）

G68：坐标系旋转　　　　　G69：取消坐标系旋转

M03：主轴正转　　　　　　M08：一号切削液开

M09：切削液关闭　　　　　M99：返回主程序

2. 子程序二

子程序二（见图 2.146）为综合加工样件的外轮廓加工，以去除样件的外部预料为主，子程序二与子程序一同样包含了大多数 G/M 代码，利用 WHILE 语句表达式与二元运算来完成深度的加工要求。在该程序中还附加了更深一级的子程序故称为二级子程序，该程序实现了子程序的多层嵌套功能。

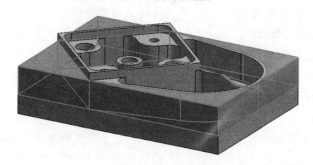

图 2.146　加工区域展示

该子程序中包含的 G/M 代码如下。

G00：快速等位　　　　　　G01：直线插补

G02：顺时针圆弧插补　　　G40：取消刀具半径补偿

G41：左侧刀具半径补偿　　G43：刀具长度补偿

G49：取消刀具长度补偿　　G50：取消比例缩放

G51：比例缩放（镜像）　　G68：坐标系旋转

G69：取消坐标系旋转　　　M03：主轴正转

M08：一号切削液开　　　　M09：切削液关闭

M98：子程序调用　　　　　M99：返回主程序

3.子程序三

子程序三(见图2.147)为综合加工样件的内部规则型腔的加工,在加工时利用G68坐标系旋转45°进行加工,同样该样件的内部型腔需要利用WHILE语句表达式与二元运算来完成深度的加工要求。该程序中还利用WHILE语句配合G10L12变刀补对刀偏表中的几何D直接进行变换来控制加工时的刀具半径变化。在该程序中还附加了多个更深一级的二级子程序,该程序实现了子程序的多层嵌套功能和反复调用。

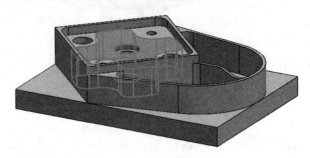

图2.147 加工区域展示

该子程序中包含的G/M代码如下。

G00:快速定位　　　　　　　　G01:直线插补

G02:顺时针圆弧插补　　　　　　G40:取消刀具半径补偿

G41:左侧刀具半径补偿　　　　　G43:刀具长度补偿

G49:取消刀具长度补偿　　　　　G68:坐标系旋转

G69:取消坐标系旋转　　　　　　G10L12:刀补设定

M03:主轴正转　　　　　　　　M08:一号切削液开

M09:切削液关闭　　　　　　　M99:返回主程序

M98:子程序调用

4.子程序四

子程序四(见图2.148)为综合加工样件的孔与螺纹的加工,在该加工程序中使用G16极坐标与固定切削循环中的G81钻孔循环与G84攻螺纹循环配合使用。在该程序中的动作分别为钻孔、倒角、攻螺纹。

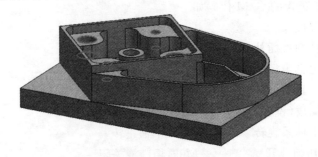

图2.148 加工区域展示

该子程序中包含的 G/M 代码如下。

G00：快速定位　　　　　　　　G81：钻孔循环

G84：攻螺纹循环　　　　　　　G80：取消固定循环

M03：主轴正转　　　　　　　　M05：主轴停转

M08：切削液开　　　　　　　　M09：切削液关

M99：子程序返回　　　　　　　G16：极坐标旋转

2.6.3　标准型铣削循环功能测试

测试内容概述：主要用于标准型系统刀具测量、铣削循环功能的集成测试。

测试环境配套标准型系统的立式加工中心，带刻度的测试样件及对刀仪和工件测量装置。

测试内容概述：主要用于标准型系统刀具测量、铣削循环功能的集成测试。

测试环境配套标准型系统的立式加工中心，带刻度的测试样件及对刀仪和工件测量装置(见图 2.149)。

图 2.149　实例

测试流程如下：

机床准备→刀具长度或半径测量、工件位置测量→铣削循环测试程序运行演示。

2.6.4　铣削循环功能演示示例说明

为更加直观地突出数控系统测试，系统地对机床动作进行控制，本报告中用以下标示作为测试时机床的实际运动轨迹，⤸主轴正时针旋转方向，⤹主轴逆时针旋转方向，↓Z 轴进给速度的运行方向，↑Z 轴快移速度的运行方向，▱ Z 轴需到达的指定坐标平面，Z 轴指定平面数值用红色或蓝色数值表示。

1. 钻孔循环(G81)(见图 2.150)

M3S100	主轴正时针旋转
Z50	Z 轴快速抵达坐标上方 50 mm 处
X0Y0	快速移动到 X/Y 坐标点
G81X0Y0Z−50R0F1000	转孔循环 Z 轴第一深度−50，进给 1000
Z−100	Z 轴第二深度−50
Z−150	Z 轴第三深度−50
Z−200	Z 轴第四深度−50
G80	取消转孔循环
M5	主轴停转
M01	选择停

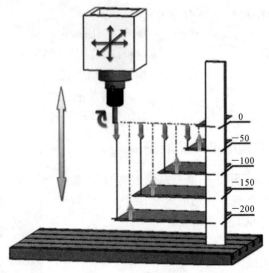

图 2.150　钻孔循环

刀具动作：

① 沿着 X 和 Y 轴定位后快速移动到 R 点；

② 以当前进给率从 R 点到 Z 点执行钻孔加工；

③ 刀具以快移速度退回到退出点（退出点坐标参考退出模式的设置 G98/G99）。

2. 钻孔循环, 锪镗循环(G82)(见图 2.151)

M3S100	主轴正时针旋转
Z50	Z 轴快速抵达坐标上方 50 mm 处
X0Y0	快速移动到 X/Y 坐标点

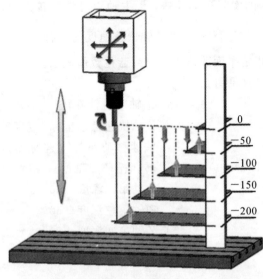

图 2.151　G82

G82X0Y0Z－50R0P1F1000	转孔循环 Z 轴第一深度－50,安全平面为 0(P)
	在孔底暂停 1 秒,进给 1000
Z－100	Z 轴第二深度位置
Z－150	Z 轴第三深度位置
Z－200	Z 轴第四深度位置
G80	取消转孔循环
M5	主轴停转
M01	选择停

刀具动作:

沿着 X 和 Y 轴定位后快速移动到 R 点;以当前进给率从 R 点到 Z 点执行钻孔加工;暂停 P 秒;刀具以快移速度退回到退出点。

3. 排屑钻孔循环(G83)(见图 2.152)

M3S100	主轴正时针旋转
Z50	Z 轴快速抵达坐标上方 50 mm 处
X0Y0	快速移动到 X/Y 坐标点
G83X0Y0Z－50R0Q25F1000	转孔循环 Z 轴第一深度－50,安全平面为 0(Q)
	每次切削进给的切削深度(增量)
Z－100	Z 轴第二深度－50
Z－150	Z 轴第三深度－50
Z－200	Z 轴第四深度－50
G80	取消转孔循环
M5	主轴停转
M01	选择停

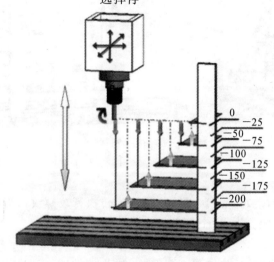

图 2.152　G83

每一次切削的进给深度,它总是增量值。

刀具动作:

预运动,沿着 X 和 Y 轴定位后快速移动到 R 点;Z 轴以当前进给速率继续向下加工深度 Q,或者加工到位置 Z,取二者中浅的位置;快速退回到退出点;快速前进到已加工面深度上方 d 点的位置;重复步骤 2、3、4,直到在第二步中到达位置 Z。

4. 攻螺纹循环(G84)(见图 2.153)

M3S50	主轴正时针旋转
Z50	Z 轴快速抵达坐标上方 50 mm 处
X0Y0	快速移动到 X/Y 坐标点
G84X0Y0Z−50R0F2500	转孔循环 Z 轴第一深度−50,当 Z 轴正转到达孔底后主轴反转退回安全平面,主轴每旋转一周 Z 轴运行 50 mm
Z−100	Z 轴第二深度−50
Z−150	Z 轴第三深度−50
Z−200	Z 轴第四深度−50
G80	取消转孔循环
M5	主轴停转
M01	选择停

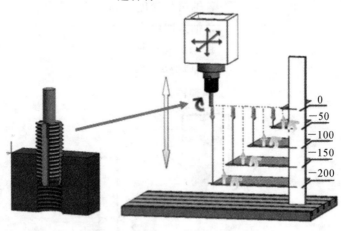

图 2.153　G84

G84 的目的是右旋攻螺纹。主轴顺时针旋转执行攻螺纹。当到达孔底时,为了回退,主轴以相反方向旋转,这个过程生成螺纹。

刀具动作:

沿着 X 和 Y 轴定位后快速移动到 R 点;进入旋转速率和进给速率同步模式;Z

轴以当前进给速率运动到 Z 指定的位置；主轴停；主轴逆时针旋转；快速退回到退出点；如果在固定循环前为非旋转、进给速率同步模式，则取消同步模式，恢复到原来主轴旋转状态；主轴停；主轴顺时针旋转。

5. 镗孔循环(G85)(见图 2.154)

M3S100	主轴正时针旋转
Z50	Z 轴快速抵达坐标上方 50 mm 处
X0Y0	快速移动到 X/Y 坐标点
G85X0Y0Z－50R0F1000	转孔循环 Z 轴第一深度－50 后以进给速度退出到 R 点，进给 1000
Z－100	Z 轴第二深度－50
Z－150	Z 轴第三深度－50
Z－200	Z 轴第四深度－50
G80	取消转孔循环
M5	主轴停转
M01	选择停

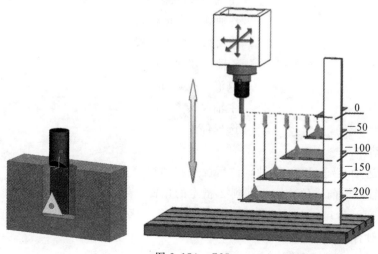

图 2.154 G85

刀具动作：

预运动，沿着 X 和 Y 轴定位后快速移动到 R 点；Z 轴以当前进给速率运动到 Z 指定的位置；刀具以进给率退回到退出点(退出点坐标参考退出模式的设置)。

6. 粗镗孔-主轴停-快速退出(G86)(见图 2.155)

M3S100	主轴正时针旋转
Z50	Z 轴快速抵达坐标上方 50 mm 处
X0Y0	快速移动到 X/Y 坐标点
G86X0Y0Z－50R0P1F1000	转孔循环 Z 轴第一深度－50,(P)在孔底暂停 1 秒后

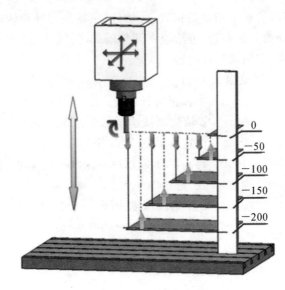

图 2.155　G87

	主轴停转,快速返回安全平面为 0 进给速度 1000
Z−100	Z 轴第二深度位置
Z−150	Z 轴第三深度位置
Z−200	Z 轴第四深度位置
G80	取消转孔循环
M5	主轴停转
M01	选择停

刀具动作:

① 预运动,沿着 X 和 Y 轴定位后快速移动到 R 点;

② Z 轴以当前进给速率运动到 Z 指定的位置;

③ 停顿 P 秒;

④ 主轴停转;

⑤ 刀具快速退回到退出点;

⑥ 主轴恢复原来的运动方向。

7. 精镗孔-主轴停-快速退出(G86.1)(见图 2.156)

M3S100	主轴正时针旋转
Z50	Z 轴快速抵达坐标上方 50 mm 处
X0Y0	快速移动到 X/Y 坐标点
G86.1X0Y0Z−50R0P1I0.2J0F1000	转孔循环 Z 轴第一深度−50,(P)在孔底暂停 1 秒后主轴停转(I/J)刀尖快速离工件表面,快速返回安全平面为 0

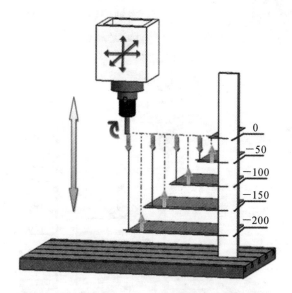

图 2.156 G86.1

Z-100	Z 轴第二深度位置
Z-150	Z 轴第三深度位置
Z-200	Z 轴第四深度位置
G80	取消转孔循环
M5	主轴停转
M01	选择停

刀具动作：

预运动,沿着 X 和 Y 轴定位后快速移动到 R 点;Z 轴以当前进给速率运动到 Z 指定的位置;停顿 P 秒;主轴停转;刀尖沿 X/Y 坐标快速离开工件表面;刀具快速退回到退出点;主轴恢复原来的运动方向。

8. 背镗孔循环(G87)(见图 2.157)

M3S100	主轴正时针旋转
Z50	轴快速抵达坐标上方 50 mm 处
X0Y0	快速移动到 X/Y 坐标点
G87X0Y0Z-50R0P1I0J0K25F1000	转孔循环 Z 轴第一深度-50,(P)在孔底暂停 1 秒后主轴停转(I/J/K)刀尖离开工件,快速返回安全平面为 0
Z-100	Z 轴第二深度位置
Z-150	Z 轴第三深度位置
Z-200	Z 轴第四深度位置
G80	取消转孔

M5   主轴停转

M01   选择停

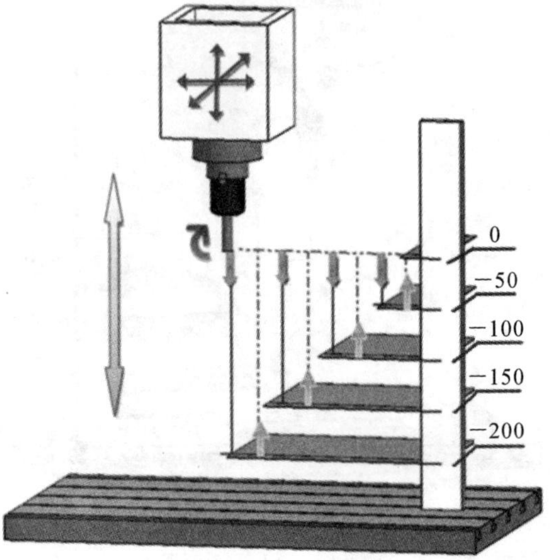

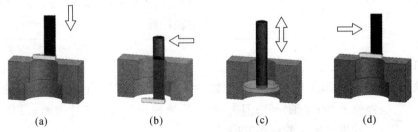

图 2.157　G87

刀具动作：

刀具按图 2.158(a)~(d)的顺序动作。

    (a)   (b)   (c)   (d)

图 2.158　刀具动作

9. 镗孔-主轴停转-手动退出循环(G88)(见图 2.159)

M3S100   主轴正时针旋转

Z50   Z轴快速抵达坐标上方 50 mm 处

X0Y0   快速移动到 X/Y 坐标点

G88X0Y0Z－50R0P1F1000   转孔循环 Z 轴第一深度－50,(P)在孔底暂停 1
                                秒后主轴停转,这时进给保持灯亮起可切换为手
                                动/手轮将 Z 轴抬起至安全平面

Z－100   Z轴第二深度位置

Z－150   Z轴第三深度位置

Z－20   Z轴第四深度位置

G80   取消转孔循环

M5　　　　　　　　　　　　　主轴停转
M01　　　　　　　　　　　　　选择停

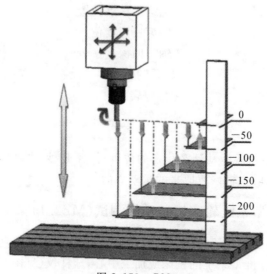

图 2.159　G88

刀具动作：

Z 轴以当前进给速率运动到 Z 指定的位置；停顿 P 秒；主轴停转；程序停止，允许操作者手动退出刀具；主轴恢复原来的运动方向。

10. 镗孔-停顿-进给速度退出循环(G89)（见图 2.160）

M3S100　　　　　　　　　　　　主轴正时针旋转
Z50　　　　　　　　　　　　　　Z 轴快速抵达坐标上方 50 mm 处
X0Y0　　　　　　　　　　　　　快速移动到 X/Y 坐标点

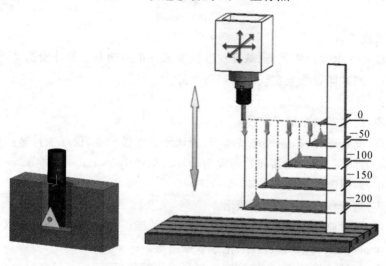

图 2.160　G89

G89X0Y0Z−50R0P1F1000　　　转孔循环 Z 轴第一深度−50,(P)在孔底暂停 1 秒
　　　　　　　　　　　　　　　　后主轴停转,以进给速度退回安全平面 R0

Z−100　　　　　　　　　　　Z 轴第二深度位置

Z−150　　　　　　　　　　　Z 轴第三深度位置

Z−20　　　　　　　　　　　Z 轴第四深度位置

G80　　　　　　　　　　　　取消转孔循环

M5　　　　　　　　　　　　　主轴停转

M01　　　　　　　　　　　　选择停

刀具动作:

Z 轴以当前进给速率运动到 Z 指定的位置;停顿 P 秒;主轴停转;程序停止,允许操作者手动退出刀具;主轴恢复原来的运动方向。

2.6.5　标准型系统轮廓控制功能测试(MZ2.1)

测试内容概述:主要用于标准型系统轮廓控制、伺服调试等功能的测试。

测试环境配套标准型系统的铣床或加工中心,球杆仪(见图 2.161)。

图 2.161　实例

1. 测试流程

机床准备→测试程序运行、球杆仪数据演示→正圆动态误差补偿测试(伺服参数在线调整)→测试伺服参数在线调整是否生效。

流程:

第一步:配置系统参数。

第二部:安装球杆仪,并校准基准点,确认测试圆弧中心,保证工件坐标系原点与球杆仪球心为同一坐标,圆弧起始角度为−180,半径 100 mm。

第三步:编辑测试程序。

第四步:运行程序,记录数据图形。

第五步:通过修改系统参数设置中驱动参数的赋值,重新上传到伺服驱动中。

第六步:再次执行该测试程序,记录数据图形。

第七步:测试结果分析,比较第四步与第六步的数据。

2. 结论

通过图 2.162 与图 2.163 的对比可看出通过系统直接修改伺服参数并生效。

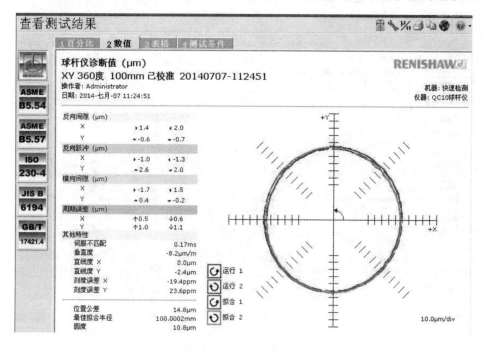

图 2.162 位置环增益 390

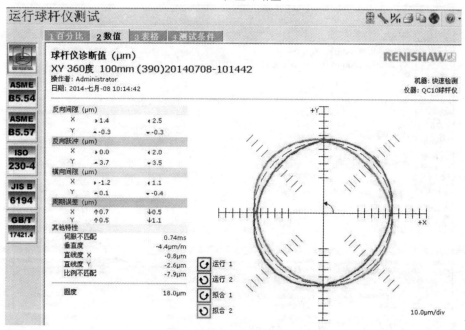

图 2.163 位置环增益 400

通过小线段拟合测试(见图 2.164 和图 2.165)测试小线段拟合形状误差补偿是否生效的流程如下。

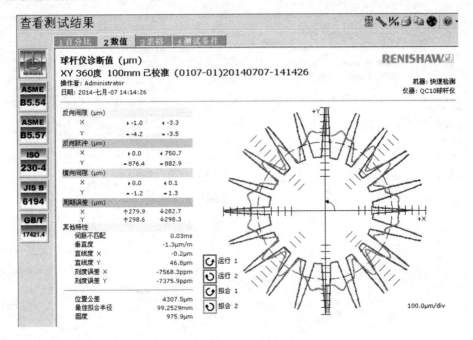

图 2.164 示例

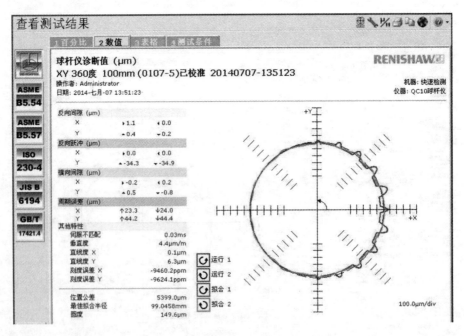

图 2.165 示例

第一步：配置系统参数。

第二步：安装球杆仪，并校准基准点，确认测试圆弧中心，保证工件坐标系原点与球杆仪球心为同一坐标，圆弧起始角度为－180，半径为 100 mm。

第三步：编辑测试程序。

第四步：运行程序，记录数据图形。

第五步：通过修改参数设置中机床参数 1017 最大形状误差 G61/G64 加工模式下的最大形状允许误差。

第六步：再次执行该测试程序，记录数据图形。

第七步：测试结果分析，比较第四步与第六步的数据。

2.6.6 加工模式下最大形状误差刀具对比图

结论：

通过图 2.166 和图 2.167 对比可看出在使用 G61 与使用 G64 时的加工轨迹的拟合情况。

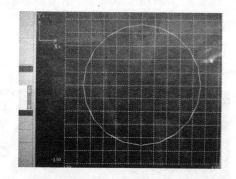
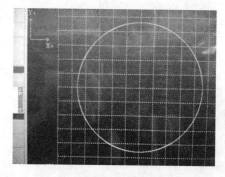

图 2.166 示例　　　　　　图 2.167 示例

1. 小线段加工样件

可乐瓶底加工(见图 2.168)

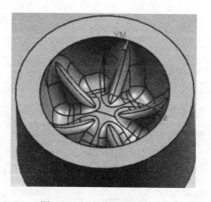

图 2.168 可乐瓶底加工

2. 分中方法

X、Y 双边分中,Z 点顶为 0。

程序:(模型尺寸:Φ84×50 mm)详见表 2.17。

表 2.17　模型尺寸

序号	程序名	刀　　具	装夹长度	刃长	每层切深	余量	角度增量	转速	进给	编程公差	加工内容
1	1-d16cebi	D16 平刀	>40	40	39.5	0	—	3000	300	0.01	侧壁精加工
2	2-d8r1	D8R1 圆鼻刀	>25	—	0.7	0.3	—	3000	2400	0.01	开粗
3	3-r3-R	Φ6R3 球刀	>25	—	—	0.15	0.4	4000	2400	0.01	半精
4	4-r3-F	Φ6R3 球刀	>25	—	—	0	0.12	6000	1500	0.008	精加工

 注意

D16 平刀进行侧壁精加工的深度为 39.5,手动抛光好上平面后,用卡尺量好工件突出三爪的高度需大于 39.5 mm,否则将铣到三爪。

工件加工完成后没有基准,若是需要进行 2 次加工,需要抛光一条基准边。

程序示意图:如图 2.169 和图 2.170 加工得到图 2.171。

图 2.169　粗加工路径示意图

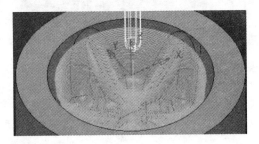

图 2.170　精加工路径示意图

图 2.171　加工后

2.7　典型零件的车削编程

2.7.1　零件图样

1. 样件一图样(见图 2.172)

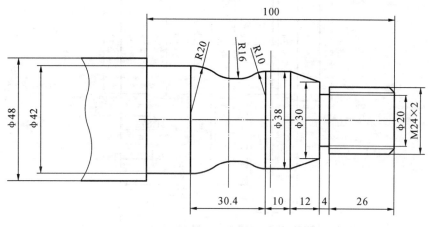

图 2.172　图样

2. 样件二图样(见图 2.173)

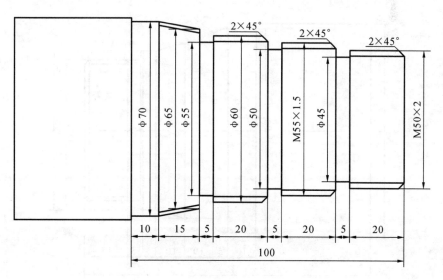

图 2.173　图样

3. 样件三图样(见图 2.174)

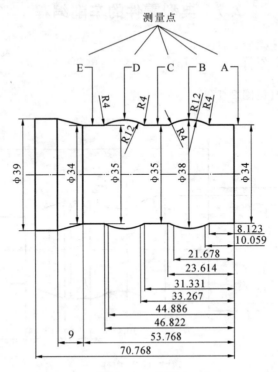

图 2.174 图样

4. 样件四图样(见图 2.175)

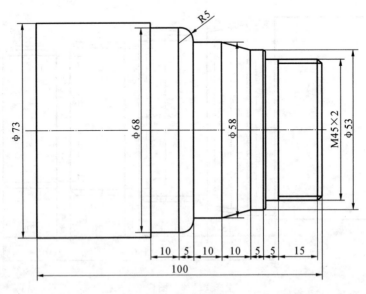

图 2.175 图样

5. 样件五图样(见图 2.176)

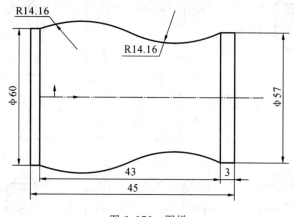

图 2.176　图样

2.7.2　刀具的选择与安装

1. 刀具的安装

(1) 车刀刀尖一般应与工件轴线等高。车刀刀尖若与工件轴线不等高,将会因基面和切削平面的位置发生变化,而改变车刀工作前角和后角的大小。当刀尖高于轴线时,会使后角减小,增大车刀后刀面和工件间的摩擦,影响工件质量和减小刀具寿命,当刀尖低于工件轴线时,会使前角减小,切削不顺利。

(2) 车刀伸出刀架的长度要适当。车刀安装在刀架上,一般伸出刀架的长度为刀杆厚度的1～1.5倍,不宜过长,伸出过长会使刀杆刚性变差,切削时易产生振动,影响工件的表面粗糙度和刀具寿命。数控车床伸出太短,会影响排屑和操作者观察切削情况。

(3) 数控车床车刀垫铁要平整,数量越少越好,而且垫铁应与刀架对齐,以防产生振动。

(4) 数控车床车刀至少要用两个螺钉压紧在刀架上,并轮流逐个拧紧,拧紧力量要适当。

(5) 数控车床车刀刀杆中心线应与进给方向垂直,否则会使主偏角和副偏角的数值发生变化。

2. 样件一刀具的选择

根据样件的轮廓特点和工艺设计,选择下面四种刀具,如图 2.177 所示。

3. 样件二刀具的选择

刀具的选择如图 2.178 所示。

4. 样件三刀具的选择

刀具的选择如图 2.179 所示。

5. 样件四刀具的选择

刀具的选择如图 2.180 所示。

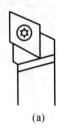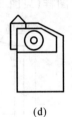

(a)   (b)   (c)   (d)

图 2.177 四种刀具

(a) 外圆粗车刀 (b) 外圆精车刀 (c) 切槽刀 (d) 外圆螺纹刀

(a)   (b)   (c)   (d)

图 2.178 样件三刀具的选择与安装

(a) 外圆粗车刀 (b) 外圆精车刀 (c) 切槽刀 (d) 外圆螺纹刀

(a)   (b)

图 2.179 刀具的选择

(a) 外圆粗车刀 (b) 外圆精车刀

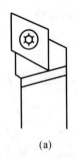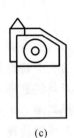

(a)   (b)   (c)

图 2.180 刀具的选择

(a) 外圆粗车刀 (b) 外圆精车刀 (c) 外圆螺纹刀

6.样件五刀具的选择

刀具的选择如图 2.181 所示。

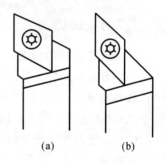

图 2.181 刀具的选择
(a) 外圆粗车刀 (b) 外圆精车刀

2.7.3 工件的装夹

车削工件时一端用卡盘夹住,另一端用后顶尖支撑(见图 2.182)。为了防止工件由于切削力的作用而产生轴向位移,必须在卡盘内装一限位支撑,或利用工件的台阶面限位。这种方法比较安全,能承受较大的轴向切削力,安装刚性好,轴向定位准确,所以应用比较广泛。

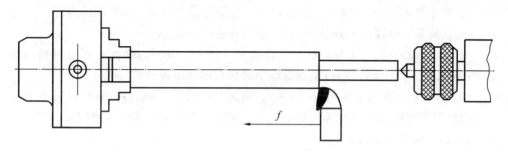

图 2.182 用卡盘和顶尖装夹

采用三爪自定心式卡盘装夹,将工件的左侧端面紧靠在卡盘的卡爪端面进行定位,并进行找正,最后将工件夹紧(见图 2.183)。

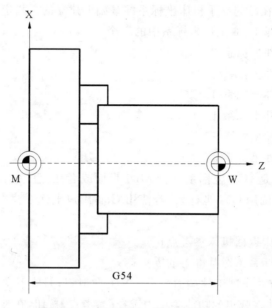

图 2.183 装夹

2.7.4 试切

工件首件试切的步骤：

(1) 无论是首次还是周期性重复上机加工的零件，首先都必须按照图样工艺、程序和刀具调整卡，进行逐把刀逐个程序的试切。

(2) 单段试切时，快速倍率开关必须置于较低挡。

(3) 每把刀首次使用时，必须先验证它的实际长度与所给补偿值是否相符。

在程序运行中，要重点观察数控系统上的以下几种显示：

① 坐标显示(按【位置】键)，可了解目前刀具运动点在机床坐标系及工件坐标系中的位置，了解这一程序段的运动量、剩余运动量等。

② 程序显示栏，可观察正在执行程序段各状态指令和下一程序段的内容。

③ 模拟显示(按【图形】键)，可了解刀具的运动轨迹。

(4) 试切进刀时，在刀具运行至工件表面 30～50 mm 处，必须在保持进给的状态下，验证各轴剩余坐标值，再检查各轴坐标值与图样是否一致。

(5) 对一些有试刀要求的刀具，采用"渐进"的方法。例如：对于镗孔，可先试镗一小段长度，检测合格后，再镗到整个长度。使用刀具半径补偿功能的刀具数据，可由小到大，边试切边修改。

2.7.5 坐标系的确定 G54、G92

1. G54 坐标系的确定

工件坐标系是在已建立了机床坐标系的基础上建立的。指定 G54～G59 中的一个 G 代码，可以选择 1～6 工件坐标系中的一个。

G54　选择工件坐标系 1

G55　选择工件坐标系 2

G56　选择工件坐标系 3

G57　选择工件坐标系 4

G58　选择工件坐标系 5

G59　选择工件坐标系 6

该样件使用的是 G54 坐标系。在 MDI 界面或者在程序中直接写入 G54，CNC 在执行时即可直接调用 G54 坐标系，若使用 G54 用户坐标系建立对基准刀的零点，操作步骤如下：

(1) 使数控车床返回机床参考点；

(2) 在用户坐标系下对基准刀的零点；

① 用"手轮"方式车削工件端面。沿＋X 方向退刀，并停下主轴。按下屏幕右上方的【功能】按钮，并在弹出的功能菜单中选择【参考点】按钮，在参考点配置的页面下按【测量】按钮，在弹出的窗口中输入期望值并点击确定，则相应的机床坐标值将记录

在"Z"列中。

② 用"手轮"方式车削工件外圆。沿＋Z方向上退刀,并停下主轴。测量车削后的外圆直径 d。按下屏幕右上方的【功能】按钮,并在弹出的功能菜单中选择【参考点】按钮,在参考点配置的页面下按【测量】按钮,在弹出的窗口中输入 d 值并点击确定,则相应的坐标系与机床坐标系的偏差值将被记录在"X"列中。

2.G92 设定坐标系

当用绝对尺寸编程时,必须先建立刀具相对于工件起始位置的坐标系,即确定零件的绝对坐标原点(又称程序原点或编程原点)在距刀具现在位置多远的地方。也就是以程序原点为准,确定刀具起始点的坐标值,并把这个设定值记忆在数控装置的存储器内,作为后续各程序段绝对尺寸的基准。在一个零件的全部加工程序中,根据具体需要,可以只设定一次或多次设定。G92 为续效指令,只是在重新设定时,先前的设定才无效。

图 2.184 为数控车床坐标系设定举例。图中 O 为绝对坐标系原点,即程序原点。它可以设定在工件的设计基准或工艺基准上,也可以设定在卡盘端面中心或工件任意一点上。对于车削零件,一般设在工件的端面(本例设在工件的右端)。而刀具的现在位置(图中刀尖点 A)可以放置在机械原点(P 点)、换刀点或任意一点。

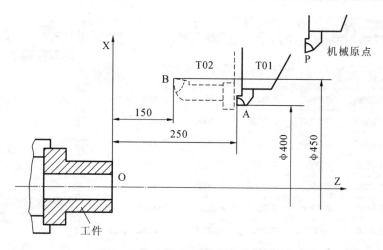

图 2.184 数控车床坐标系设定举例

所谓"机床原点"或"机械原点"是指刀具或工作台退离至最远端一个固定不变的极限点。对于车床而言,是指车刀退离主轴端面和中心线最远而且是固定的点。该点在机床制造出厂时已调好,并记录在机床使用说明书中供用户编程应用,一般不能随意变动。当加工前及加工结束后,可按控制面板上的"参考点返回"或"回零"按钮使机床移动部件退至机床原点。

所谓"换刀点"是指刀架转位换刀时的位置。该点可以是某一固定点(如加工中心机床,其换刀机械手的位置是固定的),也可以是任意一点(如车床),以刀架转位时不碰工件及其他部件为准。其设定值可用实际测量方法或计算确定。

在图 2.176 中,设刀具 T01 的初始位置在 A 点。其坐标系设定程序为

G92 X400 Z250

它表示 T01 号刀的刀尖 A 在坐标系的 X400 和 Z250 处(通常规定车削的 X 坐标数据用直径值表示)。当刀架回到原位换 T02 号刀具时,由于刀具长度和安装位置的不同,刀尖的现在位置处在 B 点,这与存储器已记忆的刀尖 A 点坐标值不符。为此,或进行刀具长度和半径方面的补偿,或按 B 点重新设定坐标系,即

G92 X450 Z150

同理,当需要改变程序原点位置时,也必须重新设定坐标系。

应注意的是,坐标系设定指令程序段只是设定程序原点的位置,并不产生运动,刀具仍在原位置。

2.7.6 刀具参数设置和切削参数确定

2.7.6.1 刀具参数设置

刀具参数信息记录在系统的刀具补偿表中,由系统显示屏右上角的【功能】弹出框的【刀具偏置】项进入,如图 2.185 所示。

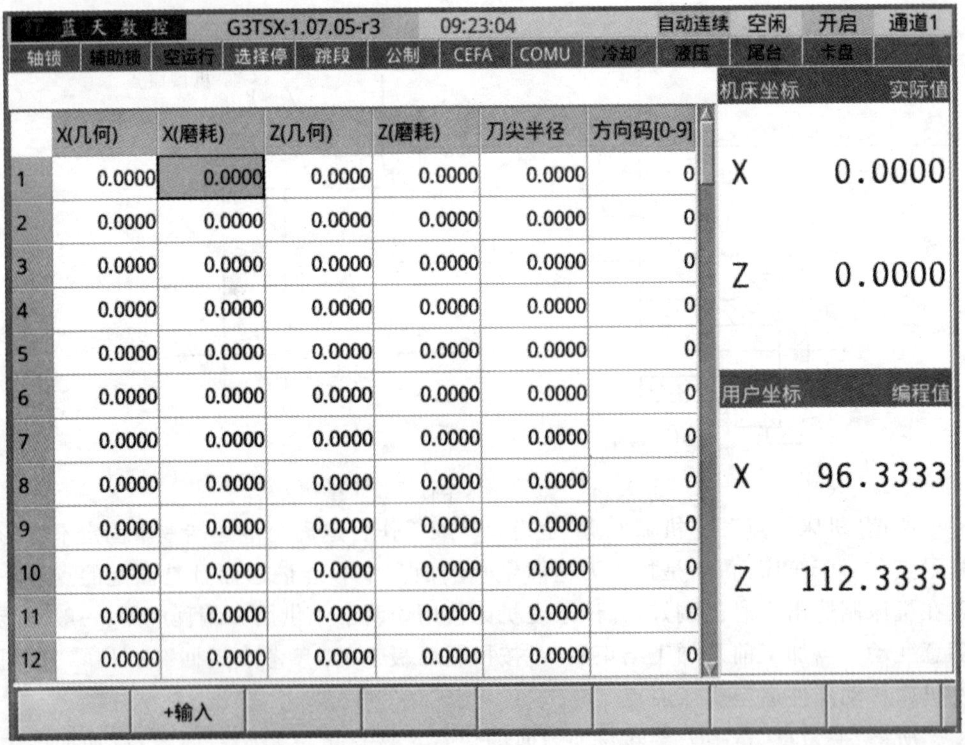

图 2.185 刀具偏置

包括刀具的偏置信息("几何"和"磨耗")及刀尖半径补偿信息("刀尖半径"和"方向码")。

在加工过程中,刀尖磨损造成的误差可以在【磨耗】中进行补偿。加工精度要求比较严格的工件,在加工时可以根据实际刀尖的半径加入刀尖半径补偿,并选择合适的方向码,这样可以使轮廓的尺寸精度更接近于编程值。

若使用刀具偏置来确定其他刀具与基准刀的相对关系,从而完成刀具参数的设置,可参照下面的步骤。

(1) 在"刀具偏置"中确定其他刀具与基准刀的相对关系。

① 确定"刀具偏置"中刀具 Z 向的偏移量。

用"手轮"方式车削工件端面。沿+X 方向退刀,并停下主轴。按下屏幕右上方的【功能】按钮,并在弹出的功能菜单中选择【刀具偏置】按钮,在刀具偏置的页面下按【测量】按钮,在弹出的窗口中输入 0 值并确定,则该刀与基准刀的相对偏差值被记录在"Z(几何)"列中。

② 确定"刀具偏置"中刀具 X 向的偏移量。

用"手轮"方式车削工件外圆。沿+Z 方向上退刀,并停下主轴。测量车削后的外圆直径 d。按下屏幕右上方的【功能】按钮,并在弹出的功能菜单中选择【刀具偏置】按钮,在刀具偏置的页面下按【测量】按钮,在弹出的窗口中输入 d 值并确定,则该刀与基准刀的相对偏差值将被记录在"X(几何)"列中。

③ 按上述步骤确定所有刀具与基准刀的相对关系。不同的刀具可以使用不同的刀具补偿号。

(2) 对刀操作完成。

2.7.6.2 切削参数确定

1. 切削深度

粗加工时,切削深度为 2~6 mm。

半精加工时,切削深度为 0.3~2 mm。

精加工时,切削深度为 0.1~0.3 mm。

2. 切削速度

车削外圆时的切削速度计算公式为

$$V = \pi dn/1000$$

其中:d——工件待加工表面的直径(mm);

n——工件的转速(r/min);

V——切削速度(m/min)。

根据上面的公式,可以确定该工件切削时的切削速度:

平端面时,由于 X 方向切削过程中,半径不断减小,切削速度也会相应减小,为了保证一致的切削速度,可以使用 G96 恒线速命令,使切削速度保持在一定的范围内。

3. 主轴转速

主轴转速可以根据工件的直径大小、进给速度、切削速度和切削深度进行确定。在工件表面直径和切削速度指定的情况下,同样可以根据公式

$$V = \pi dn / 1000$$

来计算出工件的转速 n 的数值。

4. 进给速度

当工件的质量要求能得到保证时,为提高效率,可选择较高的进给速度,一般为 100~200 mm/min。

在切断、加工深孔或用高速钢刀具加工时,宜选择较低的进给速度,一般为 20~50 mm/min。

当加工精度和表面粗糙度要求较高时,进给速度应选小一些,一般在 20~50 mm/min范围内选取。

刀具空行程时,特别是远距离"回零"时,可以采用该机床数控系统设定的最高进给速度。

进给速度按照进给模式分为:G94 每分进给(mm/min)和 G95 每转进给(mm/r)。

每分进给模式下,进给速度 F 为每分钟刀具在进给方向上移动的距离。

每转进给模式下,进给速度 F 为主轴每转一转时,刀具在进给方向上移动的距离。

2.7.7　加工程序(示例)

1. 样件一加工程序

程序名:001.PRG(主程序,调用刀具和子程序)

```
G56 M3 S600 T0101
G0 X111 Z0
X52
G96S100
G92S1200
G1 X-0.5 F55(平端面)
Z1
G97
G0 X150
M98 $ 002.PRG
M98 $ 005.PRG
M5
M30
```

程序名:002.PRG(外圆粗车、精车)

G54 M3S800

T0101

G0X43 Z2

G71U2R0.5I0.5K0.02F120L1

G25L1

G1 X23.7 F100

G1Z—30

X29

W—0.5 U1

X38Z—37

X42.5

Z—100

X50

G26

G0X100

Z2

M3S1000

T0202

G0X55

Z2

G70L1

G1X17F100

X24Z—2F50

G0X100

Z5

M98＄003.PRG

M99

程序名:003.PRG(轮廓型车切削)

G54 M3S800

G0X50

Z—33

G73 U4 W0 R6 I0.5 K0 F120 L2

G25 L2

G42

```
G1X38Z-33F100
G1Z-52
G3X35.6Z-56.7R10
G2X36.4Z-72.3R16
G3X42Z-82.4R20
G1Z-100F100
G0X50
G40
G26
M3 S1200
G70L2
G0Z-98
X46
G1Z-100F100
X51Z-102.5
G0X100
Z2
M98 $ 004.PRG
M99
```

程序名:004.PRG(切槽)

```
G54 M3S800
T0303
G0Z-30
X32
G1X20 F50
G1X30 F200
G0X100
Z2
M99
```

程序名:005.PRG(螺纹切削)

```
G54 M3S500
G0X100
Z5
T0404
```

G0X30Z1

G76P2 0.5 60 Q0.1R0.1

G76X21.3Z－27P1.2Q0.4F2

G0X100

Z5

M99

2. 样件二加工程序

程序名:CS.PRG(主程序,调用刀具和子程序)

G28 X0 Z0

G10 L2 P1 X0 Z0

G10 L2 P2 X0 Z100

G04 P2

G54T0101

M98 $ G79.PRG

M01

M98 $ G7701.PRG

M01

M98 $ G71.PRG

M01

M98 $ G72.PRG

M01

M98 $ G73.PRG

M01

M98 $ G7702.PRG

M01

G55T0303

M98 $ G74.PRG

M01

G54T0303

M98 $ G75.PRG

M01

G54T0404

M98 $ G76.PRG

M01

M98 $ G7801.PRG

M01

M98 $ G34. PRG

M01

M98 $ G7802. PRG

G0X100

Z150

G54T0101

M5

M30

程序名:G34. PRG(变距螺纹切削)

M3S500

G0X60

Z−48

G34Z−72F1.5K0.5

G0U4

Z−48

X59.5

G34Z−72F1.5K0.5

G0U4

Z−48

X59

G34Z−72F1.5K0.5

G0U4

Z−48

X58.5

G34Z−72F1.5K0.5

G0X65

M5

M99

程序名:G71. PRG(外圆粗车循环)

M3S700

G95

G0X78

Z2

G71 U1 R0.5 I3 K0.2 L1 F0.15

```
G25L1
G0X42
G1X50Z-2F0.12
Z-25
X51
X55Z-27
Z-50
X56
X60Z-52
Z-75
X65
X70Z-90
Z-100
G0X78
G26
G94
G0X100Z100
M5
M99
```

程序名:G72.PRG(端面粗车循环)

```
M3S700
G0X78
Z2
G72 W0.5 R0.5 I0 K0.5 L2 F40
G25L2
GZ0
G1X0F40
G0Z2
G26
G70L2
G0X100Z100
M5
M99
```

程序名:G73.PRG(复合型车循环)

```
M3S700
G0X78
Z100
G1Z2F1000
G73 U2 W0 I1 K0.1 R4 L3 F120
G25L3
G0X42
G1X50Z－2F100
Z－25
X51
X55Z－27
Z－50
X56
X60Z－52
Z－75
X65
X70Z－90
Z－100
G0X78
G26
G0X100
Z100
G54T0202
G0X78
Z2
G70L3
G0X100
Z100
M5
M99
```

程序名:G74.PRG(啄式深孔钻循环)
```
M3S700
G0Z5
X0
G74Z－40K0H1Q3F100
```

```
G0Z150
X100
M5
M99
```

程序名:G75.PRG(切槽循环)

```
M3S700
G0X65
G0Z-24
G1X60F1000
G75X45Z-25H1P0Q2K0F15
G0X70
Z-49
G75X50Z-50H1P0Q2K0F15
G0X75
Z-74
G75X55Z-75H1P0Q2K0F15
G0X100
Z100
M5
M99
```

程序名:G76.PRG(多重螺纹车削循环)

```
M3S500
G0X100Z100
X55
Z5
G76P02 00 60Q0.05R0.1
G76X47.8Z-21R0P1.1Q0.4F2
G0X55Z5
X80
M5
M99
```

程序名:G79.PRG(端面车削循环)

```
G0X100Z50
```

M3S600

G0X85

Z5

G92S800

G96S160

G79X0Z2F40

Z1.5

Z1

G0X78Z2

G97S700

M5

M99

程序名:G7701.PRG(外圆车削循环)

M3S700

G0X79

Z2

G77X78Z−100F100

X77

X76

X75

X74

G0Z100X100

M5

M99

程序名:G7702.PRG(锥度车削循环)

M3S700

G0X75

Z5

G1Z−73F1000

G77X71Z−90R−2.835F120

X70.5

X70

G0X80

Z100

M5

M99

程序名:G7801.PRG(多头螺纹车削循环)

M3S500

G0X62

Z－48

G78X54.6Z－24F3

X54.4

X54.2

X54

X53.8

X53.6

X53.5

X53.4

X53.4

X53.4

G0X62

Z－48

G78X54.6Z－24F3Q180

X54.4

X54.2

X54

X53.8

X53.6

X53.5

X53.4

X53.4

X53.4

G0X72

M5

M99

程序名:G7802.PRG(锥螺纹车削循环)

M3S500

G0X72

Z—73

G78X70Z—90R—2.835F1.5

X69.6

X69.4

X69.2

X69

X68.8

X68.8

X68.8

G0X100

Z100

M5

M99

3. 样件三加工程序

程序名:00001.PRG(主程序,调用刀具和子程序)

G0 X100 Z100 M3 S450

T0101 M8(外圆粗车刀)

M98 ＄ 0002. prg F0.2

G0 X100 Z100

M3 S800

T0202(外圆精车刀)

M98 ＄ 010002. prg F0.06

G0 X100 Z100

T0200

G0 X100 Z100

M30

子程序(00002.prg):

G0 X34 Z2G01 Z—8.123

G2 X35 Z—10.059 R4

G3 X35 Z—21.678 R12

G2 X34 Z—23.614 R4

G1Z—31.331

G2 X35 Z—33.267 R4

G3 X35 Z—44.886 R12

G2 X34 Z—46.822 R4

G1 Z—53.768

X39 Z－62.769

Z－70.768

X45 F0.2

G0 X100 Z100

M99

4. 样件四加工程序

程序名:CESHI.PRG

G54

G0X80Z100

T0404

M3S500

G95

G0X47

Z2

G1Z－16F0.14

G0X78

Z2

X46

G1Z－16F0.14

G0X78

Z100

T0101

S600

G0X78

Z5

G1Z1F1

G73U1.5W0R3I0.8K0L1F0.17(粗加工外圆)

G25L1

G0X39

G1X45Z－2F0.1

Z－20

X51

X53Z－21

Z－25F0.1

X58Z－35

Z－45

G03X68Z—50R5

G1Z—60F0.1

X71

X73Z—61

Z—62

G0X78

G26

M3S800

G70L1(精加工外圆)

G0X100Z100

T0202

M3S400

G0X50

Z5

G78X45Z—15F2(螺纹加工)

X44.6

X44.2

X44

X43.8

X43.6

X43.4

X43.2

X43.1

X43

X42.9

X42.8

X42.7

X42.6

X42.6

G0X50

Z150

M5

M30

5.样件五加工程序

1) 粗加工程序

G54

M3S800

G95

T0303

G0X75

Z5

G73U9W0R20I0.5K0F0.15L1

G25L1

G1X57F0.08

Z0

Z-3

G02X60Z-20R14.16

G03X60Z-40R14.16

G1Z-42

G0X75

G26

s1200

G70L1

G0X75

Z100

M30

2）精加工程序

G54

M3S1200

T0303

G95

G0X75

Z5

G42D3G1X57Z2F0.08

Z-3

G02X60Z-20R14.16

G03X60Z-40R14.16

G1Z-42

G40G0X75

Z100

M5

M30

2.7.8 程序的输入、校验与运行

2.7.8.1 程序的输入

1. 方法一

如图 2.186 所示,按下【编辑】键进入程序编辑界面,在上方的输入栏中输入程序名(系统自动生成.prg 的后缀名),按下【回车】键后,进入程序编辑状态,此时可以手动输入指令代码,进行程序内容的输入。

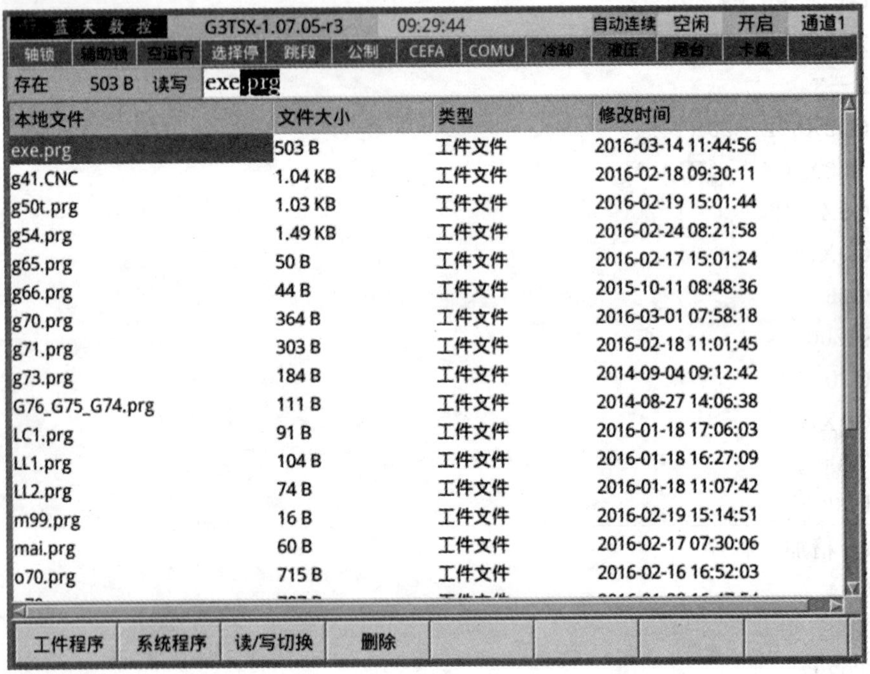

图 2.186 【编辑】界面

2. 方法二

如图 2.187 所示,如果在电脑或者其他系统上编辑好的工件程序,可以通过【文件】操作界面,直接将工件程序拷贝到 CNC 中。

2.7.8.2 程序的校验

1. 方法一

程序验证:在运行某个程序之前,用此功能对工件程序进行验证,以避免由于程序编辑错误而引起加工问题。

(1)在图 2.188 中按下【程序验证】按钮,系统将自动对已经打开的工件程序进行验证,如果程序有错误,将在错误信息提示栏中以红色文字提示用户,如图 2.188 所示。

(2)如果工件程序验证无误,系统将提示:程序验证完成! 此时用户可以进行工件程序的运行,如图 2.189 所示。

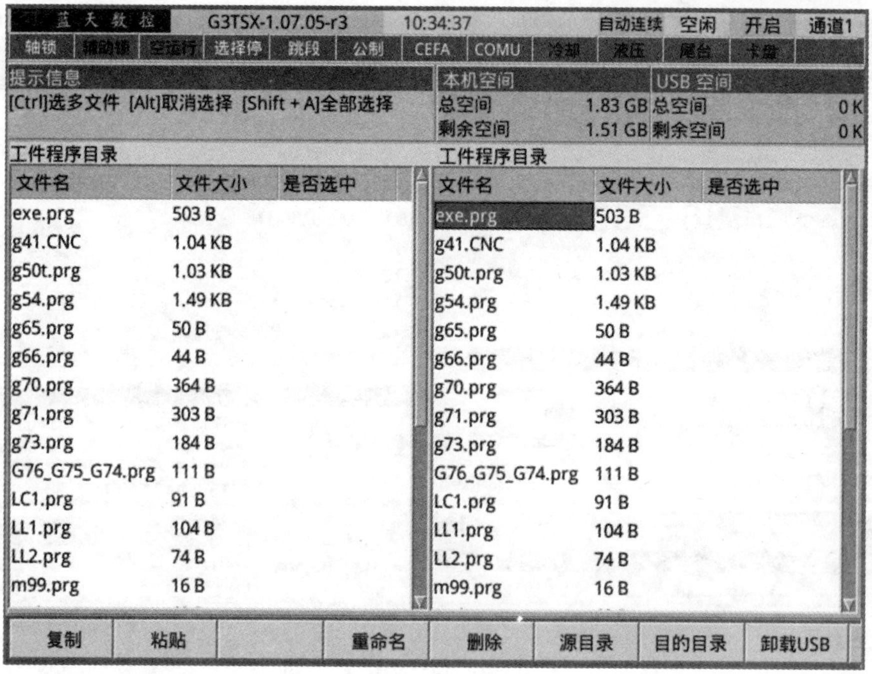

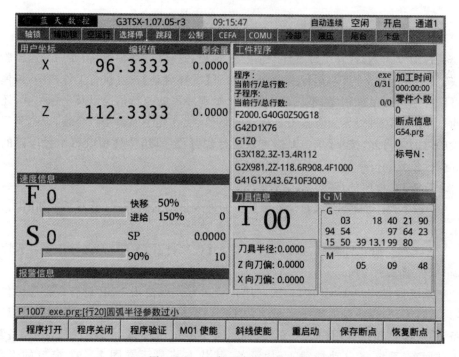

图 2.187 【文件】界面

图 2.188 工件程序验证有错误

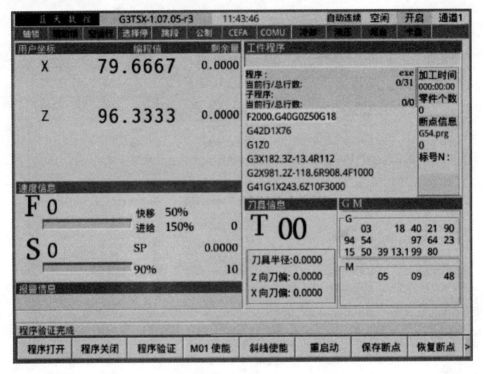

图 2.189 程序验证完成

2. 方法二

在自动方式下,打开工件程序,并按下【轴锁】键,将运动轴锁住,如需快速校验还可按下【空运行】键进入空运行模式,此时按下【循环启动】按键执行工件程序,该模式下可以快速执行工件程序,不仅可以观察每个程序段的执行情况以及坐标位置,还可以通过系统的【图形】界面观察刀具移动的路径,检查程序编辑是否合理,以达到程序校验的目的。另外,按下【单步】键,可以逐行执行程序段,方便检验每个程序段的指令和坐标位置。

2.7.8.3 程序的运行

(1) 按下操作面板上的【自动连续】键,即进入自动运行方式,屏幕显示如图 2.189 所示。

(2) 选择一个工件程序:按图 2.191 中的【程序打开】按钮,将会弹出工件程序选择窗口,如图 2.191 所示。

本系统提供用户 USB 接口,因此用户可以方便地使用 USB 设备来存储工件程序,只需将 USB 设备插入系统面板上的 USB 接口中,在选择工件程序时选择 USB 设备,系统即自动挂载用户的 USB 设备。用 Tab 按钮将焦点移动到【USB 设备】按钮上并回车,系统将自动挂载 USB 设备,其状态将显示在图 2.191 窗口的上部,如图 2.192 所示。

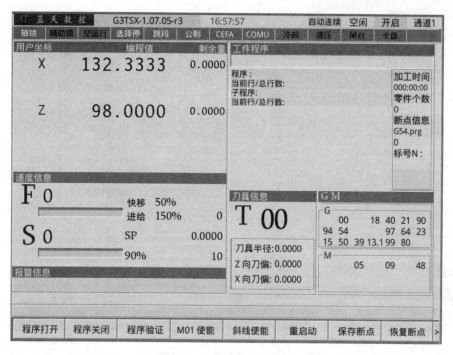

图 2.190　自动连续方式

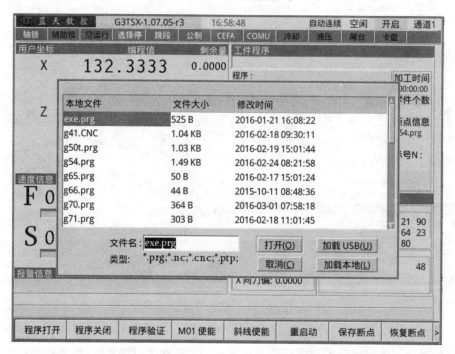

图 2.191　自动连续方式——选择工件程序

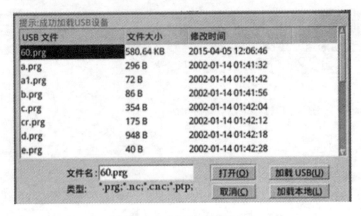

图 2.192　选择工件程序文件

（3）选择好要运行的工件程序文件，用 Tab 键将焦点移到【打开】按钮上，并按下回车键，所选的工件文件内容将显示在屏幕的工件程序显示区，如图 2.193 所示。

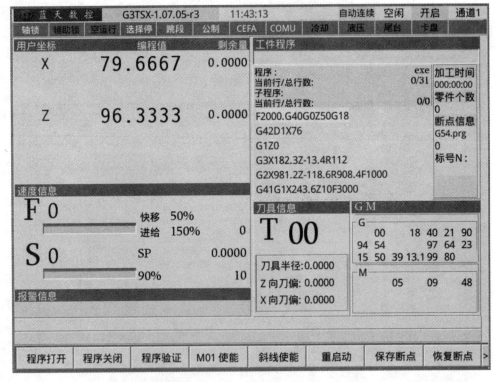

图 2.193　自动方式——打开工件程序

（4）按下操作面板上的 按钮，启动自动运行，此时循环启动灯变亮，工件程序开始运行。当前执行的程序行被高亮显示。当自动运行结束时，循环启动灯熄灭。

（5）若需要暂停自动运行时，按下机床操作面板上的 ▣ 按钮，红色的进给保持指示灯变亮并且绿色循环启动指示灯熄灭。此时机床响应如下：

① 当轴移动时进给运动减速停止；

② 当执行 M、S 或 T 时，在 M、S 或 T 所执行的操作完毕后运行停止；

③ 非直线插补 G0 在保持中不停止。

当进给保持指示灯亮时按下机床操作面板上的 ▭ 按钮会重新启动机床的自动运行。

（6）终止自动运行时，按下操作面板上的 ⌷ 键，将终止自动运行。在机床运动中执行了复位命令后，运动会减速停止。如果在机床运行过程中发生紧急情况时，立即按下红色的【急停】键，机床会立即停止运行。

第3章 数控系统的操作 》》》》》》

3.1 系统的上电与下电

数控系统的上电和下电均由配套机床的操作面板侧面上的电源开关来控制。

1. 上电

将配套机床的操作面板侧面的绿色电源开关按下。此时绿色指示灯亮。

（1）上电之前，确认 CNC 系统是正常的。

（2）上电之前，确认机床是正常的。

（3）按照机床厂商的说明书要求接通电源。

（4）上电的同时，请不要动操作面板上的按键或旋钮，以免引起意外。

（5）在系统的位置显示画面出现之后，再开始进行操作。

（6）上电之后，在开始操作之前，观察显示屏上部的状态信息，确认当前的操作方式是否与要进行的操作相符。

2. 下电

将配套机床的操作面板上的电源开关关闭。

（1）建议下电之前，确认机床的机械运动已经停止。

（2）请按照机床厂商的说明书来切断机床电源。

3.2 操作面板及显示界面概述

3.2.1 操作面板

3.2.1.1 GJ301-M 操作面板

GJ301-M（铣床）系统的操作面板如图 3.1 所示，由显示终端和机床操作面板两大部分组成。

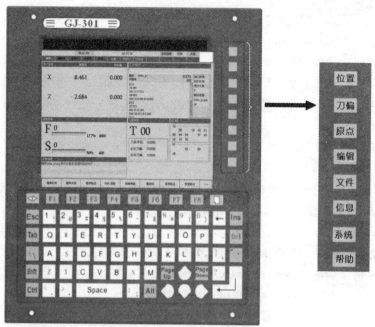

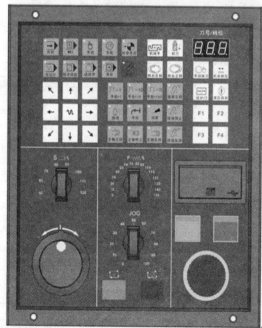

图 3.1　GJ301-M(铣床)系统的操作面板布局

1. 显示终端部分

● 显示屏　系统当前位置、状态及方式的显示(后面结合显示具体说明)。

● 功能键 包括 F1～F8,F11～F18 以及 ◁▷ 和 ☐ 键,这些键控制机床的操作或显示(后面结合显示具体说明)。

● 编程与控制键盘 一般键盘功能。

2. 机床操作面板部分

● 工作方式选择按键 共 5 个按键,依次为:自动、MDI、手动、手轮、回参考点。

● 操作控制开关按键 共 5 个按键,依次为:空运行、程序跳段、选择停、单段、复位。

● 循环启动/指示灯 按下此按钮,会根据操作方式完成相应的操作。操作进行时,绿色指示灯亮。

● 进给保持/指示灯 自动运行时,按下此按钮,系统进入进给保持状态。进入保持状态后,红色指示灯亮;循环启动指示灯灭。保持状态下按下循环启动按钮退出保持。

● 进给倍率旋钮 共有 16 个挡位,倍率从 0%～150%。

● JOG 倍率旋钮 共有 11 个挡位,倍率从 0%～100%。

● 主轴倍率旋钮 共有 8 个挡位,倍率从 50%～120%。

● 手轮 手摇脉冲发生器。

● 机床操作按键 包括主轴正转、反转、停止等按键(详见表 3.1)。

3. GJ301-M 操作按键说明(见表 3.1)

表 3.1 GJ301-M 操作按键说明

按　键	含义与功能
按键 F1～F8	对应屏幕显示按钮,实现不同功能
◁▷	扩展按键,用于选择不同屏幕显示状态
☐	切换至刀具轨迹显示
位置[F11]	显示当前各轴位置信息及运动情况
刀偏[F12]	刀具偏置设定
原点[F13]	坐标系设定
编辑[F14]	编辑工件文件
文件[F15]	工件文件及系统文件的复制、移动、删除等操作
信息[F16]	报警信息显示
系统[F17]	系统配置,包括宏变量设定、参数设置、备份与恢复、M 代码设定、PLC、螺距设定、随机刀具表、软 I/O 设定、零漂补偿及系统升级等
帮助[F18]	帮助信息

按　　键	含义与功能
←	X 轴负向点动
→	X 轴正向点动
↓	Z 轴负向点动
↑	Z 轴正向点动
↙	Y 轴负向点动
↗	Y 轴正向点动
↖	第四轴负向点动
↘	第四轴正向点动
∿	手动快速移动
自动	程序自动方式
MDI	MDI 方式
手动	手动方式（JOG）
手轮	手轮方式
回参考点	返回参考点
程序跳段	程序跳步开关
机床锁住	机床锁住
空运行	空运行状态
选择停	选择停开关
单段	单程序段运行方式
F1	备用功能键 1
F2	备用功能键 2
F3	备用功能键 3
F4	备用功能键 4

按　　键	含义与功能
 主轴点动	主轴点动
 主轴正转	主轴连续正转
 主轴停止	主轴停止
 主轴反转	主轴连续反转
复位	复位
 手轮×1	手轮每格移动量 0.001 mm
 手轮×10	手轮每格移动量 0.01 mm
 手轮×100	手轮每格移动量 0.1 mm
 润滑	润滑功能开关
 手动换刀	手动换刀
 冷却	冷却功能开关
 照明	照明功能开关
 防护门	机床防护门开闭
 液压启动	液压启动开关
 卡盘松紧	卡盘松紧开关
 尾台松紧	尾台进退开关
 排屑正转	正向排屑开关
 排屑停止	排屑停止
 排屑反转	反向排屑开关

3.2.1.2　GJ301-T 操作面板

GJ301-T(车床)系统的操作面板如图 3.2 所示,由显示终端和机床操作面板两大部分组成。

1. 显示终端部分

● 显示屏　系统当前位置、状态及方式的显示(后面结合显示具体说明)。

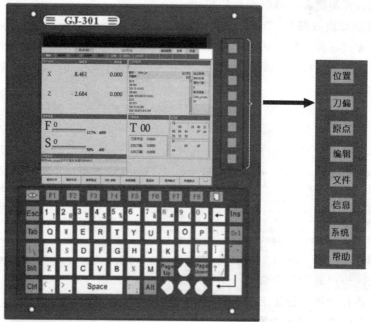

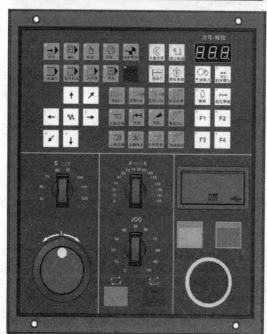

图 3.2 GJ301-T(车床)系统的操作面板布局

● 功能键 包括 F1～F8,F11～F18 以及 和 键,这些键控制机床的操作或显示(后面结合显示具体说明)。

- 编程与控制键盘　一般键盘功能。

2. 机床操作面板部分

- 工作方式选择按键　共 5 个按键,依次为:自动、MDI、手动、手轮、回参考点。
- 操作控制开关按键　共 5 个按键,依次为:空运行、程序跳段、选择停、单段、复位。
- 循环启动/指示灯　按下此按钮,会根据操作方式完成相应的操作。操作进行时,绿色指示灯亮。
- 进给保持/指示灯　自动运行时,按下此按钮,系统进入进给保持状态。进入保持状态后,红色指示灯亮;循环启动指示灯灭。保持状态下按下循环启动按钮退出保持。
- 进给倍率旋钮　共有 16 个挡位,倍率从 0%～150%。
- JOG 倍率旋钮　共有 11 个挡位,倍率从 0%～100%。
- 主轴倍率旋钮　共有 8 个挡位,倍率从 50%～120%。
- 手轮　手摇脉冲发生器。
- 机床操作按键　包括主轴正转、反转、停止等按键(详见表 3.2)。

3. GJ301-T 操作按键说明(见表 3.2)

表 3.2　GJ301-T 操作按键说明

按　键	含义与功能
按键 F1～F8	对应屏幕显示按钮,实现不同功能
⟨⟩	扩展按键,用于选择不同屏幕显示状态
▢	切换至刀具轨迹显示
位置[F11]	显示当前各轴位置信息及运动情况
刀偏[F12]	刀具偏置设定
原点[F13]	坐标系设定
编辑[F14]	编辑工件文件
文件[F15]	工件文件及系统文件的复制、移动、删除等操作
信息[F16]	报警信息显示
系统[F17]	系统配置,包括宏变量设定、参数设置、备份与恢复、M 代码设定、PLC、螺距设定、随机刀具表、软 I/O 设定、零漂补偿及系统升级等
帮助[F18]	帮助信息
↓	X 轴负向点动
↑	X 轴正向点动

按　　键	含义与功能
←	Z轴负向点动
→	Z轴正向点动
↙	第三轴负向点动
↗	第三轴正向点动
〰	手动快速移动
自动	程序自动方式
MDI	MDI方式
手动	手动方式（JOG）
手轮	手轮方式
回参考点	返回参考点
程序跳段	程序跳段开关
机床锁住	机床锁住
空运行	空运行状态
选择停	选择停开关
单段	单程序段运行方式
F1	备用功能键1
F2	备用功能键2
F3	备用功能键3
F4	备用功能键4
主轴点动	主轴点动
主轴正转	主轴连续正转
主轴停止	主轴停止
主轴反转	主轴连续反转

按　　键	含义与功能
	复位
	手轮每格移动量 0.001 mm
	手轮每格移动量 0.01 mm
	手轮每格移动量 0.1 mm
	润滑功能开关
	手动换刀
	冷却功能开关
	照明功能开关
	机床防护门开闭
	液压启动开关
	卡盘松紧开关
	尾台进退开关
	正向排屑开关
	排屑停止
	反向排屑开关

3.2.2　显示屏

如图 3.3 所示,系统上电后显示屏基本划分为 8 个区域。

- 轴位置信息显示区　实时显示轴的当前位置坐标、剩余量;
- 功能代码显示区　显示当前的 G 代码、M 代码、进给速度、主轴速度等;
- 工件程序显示区　显示工件程序及工件程序的运行状况;
- 系统状态显示区　用于显示系统当前状态;
- 错误及提示信息区　用于显示在操作及加工过程中出现的错误或提示信息;
- 功能按钮区　按钮与屏幕底下的功能键 1～8 相对应,提供各种功能操作;
- 加工信息显示区　用于显示加工时间、已加工零件个数及断点信息;
- 刀具状态显示区　用于显示刀具半径、Z 向刀偏和 X 向刀偏。

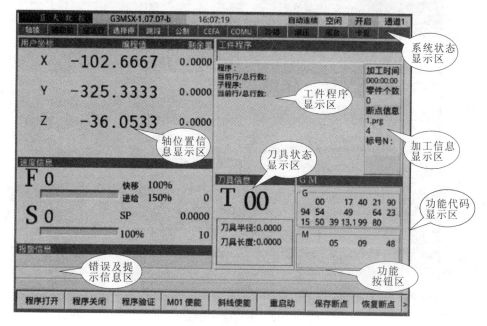

图 3.3 前台屏幕显示信息区域划分(编程加工方式)

3.3 位 置 信 息

在位置信息下,用户可以查看当前各轴的实际位置及运动情况,还可以进行一系列的加工和其他操作,例如:手动连续进给,手轮进给,轴回零,MDI 运行,程序自动运行,系统复位,切换坐标屏幕,等等。

在位置信息屏下,用户可以通过按下【位置】按键来进行综合屏、大坐标屏、多坐标屏、原点屏、综合屏的循环切换。

3.3.1 手动连续进给

手动连续进给步骤如下。

(1) 按下控制面板上的 ![btn] 按钮,即进入手动连续进给方式,屏幕上方的加工状态信息显示区显示为:手动连续,屏幕显示如图 3.4 所示。

(2) 按下机床操作面板上的 ![键]、![键]、![键]、![键]、![键] 或 ![键],选定轴将以用户选择的速度和方向移动,直到释放该按钮。

![Z] Z 轴正向点动   ![Y] Y 轴正向点动   ![X] X 轴正向点动

![Z] Z 轴负向点动   ![Y] Y 轴负向点动   ![X] X 轴负向点动

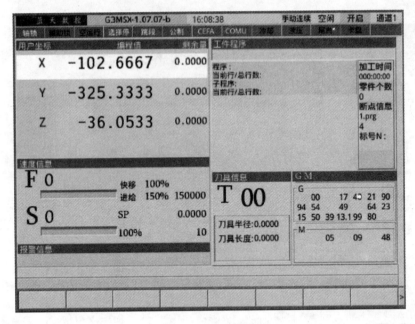

图 3.4　手动连续进给

移动距离的限定规则如下。

当轴没有进行回零操作时,软限位可能不生效,轴可能会移动到软限位之外,会造成某些不可知的事故。

当轴已经进行了回零操作,轴在正负方向移动到的位置不能超过设定的正负向软限位。要在系统设置的软限位和机床本身的硬限位之内移动轴,否则将会出现超出软限或硬限的系统报警,运动停止。

为了增加系统的灵活性和扩展性,操作站上的手动移动按键的功能均可通过系统的配置文件进行配置,以实现用户所需求的功能。

配置方法:

(1) 按下屏幕右上方的【功能】键,进入系统功能菜单;

(2) 选择【程序编辑】;

(3) 点击选择【系统程序】;

(4) 选择并打开文件"Jogkey. conf"(编辑系统程序文件需要用户具有机床用户权限);

(5) Jogkey. conf 的默认文件内容为

[JOG]

JOGKEY=−1,1,−2,2,−3,3,−4,4;

(6) 修改 JOGKEY 的赋值可以对操作站上的手动按键所实现的功能进行配置。下面将对赋值方法进行详细说明。

JOGKEY＝| 位 1 | 位 2 | 位 3 | 位 4 | 位 5 | 位 6 | 位 7 | 位 8 |

对应按键 | ↑ | ↓ | ← | → | ↖ | ↘ | ↗ | ↙ |

如上所示,修改每一位的正负号和数值将会对此位所对应的按键功能进行修改。

数值和符号的含义:1 代表 X 轴,2 代表 Y 轴(铣床有效),3 代表 Z 轴,4 代表第 4 轴,5 代表第 5 轴,6 代表第 6 轴;一代表负方向移动,＋代表正方向移动。

设置操作站按键 | ← | 为 X 轴正方向移动,应该修改 | ← | 所对应的数位(如上所示为位 3)为＋1。

3.3.2 手轮进给

在手轮进给方式中,刀具可以通过旋转机床操作面板上的手轮微量移动。控制面板上的上下方向键,可以选择要移动的轴。手轮旋转一个刻度时,刀具移动的最小距离与当前手动增量值相等。

手轮的移动方式分为刻度方式和频率方式两种,具体说明和设置方法请参照4.1机床参数,参数 0113。

1. 手轮进给的步骤

(1) 直接按下机床操作面板上的 按钮,即切换到手轮工作方式,如图 3.5 所示。

(2) 用控制面板上的上下方向键,来选择手轮进给的轴,被选中的轴将用高亮背景表示,然后通过控制面板上的手轮倍率按键,来控制手轮进给的倍率。

对应的倍率说明如下。

X0.001:手轮每转动一刻度,对应轴移动 0.001 mm;

X0.01:手轮每转动一刻度,对应轴移动 0.01 mm;

X0.1:手轮每转动一刻度,对应轴移动 0.1 mm。

(3) 沿顺时针或者逆时针方向转动手轮,使选定的轴向正、负方向移动。

注意

在较大的倍率(比如×100)下旋转手轮可能会使刀具移动太快。

2. 手轮中断

手轮操作可与自动运行方式中的自动移动叠加。手轮中断是通过旋转手摇脉冲发生器实现的,通过 NC 与 PLC 接口信号【G79】启动。手轮中断移动的距离是通过手摇脉冲发生器的旋转角度和手轮进给放大倍率(X0.001,X0.01…)决定的。当机

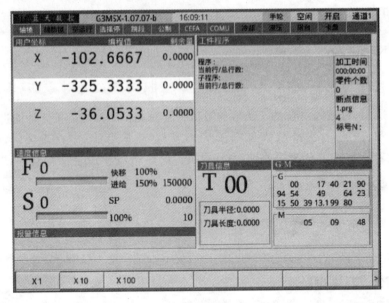

图 3.5　手轮进给

床在自动运行中被锁住时手轮中断是无效的。

说明

位置显示：显示命令值时，手轮中断不改变相对坐标、绝对坐标和机床坐标值；显示实际值时，由手轮中断引起的移动量被所有坐标显示手轮中断的移动距离对当前段的剩余移动距离无影响。

复位：进行复位操作可以清除手轮中断的移动量。

3.3.3　轴回零

一旦将系统（控制机和机床）的电源关掉，并重新给系统上电，必须将轴回零。
轴回零的步骤如下。

(1) 按下控制面板上的 按键，屏幕显示如图 3.6 所示。

(2) 按下要回零的轴的相应按钮，也可以按【ALL】按钮，直接全部回零。

(3) 回零完成后屏幕显示如图 3.7 所示（已回零的轴后面有已回零标志）。

注意

轴回参考点完毕后，如果将参考点位置设置在软限位之外（不合理的设置），或在移动中位置超出机床的软限位，系统将显示报警信息，如图 3.8 所示。

说明

132 号参数"手动回零方式"配置为 0 的回零过程。

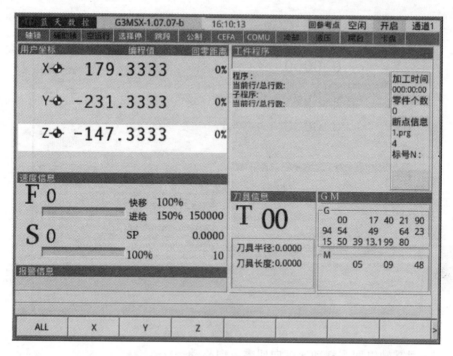

图 3.6 轴回零

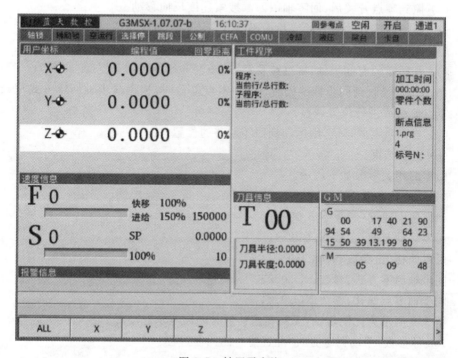

图 3.7 轴回零完毕

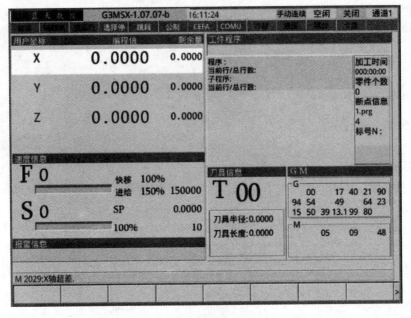

图 3.8　X 轴超出软限位

（1）回零轴以回零移动速度向回零方向移动。

（2）撞到零点开关后，回零轴以回零搜索速度反向移动。

（3）脱离回零开关后开始寻找编码器 Mark 零点。

（4）CNC 接收到编码器 Mark 零点信号时，若回零轴无同步轴，则转至（7）。

（5）若回零轴有同步轴，则继续移动，同步轴开始寻找编码器 Mark 零点。

（6）CNC 接收到同步轴编码器 Mark 零点信号时，根据同步轴回零方式记录同步轴零点偏移或进行位置调整。

（7）若有回零偏移值，则运动到回零偏移的位置。

（8）回零结束。

回零的相关参数如下所示。

回零方向：参数 NO.0227。

回零搜索速度：参数 NO.0228。

回零移动速度：参数 NO.0229。

回零偏移值：参数 NO.0230。

同步轴回零方式：参数 NO.0323。

同步轴零点偏移：参数 NO.0324。

图 3.9 所示为无同步轴，无回零偏移值时的回零示意图。

132 号参数"手动回零方式"配置为 1 的回零过程。

（1）回零轴以回零移动速度向回零方向移动。

（2）撞到零点开关后，回零轴以回零搜索速度反向移动。

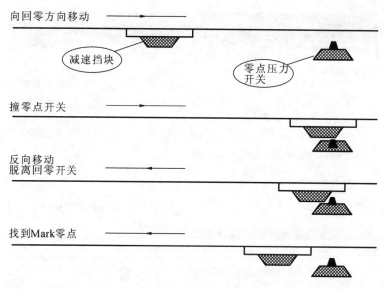

图 3.9 无同步轴

（3）脱离回零开关。

（4）回零结束。

132 号参数"手动回零方式"配置为 2 的回零过程。

（1）将当前位置设置为机床参考点。

（2）回零结束。

109 号参数"手动回零模式"控制是否每次回零都执行回零动作。具体控制方法见参数说明。

3.3.4 MDI 运行

在 MDI 方式中通过 MDI 输入可以编制一行简单的程序并被执行。程序格式和通常程序一样。MDI 运行适用于简单的测试操作。

1. 执行 MDI 程序的步骤

将工作方式切换到 MDI,（按下控制面板上的 ▣⟩ 键）屏幕显示如图 3.10 所示。

（1）输入 MDI 指令。输入完成后,可以按下回车键保存输入指令到 MDI 指令备用列表。

（2）按下【MDI 保存】,在弹出的对话框输入需要保存的文件名字就可以保存当前的 MDI 指令到一个文件。

（3）按下【MDI 清空】可以清除当前的 MDI 指令。

（4）按下操作键盘的上下键可以选择 MDI 指令备用列表中的某一行指令。

（5）按下【删除单行】可以删除当前行的指令。

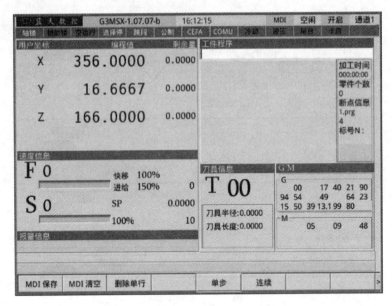

图 3.10　MDI 方式

（6）按下【Alt＋Esc】键可以实现一键清除输入的 MDI 内容及指令。

（7）MDI 指令可以在【单步】或者【连续】模式下运行。

① 按下功能软件区的【单步】，即可切换当前 MDI 模式为单步模式。在此模式下，按下绿色的 ▢▢ 按钮，可以执行当前文本输入行的指令。

② 按下【连续】，即可切换当前 MDI 模式为连续模式。在此模式下，按下绿色的 ▢▢ 按钮，可以执行保存在 MDI 指令备用列表里的全部指令。

在大坐标屏，多坐标屏，图形屏均可进行 MDI 操作。

2. 中途停止或结束 MDI 操作的步骤

（1）暂停 MDI 操作。按下操作面板上的进给保持开关，进给保持指示灯亮，循环启动指示灯熄灭，此时机床响应如下：

① 当机床在运动时，进给运动减速停止；

② 当执行 M、S 或 T 指令时，在 M、S 和 T 所执行的操作完毕后运行停止；

③ 非直线插补 G0 在保持中不停止。

（2）结束 MDI 操作。按下控制面板上的 ╱╱ 键即可。

3.3.5　自动运行

1. 自动运行的步骤

（1）按下操作面板上的 ➡ 键，即进入自动运行方式，屏幕显示如图 3.11 所示。

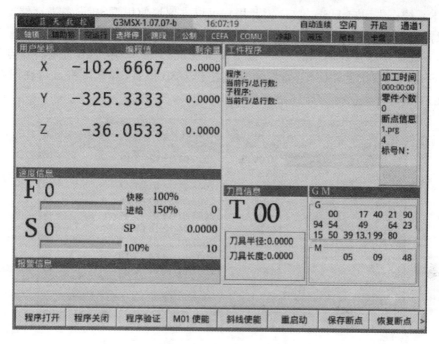

图 3.11　自动连续方式

　　(2)选择一个工件程序:按图 3.11 中的【程序打开】按钮,工件程序选择窗口,如图 3.12 所示。

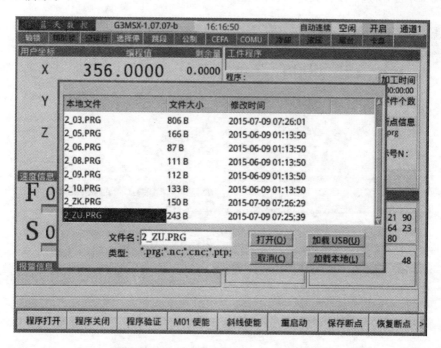

图 3.12　自动连续方式——选择工件程序

　　本系统提供用户 USB 接口,因此用户可以方便地使用 USB 设备来存储工件程序,只需将 USB 设备插入系统面板上的 USB 接口中,在选择工件程序时选择 USB 设备,系统即自动挂载用户的 USB 设备。如图 3.12 所示,用 Tab 按钮将焦点移动到【USB 设备】按钮上并回车,系统将自动挂载 USB 设备,其状态将显示在图 3.13 窗口的上部。

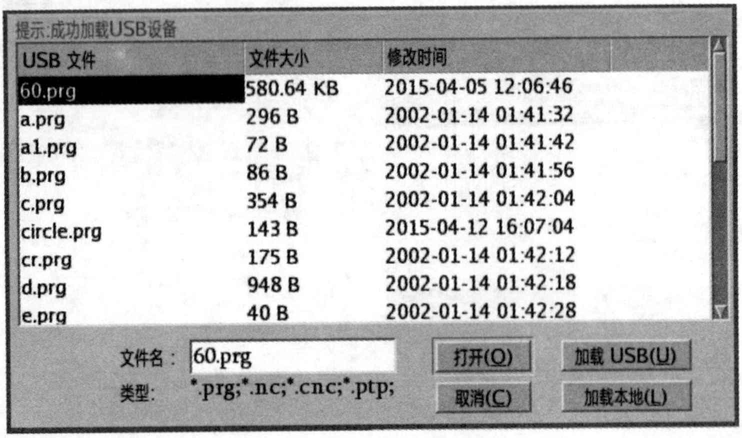

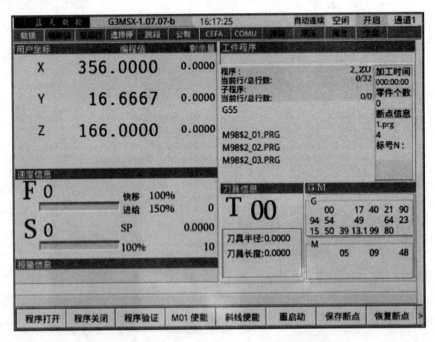

图 3.13　选择工件文件

　　(3) 选择好要运行的工件程序文件,用 Tab 键将焦点移到【打开】按钮上,并按操作面板上的回车键,所选的工件文件内容将显示在屏幕的工件程序显示区,如图 3.14 所示。

图 3.14　自动方式——打开工件程序

（4）按下操作面板上的 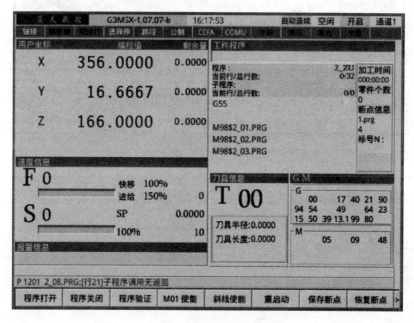 按钮,启动自动运行并且循环启动灯闪亮,工件程序开始运行。当前执行的程序行被高亮显示。当自动运行结束时,指示灯熄灭。

2. 程序验证

在运行某个程序之前,建议用此功能对工件程序进行验证,以免由于程序编辑错误而引起加工问题。

程序验证步骤：

（1）在图 3.14 中按下【程序验证】按钮,系统将自动对已经打开的工件程序进行验证,如果程序有错误,将在错误信息提示栏中以红色文字提示用户,如图 3.15 所示。

图 3.15　工件程序验证有错误

（2）如果工件程序验证无误,系统将提示：程序验证完成！此时用户可以进行工件程序的运行,如图 3.16 所示。

3. 暂停或取消自动运行

（1）暂停自动运行　按下机床操作面板上的 按钮,红色的进给保持指示灯亮并且绿色循环启动指示灯熄灭。

机床响应如下：

① 当轴移动时进给运动减速停止；

② 当执行 M、S 或 T 时,在 M、S 或 T 所执行的操作完毕后运行停止；

③ 非直线插补 G0 在保持中不停止。

④ 当进给保持指示灯亮时按下机床操作面板上的 按钮会重新启动机床

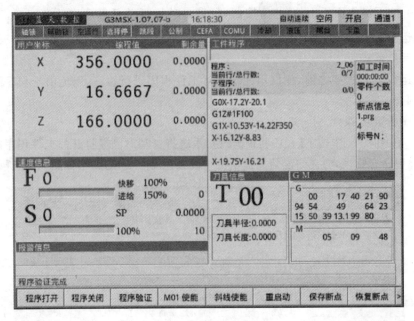

图 3.16　程序验证完成

的自动运行。

（2）终止自动运行　按下操作面板上的 ⬛ 键,将终止自动运行。在机床运动中执行了复位命令后,运动会减速停止。

📖 说明

在自动运行启动后,系统按如下方式运行:
① 从打开的工件程序中读取一行指令;
② 解释这一行指令;
③ 启动执行该行指令;
④ 读取下一行指令;
⑤ 执行缓冲,即指令被译码,以便能够被立即执行;
⑥ 前段程序执行后,立即启动下一段程序的执行;
⑦ 此后按照④到⑥的步骤重复进行,直到完成。

4. 停止和结束自动运行步骤

（1）指定停止方法,如 M00（程序停止）、M01（选择停止）、M02、M30（程序结束）。

（2）按键停止方法,按下红色的 ⬛ 按钮,或者按下控制面板上的 ⬛ 键。

① 程序停止（M00）　自动运行在执行包含有 M00 指令的段后停止。当程序停止后,所有存在的模态信息保持不变。与单步运行一样,按下 ⬛ 按钮后,继续自动运行。由于机床不同,操作可能不一样,请见机床制造厂商的说明书。

② 选择停止（M01） 与 M00 类似,自动运行时在执行了含有 M01 指令的程序段后,也会停止。这个代码仅在选择停止开关处于选通的状态时有效。

③ 程序结束（M02,M30） 当读到 M02 或者 M30(在主程序结束时使用)时,自动运行结束并且进入复位状态。

④ 进给保持 在自动运行时,当操作面板上的保持进给按钮 被按下时,运动会减速停止。非直线插补 G0 在保持中不停止。

5. 设定 N 行号使程序停止运行

说明

（1）"N 停止行号"在界面进行设定,切换至【自动模式下】,按下【停止行】(F5 功能键),在对话框中输入要停止的行号,行号指的是程序中的标号 N 值(注:不是行号,必须在程序中指定 N 标号才生效)。

（2）这个停止行标号为下电保存,弹出的对话框会保存上一次输入的标号;配置的停止行为公共参数,在所有工件程序中暂停功能都生效。

（3）设定停止行后,在停止行的前一程序段执行结束后暂停执行,系统处于进给保持状态,用户按下循环启动按钮可以继续执行停止行及之后的程序段。

例

G54

G1X100.F2000.

Z100. （刀具移动值 Z100 后停止,系统处于进给保持状态）

N5X−100. （按下循环启动后,继续执行 N5 及以后的程序段）

Z−100.

M30

6. M01 使能

M01 是条件暂停开关,仅用于自动运行方式下,也称为选择停开关。当 M01 使能被选中(见图 3.17),则当工件程序遇到 M01 时会暂停,否则无效。

| 程序打开 | 程序关闭 | 程序验证 | M01 使能 | 斜线使能 | 重启动 | 保存断点 | 恢复断点 | > |

图 3.17 选中 M01 使能

M01 使能切换步骤:

（1）在自动操作方式屏幕下方,按下【M01 使能】按钮,此时位于屏幕上方的 M01 使能标志字体变为白色,机床操作面板上的 按钮灯亮,M01 使能有效。再按一次,位于屏幕上方的 M01 使能标志字体变为黑色,机床操作面板上的 按钮灯灭,则 M01 使能无效。

（2）直接按下机床操作面板上的 [▶] 按钮，此时位于屏幕上方的 M01 使能标志字体变为白色，机床操作面板上的 [▶] 按钮灯亮，M01 使能有效。再按一次，位于屏幕上方的 M01 使能标志字体变为黑色，机床操作面板上的 [▶] 按钮灯灭，则 M01 使能无效。

7. 斜线使能

斜线使能（见图 3.18）用来在执行程序时跳过指定的一行程序不执行，也称为程序跳段。斜线使能仅用于自动方式下。

图 3.18　斜线使能

当在工件程序的某一行之前加入"/"时，若此时斜线使能处于被选中状态，则在执行该程序时，这一行将被跳过，不予执行。否则，即使在程序中有"/"，该行将照常执行。

斜线使能切换步骤：

（1）在自动操作方式屏幕下方，按下【斜线使能】按钮，此时位于屏幕上方的斜线使能标志字体变为白色，机床操作面板上的 [▱] 按钮灯亮，斜线使能有效。再按一次，位于屏幕上方的斜线使能标志字体变为黑色，机床操作面板上的 [▱] 按钮灯灭，则斜线使能无效。

（2）直接按下机床操作面板上的 [▱] 按钮，此时位于屏幕上方的斜线使能标志字体变为白色，机床操作面板上的 [▱] 按钮灯亮，斜线使能有效。再按一次，位于屏幕上方的斜线使能标志字体变为黑色，机床操作面板上的 [▱] 按钮灯灭，则斜线使能无效。

8. 重启动

重启动（见图 3.19）功能用于设置工件程序开始加工的代码行，可分为按标号、按行号和按字符重启动三种。

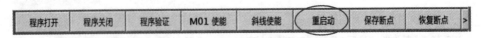

图 3.19　重启动

① 按标号　在程序中指定以"N"开头的标号，如 N20，若用户再运行该程序时希望在该标号处开始执行，则选择"标号"，输入想要开始的标号，如："20"，确定，然后执行程序即可。

② 按行号　当用户希望工件程序从某一行开始运行时，选择"行号"，可以在此直接输入行号如"58"，确定，然后执行程序，程序会自动跳到第 58 行开始执行。

③ 按字符　根据指令关键字符来搜索定位。例如：某行指令为 N5G1X100F1000，输

入 G1 或 X100 或 F1000 均可检索到该行,如图 3.20 所示。

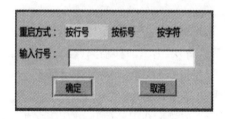

图 3.20　重启动

（1）重启动时可通过参数选择是否恢复 M/S/T 辅助功能码。当 pm652＝0 时,重启动时不恢复 M/S/T 辅助功能码,当 pm652＝1 时,重启动时恢复 M/S/T 辅助功能码。恢复 M 辅助功能码时,应注意:

① 根据 M 代码分组,每组只恢复最后指令的一个 M 代码;

② 最多恢复 4 组 M 代码且恢复最后指定的 4 组。

（2）重启动优化功能。

当程序较大（万行以上）时,为了缩短重启动扫描时间,系统提供了重启动优化功能,即在程序正常执行或重启动过程中,记录程序信息,再次重启动时根据记录的程序信息快速扫描到重启动行进行加工,不从文件头开始扫描信息。是否开启该功能由参数 pm696 控制。

① 若开启该功能,文件记录信息包括:工件坐标系（G54～G59/G54.1）、选择平面（G17/G18/G19）、运动模式（G0/G1/G2/G3 等）、主轴速度（S）、进给速度（F）、各轴的当前位置、刀具补偿号及 M/T 码信息。

② 程序重启动时,查找距离重启动行最近的整万行信息,从查找到的整万行开始扫描。

③ "未执行过该程序"或者"工件文件被修改后",进行第一次【重启动】时无法缩短扫描时间。

④ 开启重启动优化后,重启动行之前所设定的刀具半径补偿、♯变量赋值都不生效。

（3）重启动优化功能扩展。

若程序重启动行之前设定了 G50/G51（镜像/缩放）或 G68/G69 旋转指令时,使用重启动优化功能时,以前的版本无法恢复镜像或旋转状态,即系统无法还原重启动行之前的镜像或旋转状态;针对上述现象,对该版本进行了优化,程序运行时,将整万行时的镜像及旋转状态也保存到指定文件中,使用重启动优化时,可以恢复镜像和旋转状态（处于开启或者关闭）,之后的程序段在该状态下进行加工。

（4）重启动位置设置。

针对 pm0653＝0 重启动初始位置为当前位置的情况,进行了路径的优化。

① 重启动行省略了某轴地址时,轴的位置继承了程序上一行的轴位置信息,而非起始位置的轴信息。

例如:N1 X10Y10Z10 N2X100 刀具所在位置为(x,y,z)=(0,0,0)

从第 N2 行重启动,刀具将从(0,0,0)移动到(100,10,10)的位置,而非(100,0,0)。

② 重启动行为圆弧插补指令时,系统将以直线插补方式移动至该程序段终点,而不是使用圆弧插补方式。

例如:N1 G17X10Y10 N2G2X100R55F2000 刀具所在位置为(x,y)=(0,0)从第N2 行重启动,刀具将从(0,0)以直线插补方式移动到(100,10)的位置。

(5) 重启动时,程序扫描到重启动行之前时,如果有 GOTO,WHILE 等指令,则将根据当时的条件判断是否执行 WHILE 和 END 之间的指令或是否执行 GOTO 语句。而原处理为重启动行之前不管条件成立还是不成立都将执行一遍。

 注意

重启动优化功能其他规格未发生变化。

9. 保存、恢复断点

系统提供保存断点与恢复断点功能。

【保存断点】 用户可以在程序运行中或在暂停情况下,按下【保存断点】按钮,将当前加工的程序名及当前运行至的程序行号保存下来,并显示在系统界面,如图 3.21 所示。

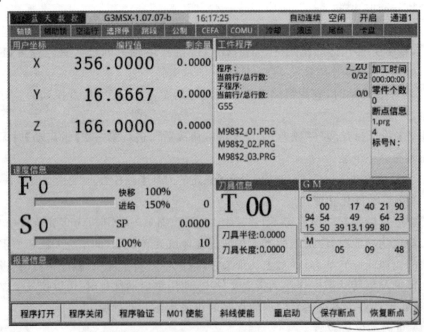

图 3.21 保存、恢复断点

【恢复断点】 恢复上一次保存的程序的断点信息,自动打开程序,光标显示到断点行号处,按循环启动执行。执行方式类似于【重启动】的按行号重启功能。

重启动或断点恢复直接加工功能使用方法及注意事项:

(1) 必须将参数 No.0594 配置为1。

(2) 重启动时必须以行号指定。若以标号重启动会出现提示信息:在预处理模式下不可以按标号重启动。

(3) 若在重启动行或断点处没有指定 G0 或 G1,用户需要设置用户参数 No.0510,然后复位,将当前移动模式切换为 G0 或 G1,然后执行重启动行或断点恢复。

(4) 若在重启动行或断点处显示的是圆弧指令但没有指定 G2 或 G3 指令,系统按照直线运动解析,可能报错,或导致路径错误。

(5) 若重启动行或断点处没有指定进给率 F,用户需要设置用户参数 No.0004,将其数值设置为重启动行或断点处的进给率。

(6) 参数 No.0594 配置为1。重启动行或断点恢复时不恢复辅助功能,用户需要手动启动主轴。

(7) 在子程序中保存断点无效。

3.3.6　系统复位

复位功能停止轴的运动,还可以通过 PLC 设置停止主轴的转动,停止外部机床设备的运行。将控制机缓冲区的全部信息清空。恢复 G 代码到上电状态。

按下操作面板上的 ▨ 键,系统进行复位。

3.3.7　坐标屏幕切换

在前文中介绍的任何模式下,按下功能按键区的 ◁▷ 按钮,会出现功能按键区结构。

用户在此可以选择显示方式:综合屏、大坐标屏、多坐标系屏、原点屏等。用户可根据需要选择适合自己的显示方式。

3.3.8　软 IO

在任何位置信息模式下,按下功能按键区的 ◁▷ 按钮,按下【软 IO】,屏幕下方将会显示5组软 IO 指令供用户使用,如图 3.22 所示(每组含有 7 个软 IO 按键,具体配置方法请参见本章 3.11.8 小节软 IO 设定)。

按下对应的操作按键(F1～F8)即可使用对应的软 I/O 功能。

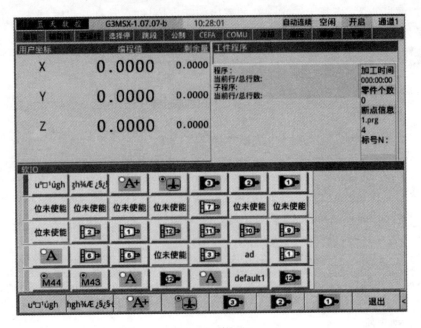

图 3.22 软 I/O

3.3.9 机床其他操作

在 GJ301M/T 数控系统的操作面板上还提供了一些与机床操作相关的功能控制开关,通过这些功能控制开关,用户可以方便地进行加工。本节对这些功能和开关进行了详细的阐述。

(1) 轴锁住(机床锁住)。

(2) 辅助锁住。

(3) 空运行。

(4) 公/英制切换。

(5) 坐标切换。

(6) 坐标重置。

(7) 零件数。

(8) 主轴转速倍率修调。

(9) 进给速度倍率修调。

(10) 相对坐标一键清零。

1. 轴锁住

机床轴锁住功能开启时,机床轴不移动,但编程位置坐标的显示和机床运动时一样,并且 M、S、T 都能执行,此功能用于工件程序校验。

轴锁住切换步骤:

(1) 直接按下机床操作面板上的 ▶ 按钮,此时位于屏幕上方的轴锁住标志字体变为白色(见图 3.23),机床操作面板上的![按钮图标]按钮灯亮,轴锁住有效。再按一次,位于屏幕上方的轴锁住标志字体变为黑色,机床操作面板上的![按钮图标]按钮灯灭,则轴锁住无效。

图 3.23 轴锁

(2)在位置屏幕状态下按扩展功能键![图标],并按下【操作】按钮,此时屏幕下方按钮如图 3.24 所示。

轴锁住	辅助锁住	空运行	公/英制	坐标切换		零件数	返回

图 3.24 轴锁住

在图 3.24 所示屏幕中按下【轴锁住】按钮,此时位于屏幕上方的轴锁住标志字体变为白色,机床操作面板上的![按钮图标]按钮灯亮,轴锁住有效。再按一次,位于屏幕上方的轴锁住标志字体变为黑色,机床操作面板上的![按钮图标]按钮灯灭,则轴锁住无效。

2. 辅助锁住

机床辅助锁住功能开启时,M、S、T 指令代码不执行,与轴锁住功能配合使用,用于程序校验。

开启辅助锁住步骤:

(1)在位置屏幕状态下按扩展功能键![图标],并按下【操作】按钮,此时屏幕下方按钮如图 3.25 所示。

轴锁住	辅助锁住	空运行	公/英制	坐标切换	坐标重置		返回	<<

图 3.25 辅助锁住(1)

(2)在图 3.25 所示屏幕中按下【辅助锁住】按钮,此时位于屏幕上方的轴锁住标志字体变为白色(见图 3.26),轴锁住有效。再按一次,位于屏幕上方的轴锁住标志字体变为黑色,则轴锁住无效。

图 3.26 辅助锁住(2)

3. 空运行

在自动运行方式下,开启空运行功能,不管工件程序中如何指定进给速度,都以固定的空运行速度来运行。

空运行切换步骤:

（1）直接按下机床操作面板上的 ▥▶ 按钮，此时位于屏幕上方的空运行标志字体变为白色见图3.27，机床操作面板上的 ▥▶ 按钮灯亮，空运行有效。再按一次，位于屏幕上方的空运行标志字体变为黑色，机床操作面板上的 ▥▶ 按钮灯灭，则空运行无效。

轴锁	辅助锁	空运行	选择停	跳段	公制

图3.27　空运行(1)

（2）在位置屏幕状态下按扩展功能键 ◀▶ ，并按下【操作】按钮，此时屏幕下方按钮如图3.28所示。

轴锁住	辅助锁住	空运行	公/英制	坐标切换	坐标重置		返回	<<

图3.28　空运行(2)

按下【空运行】按钮，此时位于屏幕上方的空运行标志字体变为白色，机床操作面板上的【空运行】按钮灯亮，空运行有效。再按一次，位于屏幕上方的空运行标志字体变为黑色，机床操作面板上的【空运行】按钮灯灭，则空运行无效。

4. 公/英制切换

公/英制切换步骤：

（1）在位置屏幕状态下按扩展功能键 ◀▶ ，并按下【操作】按钮，此时屏幕下方按钮如图3.29所示。

轴锁住	辅助锁住	空运行	公/英制	坐标切换	坐标重置		返回	<<

图3.29　公/英制

（2）按下【公/英制】按钮，此时位于屏幕上方的公/英制标志进行切换，如果原为公制，则变为英制，屏幕上相应的数据也变为英制；再次按下按钮，则变回公制，屏幕上相应的数据也变为公制。

5. 坐标切换

在位置屏幕状态下按扩展功能键 ◀▶ ，并按下【操作】按钮，此时屏幕下方按钮如图3.30所示。

轴锁住	辅助锁住	空运行	公/英制	坐标切换	坐标重置	零件数	返回	

图3.30　坐标切换

通过按下【坐标切换】，可以实现用户坐标、相对坐标、机床坐标之间的切换。

6. 坐标重置

在位置屏幕状态下按扩展功能键 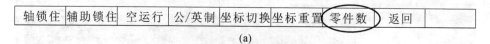 ,并按下【操作】按钮,此时屏幕下方按钮如图 3.31 所示。

轴锁住	辅助锁住	空运行	公/英制	坐标切换	坐标重置	零件数	返回	

图 3.31　坐标重置

通过按下【坐标重置】,可以在弹出的对话框内输入坐标值,并设定当前位置为此坐标值。

7. 零件数

零件数是一个统计数字,用于统计加工的零件个数(见图 3.32(a))。在执行配置了工件计数位的 M 代码时加 1。用户可以手动进行重置,如图 3.32(b)所示。

轴锁住	辅助锁住	空运行	公/英制	坐标切换	坐标重置	零件数	返回	

(a)

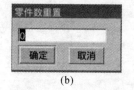

(b)

图 3.32　零件数

8. 主轴转速倍率修调

通过控制面板上的主轴倍率修调旋钮 ,可以修改主轴旋转状态下的旋转速度。

9. 进给速度倍率修调

通过控制面板上的进给倍率修调旋钮 ,可以修改进给状态下的进给速度。

10. 相对坐标一键清零

该功能可以实现对相对坐标的清零功能。该功能只有在坐标系切换为相对坐标的条件下才可使用。切换相对坐标系的方法如下:在位置屏幕状态下按下扩展键 ,点击【操作按键】,并通过点击【坐标切换】来选择相对坐标显示。

在相对坐标系下,用户可以通过直接按下键盘上的轴名所对应的按键来实现一键清零。

相对坐标的轴名显示规则如下。

实际轴名:XYZABCUVW

相对坐标轴名:XYZABC

例如实际轴名为 XYZABC,如果想清除 X 轴相对坐标值可以按下 X 键或者 U 键都能实现一键清除 X 相对坐标值的功能。

3.4　图　形　显　示

在加工过程中,用户可以查看刀具轨迹,可以进行清屏操作,还可以根据需要,设置图形的显示范围。

按下控制面板上的特殊功能键 $\boxed{\square}$,可实时查看当前运行的工件程序的刀具轨迹,如图 3.33 所示。

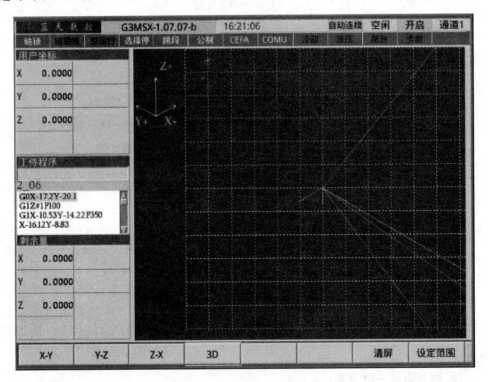

图 3.33　图形显示界面

在图 3.33 所示界面中按下【设定范围】按钮,即弹出如图 3.34 所示对话框,供用户进行图形显示范围的设置。

如图 3.34 所示,当前显示范围为 X 轴方向范围、Y 轴方向范围、Z 轴方向范围,单位为毫米(mm),此范围由图中的 6 个参数决定:

图形范围(最小)－X、图形范围(最大)X

图形范围(最小)－Y、图形范围(最大)Y

图形范围(最小)－Z、图形范围(最大)Z

用户可以根据选择的坐标和加工工件的尺寸来进行设定,以使图形显示在屏幕的最佳位置。调整好之后,按下【确定】按钮,新的图形显示范围参数将会被存入系统配置文件中,这些参数在下次被改变之前,一直有效。

图 3.34　图形显示范围设置

(1)当范围选择屏使用【确定】按钮关闭时,原有图形屏的图形将被清空。

(2)新的范围应是正方形区域,若用户输入值不满足正方形条件,系统将按最大显示区域进行取舍。

在图 3.34 所示界面中按下【清屏】按钮,即可清除当前图形显示,并在当前点重新开始显示图形。

3.5　刀具偏置

3.5.1　刀具偏置

按功能键【刀具偏置】按钮,屏幕显示如图 3.35 所示。

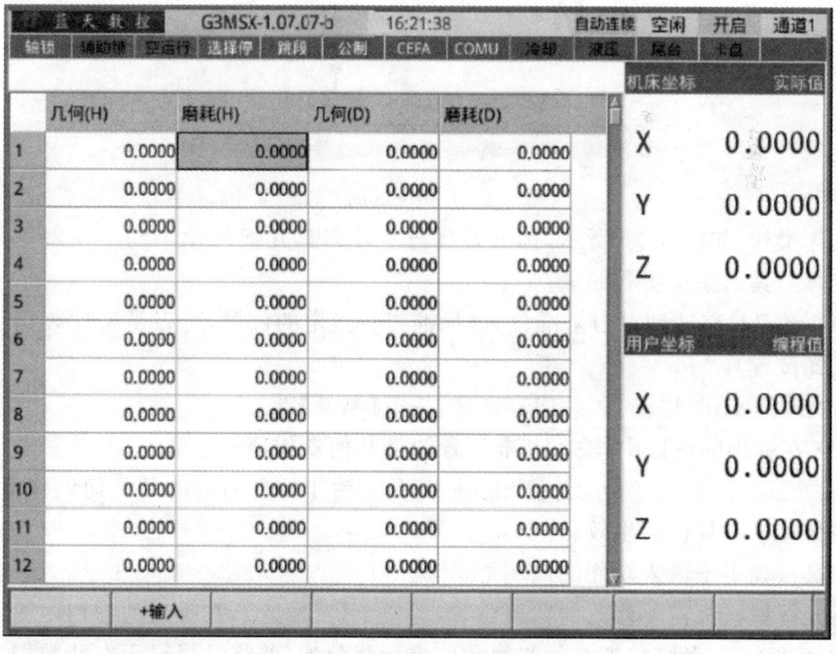

图 3.35　刀具偏置配置

针对每项屏幕上方都有相应的提示,提示用户输入合法的值。用户修改后并按回车确认,该项数值立即生效。各项含义见表3.3。

表 3.3 项目含义

项　目	含　义
刀具补偿号	刀具补偿号索引
几何	刀具长度的偏置值(mm)
磨耗	刀具磨损补偿值,与几何同向(mm)

📖 说明

刀具偏置中测量功能的应用:

刀具偏置的测量功能是测量当前刀具与标准刀具之间的偏移量(标准刀是偏置为 0 的刀具,可以是刀库中的某一把刀,也可以是一把假想刀)。

通过操作界面的【测量】键,可以计算出当前光标选中刀具与标准刀在相应方向上的偏移值,并将偏移值保存下来。

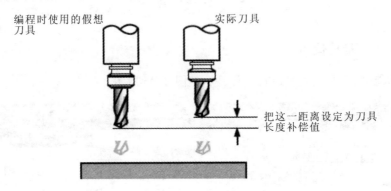

图 3.36 示例

具体操作:如图 3.36 所示,标准刀具与实际刀具几何尺寸不同。使用测量功能设置实际刀具的偏置步骤如下。

(1) 将刀具移动到对刀基准位置(标准刀具指定的位置,可以是工件表面位置或其他已知位置)。

(2) 选择实际刀具的 Z 几何输入区,按下【测量】键。

(3) 在弹出的窗口中,输入基准位置的 Z 几何期望值。

(4) 确定后,系统将自动计算出实际刀具相对于标准刀具的 Z 几何偏移量。

该偏移量在复位后生效。

刀具偏置中＋输入功能的应用

将光标框移至需要修改的数值位置,并按下【＋输入】,在弹出的窗口中输入希望增加的值并确定,系统将把该值与原数值进行代数加,并将结果显示在此数据框中。

 注意

(1) 刀具偏置在系统复位(即按下操作面板上的复位按钮)之后生效。

（2）由于本系统的显示精度为 0.0001，即小数点后 4 位，所以如果用户输入的数值小数点后超过 4 位，系统显示数据将根据四舍五入取舍而在小数点后显示 4 位。

（3）当在英制模式下，用户输入数值为英制数值。当在公制模式下，用户输入数值为公制数值。

（4）磨耗只允许【输入】，不允许【测量】。

3.5.2 手动刀具测量流程

（1）返回参考点。

（2）切换 JOG（手动/手轮）模式。

（3）通过 PLC 信号【G3.4】开启测量模式。

（4）手动选择要测量的刀具（手动刀架旋转）。

（5）在 JOG 进给模式下，移动刀具触碰感应器，计算出刀具偏移值。

轴贴到感应器后自动停止（跳转开启），CNC 获得进给轴方向及机床坐标值。

根据进给轴的方向，将其与参数对应，利用机床坐标和对应参数值算出偏移值。

〈偏移值的计算公式〉＝〈pos 机床坐标值〉－〈Pm xxx 参数值〉

（6）将计算出的偏移值写入刀偏表内对应刀具号的形状数据中（磨耗数据变为 0，不更改刀尖半径值与刀尖点）。

〈4 个参数 pm272～pm275〉，记录感应器 X＋，X－，Z＋，Z－4 个方向的位置信息，一般为固定值，在"刀具测量"前设置完成，如图 3.37 所示。

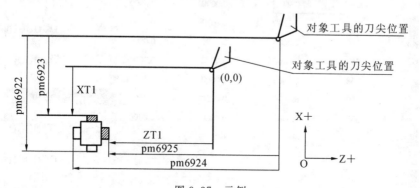

图 3.37 示例

说明

（1）只有在手动模式下，通过 PLC 信号开启手动刀具测量功能；在其他操作方式下开启 PLC 信号，操作无效；进给保持时切换到手动模式开启 PLC 信号，操作无效；有一个轴未回零则操作无效；

（2）开启手动刀具测量功能时，状态栏在"自动加工"旁边显示"刀具测量"，表示系统进入刀具测量操作模式，此时可以通过手动/手轮移动刀具，某个方向触碰感应器，计算出该方向的刀具偏移值写入刀偏表内对应刀具号的形状数据中；

（3）在"刀具测量"操作模式时，若切换到 AUTO 或 MDI 模式则立即取消刀具测量操作，即使刀具触碰感应器也不再计算刀具偏移值；

（4）通过 PLC 信号关闭手动刀具测量功能，退出"刀具测量"操作模式；

（5）车床添加 4 个参数 pm272～pm275，记录感应器 X＋，X－，Z＋，Z－4 个方向的位置信息，一般为固定值，在"刀具测量"前设置完成。

3.6 参 考 点

参考点是机床上的一个固定点，用参考点返回功能，刀具可以容易地移动到该位置。例如参考点用作记录刀具自动交换的位置。用参数 0242 和 0243 可以设置第一参考点和第二参考点的位置。

3.6.1 配置参考点

配置参考点步骤：

按下功能键【原点】按钮，屏幕显示如图 3.38 所示。

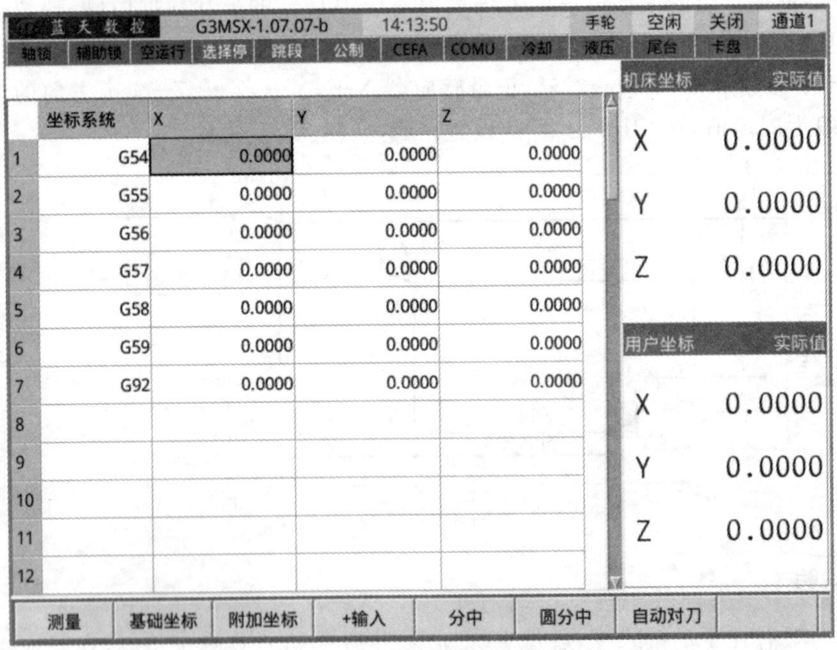

图 3.38 参考点设定

针对每项屏幕上方都有相应的提示，提示用户输入合法的值。用户修改后并回车，该项数值立即生效。

按下【基础坐标】或者【附加坐标】，可以在两个坐标显示模式下互相切换。

说明

测量:该项中的测量功能用来设定用户坐标系 G54~G59,G54.1P1~P48 相对于机床坐标系的偏移值。

当用户输入期望点时,系统自动计算出相应的偏移值。下面以 G54 为例进行说明。

如图 3.39 所示,测量功能的目的是计算出用户坐标系 G54 相对于机床坐标系的偏移值。假设刀具在当前 P 点处,在"坐标系设定"界面,将光标移动到 G54 相应坐标位置,然后按下【测量】键,在弹出的窗口中输入 X 或 Z 的期望值并按下确定(X 处输入 10,Z 处输入 5),系统自动计算出 G54 相对于机床坐标系的偏移量(15,10),并显示在当前位置。

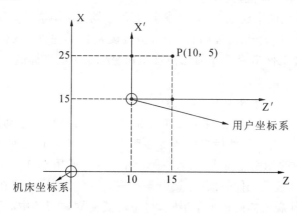

图 3.39 示例

(1) 参考点配置在系统复位(即按下操作面板上的复位按钮)之后生效。

(2) 当在英制模式下,用户输入数值为英制数值。当在公制模式下,用户输入数值为公制数值。

3.6.2 对刀(M)

对刀的目的是通过刀具或对刀工具确定工件坐标系原点(程序原点)在机床坐标系中的位置,并将对刀数据输入到相应的存储位置。它是数控加工中最重要的操作内容,其准确性将直接影响零件的加工精度。下面将结合本系统铣床对刀的基本步骤加以说明,假设工件坐标系原点在工件的中心,那么以试切法设置用户坐标系 G54 的步骤如下。

1. X 和 Y 向对刀

● 将工件通过夹具装在工作台上,装夹时,工件的四个侧面都应留出对刀的位置。

● 启动主轴中速旋转,快速移动工作台和主轴,让刀具快速移动到靠近工件左侧有一定安全距离的位置,然后降低速度移动至接近工件左侧。

● 靠近工件时改用手轮模式,设置"手轮倍率"(一般用 0.01 mm 来靠近),使用手轮缓慢移动刀具接近工件左侧,直到刀具恰好接触到工件左侧表面(观察,听切削声音、看切痕、看切屑,只要出现其中一种情况即表示刀具接触到工件),进入"参考点设置"功能屏,选择 G54 的 X 输入区,按"测量"键,输入 0 后确定,当前刀具位置的 X 轴机床坐标值将被记录并且设置当前点在用户坐标系 G54 中,X 坐标为 0,复位后查看设置是否生效,如果生效,位置显示将变为 0。

● 沿 Z 正方向退刀,至工件表面以上,用同样方法接近工件右侧,记下此时机床坐标系中显示的 X 坐标值,假设为 A。

● 据此可得 X 向的中点为 A/2,在"参考点设置"功能屏中选择 G54 的 X 输入区,按"测量"键,输入 A/2 后确定,则 X 向的工件中点被设为零点,完成了 X 向分中的目的。

● 同理可测得工件坐标系 Y 轴原点在机床坐标系中的坐标值。

2. Z 向对刀

● 将刀具快速移至工件上方。

● 启动主轴中速旋转,快速移动工作台和主轴,使刀具快速移动到靠近工件上表面有一定安全距离的位置,然后降低速度移动使刀具端面接近工件上表面。

● 靠近工件时改用手轮模式,设置"手轮倍率"(一般用 0.01 mm 来靠近),使用手轮缓慢移动刀具接近工件表面(注意刀具特别是立铣刀时,最好在工件边缘下刀,刀的端面接触工件表面的面积小于半圆,尽量不要使立铣刀的中心孔在工件表面下刀),使刀具端面恰好碰到工件上表面,进入"参考点设置"功能屏,选择 G54 的 Z 输入区,按"测量"键,输入 0 后确定,当前刀具位置的 Z 轴机床坐标值将被记录并且设置当前点在用户坐标系 G54 中 Z 坐标为 0,复位后查看设置是否生效,如果生效,位置显示将变为 0。这样就完成了 X 和 Y 向分中,Z 向在工件表面的对刀过程。

3. 查看设置

进入 MDI 方式,输入 G54(所选择的用户坐标系),按"循环启动"按钮,查看设置的坐标系是否生效。

4. 检查对刀位置

检查对刀位置是否正确,这步很重要。如果正确则对刀操作完成。如果出现在一个程序中用到多把刀的情况,那么就需要对每一把刀都进行对刀操作,而铣床只是在 Z 向进行此操作。首先让第一把刀指定一个基准位置,指定方法与上面 Z 向对刀过程相同,之后换第二把刀也指向刚才的同一基准位置,然后使用"刀偏"功能里的测量功能对第二把刀进行刀具偏置设置,这样就使刀位点和对刀点相重合完成对刀操作。后续刀具与第二把刀的操作步骤相同,这样一次对多把刀的过程就完成了。在调用第二把刀的时候用刀具长度补偿 G43 H02 即可。

（1）如果加工其他工件，只需重新在用户坐标系中对基准刀进行对刀操作，无须重新对每一把刀都进行对刀操作。

（2）在本系统中直径轴和半径轴是可配的（在参数配置中的 No.0202 进行设置，具体配置方法请查看用户手册里的参数配置章节）。

3.6.3 对刀(T)

对刀是数控车床加工中极其重要和复杂的工作，对刀的目的就是使刀架上每把刀的刀位点都能准确到达指定的加工位置，或是使工件原点与机床参考点之间建立某种联系。其中刀位点是刀具上的一个基准点，刀位点的相对运动轨迹就是编程轨迹，而机床参考点是数控机床上的一个固定基准点，该点一般位于机床移动部件沿其坐标轴正向的极限位置。该车床对刀的基本原理是首先选定一把基准刀，用基准刀进行试切对刀，在 G54～G59 的任意一个用户坐标系中设置基准刀的偏移，将基准刀的刀偏补偿设置为零，而将其他刀具相对于基准刀的偏移值设置在各自的刀偏补偿中。下面将结合本系统就车床对刀的步骤加以说明。

对刀步骤：

（1）使数控车床返回机床参考点；

（2）在用户坐标系下对基准刀的零点；

① 用"手轮"方式车削工件端面。沿＋X 方向退刀，并停下主轴。按下【原点】按钮，在参考点配置的页面下按【测量】按钮，在弹出的窗口中输入期望值并确定，则相应的机床坐标值将记录在"Z"列中。

② 用"手轮"方式车削工件外圆。沿＋Z 方向上退刀，并停下主轴。测量车削后的外圆直径 d。按下【原点】按钮，在参考点配置的页面下按【测量】按钮，在弹出的窗口中输入 d 值并确定，则相应的坐标系与机床坐标系的偏差值将被记录在"X"列中。

（3）在"刀具偏置"中确定其他刀具与基准刀的相对关系；

① 确定"刀具偏置"中刀具 Z 向的偏移量。

用"手轮"方式车削工件端面。沿＋X 方向退刀，并停下主轴。按下【刀偏】按钮，在刀具偏置的页面下按【测量】按钮，在弹出的窗口中输入 0 值并确定，则该刀与基准刀的相对偏差值被记录在"Z(几何)"列中。

② 确定"刀偏"中刀具 X 向的偏移量。

用"手轮"方式车削工件外圆。沿＋Z 方向上退刀，并停下主轴。测量车削后的外圆直径 d。按下【刀偏】按钮，在刀具偏置的页面下按【测量】按钮，在弹出的窗口中输入 d 值并确定，则该刀与基准刀的相对偏差值将被记录在"X(几何)"列中。

③ 按上述步骤确定所有刀具与基准刀的相对关系。不同的刀具可以使用不同的刀具补偿号。

（4）对刀操作完成。

注意

（1）如果加工其他工件，只需重新在用户坐标系中对基准刀进行对刀操作，无须重新对每一把刀都进行对刀操作。

（2）在本车床系统中直径轴和半径轴是可配的（在参数配置中的 No.0202 进行设置，具体配置方法请查看用户手册里的参数配置章节）。

3.6.4 分中

按下【原点】按钮，然后在弹出的功能菜单中选择【分中】按钮，屏幕显示如图 3.40 所示。

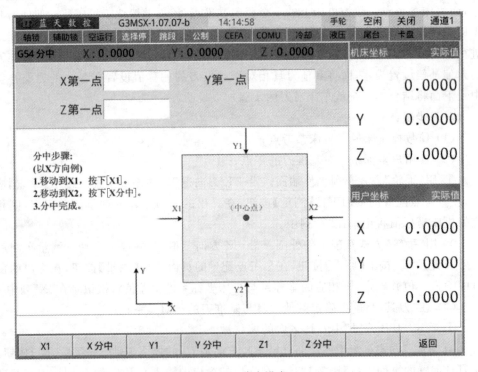

图 3.40 分中设定

1. 手动分中操作步骤

（1）在原点偏移界面下，将光标停留在所要分中的坐标系，点击分中，则进入了对该坐标系分中的功能中。

（2）将轴移动到第一点，对想要分中的轴点击设置，此点实际值对该轴的偏移会被记录下来成为第一点。

（3）将轴移动到第二点并点击分中，则分中完成，中点会自动计算并添加到该坐标系的原点偏移中。

以工件坐标系 G55 的 X 轴分中为例：

① 按下软键[原点]，将光标移动到工件坐标系 G55 所在的行，按下软键[分中]，进入分中界面。

② 将 X 轴移动到要分中工件的左边缘，按下软键 X1。

③ 将 X 轴移动到要分中工件的右边缘，按下软键 X 分中。

④ 工件坐标系 G55 的 X 轴分中完成，系统自动将左右边缘的中点设为 G55 工件坐标系 X 轴的原点。

2. 圆分中操作步骤

(1) 在原点偏移界面下，将光标停留在所要分中的坐标系，点击分中，则进入了对该坐标系分中的功能中。

(2) 取要分中圆的三点，将轴移动到第一点，按下软键 F1(p1)，系统会自动记录该点的位置信息。

(3) 将轴移动到第二点，按下软键 F2(p2)，系统会自动记录该点的位置信息。

(4) 将轴移动到第三点，按下软键 F3(圆分中)，圆分中完成，系统会自动将上述三点所确定圆的圆心作为坐标系的原点，偏移自动添加到对应坐标系的原点偏移中。

圆分中功能只在 XY 平面进行，当配置为 X 或 Y 轴时，圆分中功能无效。

3.6.5 自动对刀(M)

在原点屏加入【自动对刀】按键，点击后进入自动对刀界面，在该界面下可执行【换刀对刀】和【首次对刀】命令，也可进行自动对刀相关参数的设定。屏幕显示如图 3.41 所示。当加工表面位置不变，需要更换刀具时，采用【换刀对刀】；当更换加工表面时，采用【首次对刀】。

说明

配置信息应满足如下条件，否则输入时界面应不生效并给出提示：

① Z 轴安全高度位置坐标应大于 Z 轴最低对刀位置坐标。

② 对刀进给速度、回退距离和两次对刀极限允差（允许误差）应大于 0。

执行【换刀对刀】命令后，系统将顺序执行以下动作：

① Z 轴快移到起始位置。

② X、Y 轴快移到起始位置。

③ 取消当前刀具长度补偿和半径补偿。

④ Z 轴快移到指定的安全高度位置。

⑤ Z 轴以第一次对刀速度向下移动至 Z 轴最低对刀位置坐标。

⑥ 如果接触到对刀仪，Z 轴快移回退指定距离，否则 Z 轴快移到起始位置并结

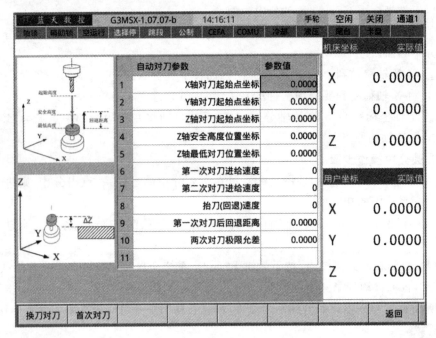

图 3.41　自动对刀

束本次对刀过程。

⑦ Z 轴以第二次对刀速度向下移动至 Z 轴最低对刀位置坐标。

⑧ 接触到对刀仪或到达 Z 轴最低对刀位置坐标后,Z 轴快移到起始位置。

⑨ 如果两次均碰到对刀仪且两次的探测位置之差不大于极限允差,则按第二次测量所得值计算坐标偏移并保存。

执行后应有如下结果及提示信息:

① 如果第一次对刀未碰到对刀仪,则提示"第一次对刀探测失败"。

② 如果第二次对刀未碰到对刀仪,则提示"第二次对刀探测失败"。

③ 如果两次对刀均碰到对刀仪但两次的探测位置之差大于极限允差,则提示"两次对刀测得数值超出极限允差,对刀失败"。

④ 如果两次均碰到对刀仪且两次的探测位置之差不大于极限允差,则提示"对刀成功"。

⑤ 如果所有轴未全部回零,则不执行自动对刀动作,并提示"未所有轴回零,不允许执行对刀功能"。

⑥ 当对刀完成后,提示"对刀完成"。

 注意

执行【首次对刀】命令前,需手动将刀尖移动到工件表面,再按下【首次对刀】,该功能执行动作与换刀对刀相同,执行成功后将坐标偏移保存。

3.7 程 序 编 辑

直接按下屏幕右侧的侧排键【编辑】，即进入程序编辑功能。屏幕显示如图 3.42 所示。

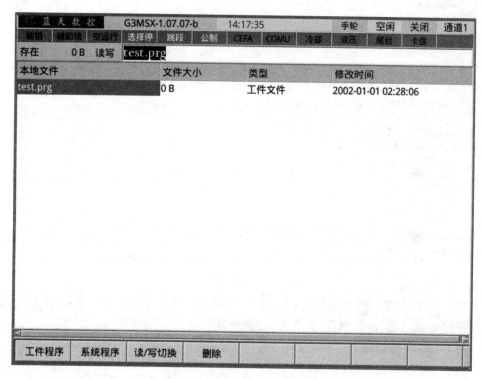

图 3.42 工件程序选择窗口

3.7.1 程序编辑的操作步骤

如图 3.42 中列出了所有用户可编辑的工件程序名称，用户可以用键盘上的上下方向键来进行选择，选中的文件以背景高亮表示，选中文件后按回车键，即打开了此工件程序，可以进行编辑了。下面以打开一个工件程序为例进行说明。

例如选择工件程序中的 2_ZU.prg 文件，回车，屏幕显示如图 3.43 所示。

（1）查找功能：按图 3.43 中的【查找】按钮，弹出输入查找内容对话框，用户可选择向上查找、向下查找。输入希望查找的字符或字符串，即可在程序显示区内，进行查找，符合条件的字符或字符串将被高亮显示。向前查找是指从当前光标位置开始向前查找用户输入的字符或字符串；向后查找是指从当前光标位置开始向后查找用户输入的字符或字符串。用户也可选择按行号查找，查找行的第一个字符将会以高亮显示。

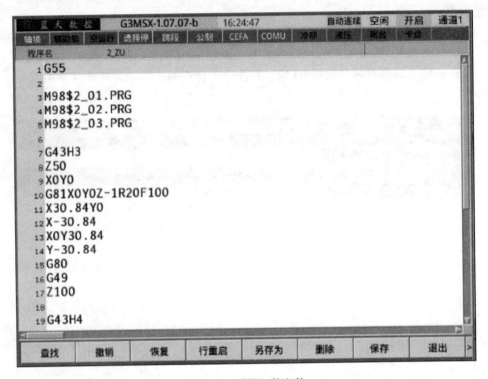

图 3.43 编辑工件文件

　　(2) 替换功能:在【替换】按键左边的文本输入区域内输入替换内容,按下【替换】键,即可将当前的"高亮内容"替换为"替换内容"。

　　(3) 撤销:撤销键入的内容。

　　(4) 恢复:恢复撤销的内容。

　　(5) 删除:按下【删除】按钮,将删除程序显示区内当前高亮的行或通过标记多行标记的部分。

　　(6) 保存:保存所做的修改;若当前编辑程序处于打开待加工状态,那么保存操作将自动更新前台打开的文件。

　　(7) 退出:退出程序编辑,不做保存。

　　(8) 标记多行:首先选择某一行作为需要被标记的起始行,然后按下【标记多行】,最后选择某一行作为需要被标记的终止行,系统将会标记两行之间的部分。

　　(9) 取消标记:取消被标记的多行程序段。

　　(10) 复制:复制被标记的内容。

　　(11) 剪切:剪切被标记的内容。

　　(12) 粘贴:粘贴被复制或剪切过的标记内容到当前光标所在的位置。

　　(13) 另存为:编辑程序后,另存程序文件,输入新文件名(要带.prg后缀),即可保存。

　　(14) 行重启:可以在程序编辑完成后设置重启动行号。与位置屏中"重启动"的按行号重启功能通用。

（15）编辑工件程序快捷键：

跳到所编辑程序的开头处，按"ctrl＋↑"；

跳到所编辑程序的结尾处，按"ctrl＋↓"。

（1）只有前台打开的程序与被编辑的程序是同一个程序时，可以用行重启功能，如果被编辑程序没有在程序打开中打开，行重启功能不可用。

（2）如果程序被编辑，只有在程序保存成功后才能指定重启动行号，未保存的程序不能用行重启功能。

（3）行重启后重新编辑保存程序，之前设置的行重启无效。

（4）行重启后直接按循环启动，程序从指定行号处执行。

（5）在程序编辑屏中，可以正常打开和保存带有中文注释的程序。

3.7.2　程序文件的命名规则

文件名只能以字母或数字开头，程序名中可以包含字母、数字、下划线"_"及横线"－"组成、必须以字母开头，区分大小写。

在 CNC 端程序编辑会默认以". prg"". nc"". NC"". cnc"". CNC"". ptp"". PTP"结尾，在 PC 上编辑的工件文件必须以". prg"结尾。程序文件的运行、编辑、拷贝、删除等其他操作均支持以上所有格式，而不符合命名规则的工件程序将不能被 CNC 创建或被文件列表显示。

3.8　示教编程功能

3.8.1　示教编程功能概述

示教编程指通过下述方式完成程序的编制：

在程序编辑时，由人工导引机床各轴位置来使机床完成预期的动作；"作业程序"（G代码程序）为一组运动及辅助功能指令，用以确定机床特定的预期作业。由于此类机器人的编程通过实时在线示教程序来实现，而机床本身凭记忆操作，故能不断重复再现。

3.8.2　示教程序创建及打开

操作面板上按下［编辑］，进入程序编辑程序列表界面，屏幕显示如图 3.44 所示。

● 新建示教程序：在程序名输入栏中输入要创建程序的程序名。

● 编辑已有程序：将光标移动到要编辑的程序。

按下软键"示教编辑"进入示教程序的编辑界面，屏幕显示如图 3.45 所示。

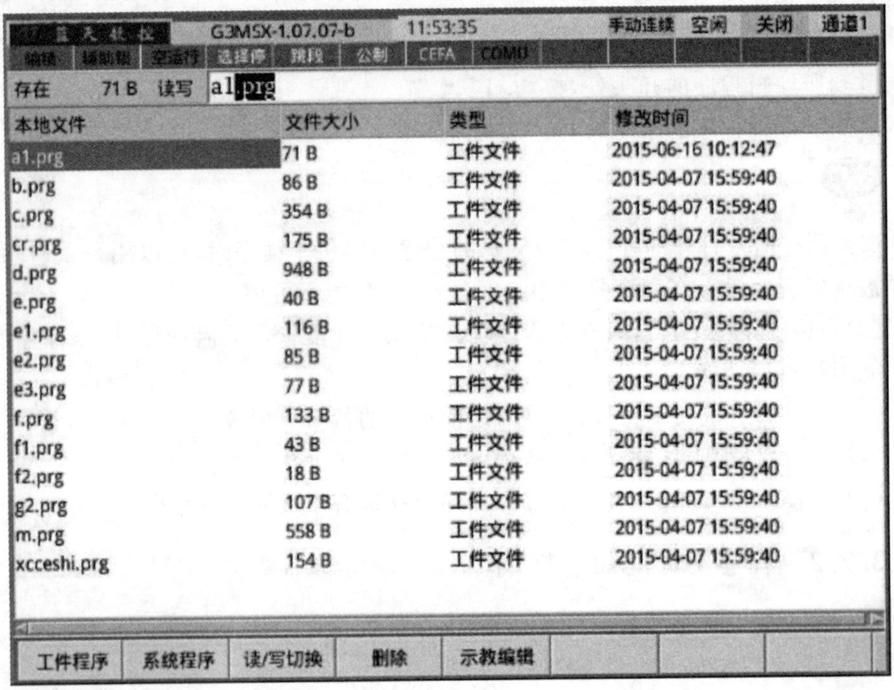

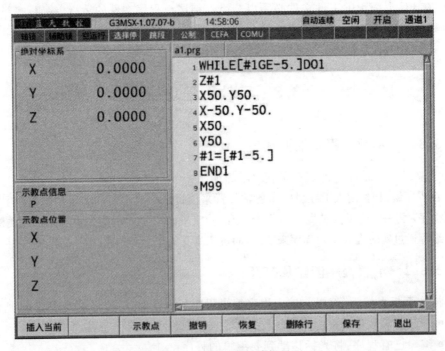

图 3.44 程序编辑程序列表界面

图 3.45 示教程序的编辑界面

3.8.3 示教程序编辑

插入示教点:用户将轴移动到用户所需的位置,按下软键"插入当前",在当前行插入"G01 & 示教点号",示教点随程序自动保存。屏幕显示如图3.46所示。

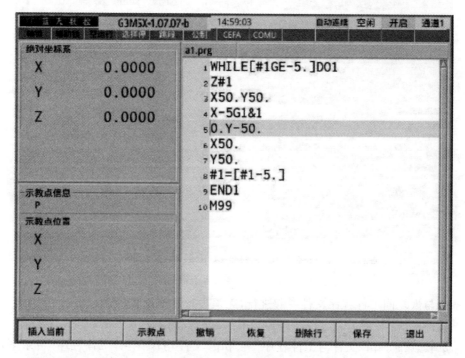

图3.46 插入示教点

每个程序拥有自己独立的示教点,不能通用。

每个程序最多保存300个示教点。

3.8.4 示教点操作

在示教程序编辑界面按下软键"示教点",可以进入当前程序对应的示教点界面,如图3.47所示。

示教点可以进行"替换当前"和"删除点"操作。

● 替换当前:用户将机床移动到所需位置,将界面光标移动到所需替换的示教点所在行,按下"替换当前",系统自动将当前位置替换到所在示教点。

● 删除点:将界面光标移动到所要删除的示教点所在行,按下"删除点"。删除的示教点所在的程序行将不被删除,需用户手动删除示教点所在行。

● 插入示教点时,系统自动将新插入的示教点来代替删除的示教点。

备份与恢复:

示教点"∗.tpf"文件与工件程序"∗.prg"文件均保存在"programs"目录下,压

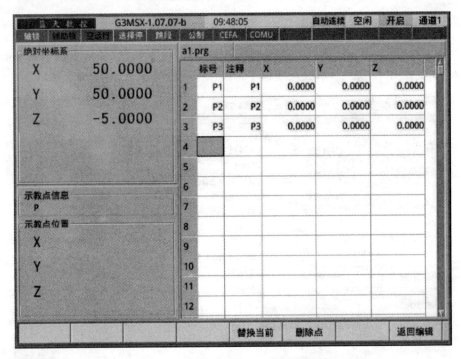

图 3.47　示教点界面

缩备份与恢复同工件程序文件一起进行,无须进行其他操作。

文件操作:

示教点"＊.tpf"文件与工件程序"＊.prg"文件均保存在"工件程序"目录下,用户依据需要选择要拷贝的文件。例如:程序"1.prg"为示教程序,当需要复制完整的示教程序文件时,用户需要在"工件程序"目录下,选择"1.prg"与"1.tfp"两个文件进行复制;系统不会对示教点文件进行自动复制,需要用户手动选择。

文件另存操作:

① 如果将"1.prg"更名为"2.prg"的话,系统会自动将示教点设定文件由"1.tpf"更名为"2.tpf",保持他们的对应关系。

② 将"1.prg"另存为"＊＊＊.prg"时,"1.tpf"也会对应另存为"＊＊＊.tpf",使"1.prg"和新生成的"＊＊＊.prg"都与其示教点设定文件保持对应关系。

3.8.5　全局示教点

将示教点分为两类:局部示教点和全局示教点,每个工件程序都拥有专属自己的局部示教点,序号为1～300(共 300 个)。同时,全局示教点为所有工件程序共同使用,序号为500～999(共 500 个)。

在【PRG】—【示教编辑】—【示教点】界面中,通过点击【局部示教点】或【全局示教点】可进行两种示教点的显示切换。

当选中某一示教点时,点击【插入程序】,系统会在当前编辑的工件程序的光标位置插入所选择的示教点运动段,例如选择 P3 示教点时,点击【插入程序】,会在工件程序的光标位置插入"G1&3"程序段。

文件操作的主要功能就是提供给用户图形化的对文件的操作功能,如复制、粘贴、移动、删除、重命名等。这些操作包括对 CNC 自身存储的文件操作,并包括对 U 盘(USB)的文件操作。

3.9　文　件　操　作

3.9.1　文件操作的步骤

(1) 直接按下屏幕右侧的侧排键【文件】,即进入文件操作功能,如图 3.48 所示。

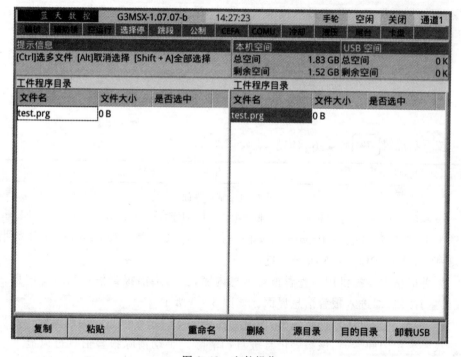

图 3.48　文件操作

(2) 屏幕分为左右两个区域,左边的目录显示为源目录,右边的为目的目录。用户可通过【源目录】按钮来选择要进行操作的源文件目录,可操作的文件目录有:【工件程序】、【USB】(U 盘)。当用户进行选择后,被选择的文件夹中的文件列表将被显示在图的左侧区域。

(3) 用户通过【目的目录】按钮来选择文件操作的目的目录,并显示在屏幕右侧区域。

（4）用户选定了源目录、目的目录之后，就可以对文件进行操作了，包括复制、粘贴、移动、删除、重命名。当需要在源目录和目的目录之间切换的时候，用操作面板键盘的 Tab 键即可。

（5）选择某一个文件，按下【重命名】，可以重新命名当前选择的文件。

（6）选择某一个文件，按下【删除】，会弹出确认对话框来确认是否删除了当前选择的文件，单击【确认】可以删除当前文件，单击【取消】可以取消本次操作。

（7）用户可以通过按住 Ctrl 键来选择多个文件。

（8）用户可以通过按下 Shift＋A 来选择全部文件。

3.9.2 远程文件的步骤

在文件操作功能中点击源目录中的"远程文件"按键，弹出远程 FTP 连接对话框，通过输入正确的 IP 地址和端口号可以连接远程服务器，连接成功后通过点击"上传"按键可以向服务器相应目录传输工件程序，通过点击"下载"按键可以从服务器相应目录中下载工件程序到本地（注：不支持目录传输）。

在程序编辑屏中点击"新建目录"和"新建文件"按键可以分别创建目录和工件文件。

3.10 报 警 信 息

按下功能键 信息 时显示画面如图 3.49 所示。

当前信息	历史信息					删除信息		≫

图 3.49 显示画面

报警信息由字符、序号、信息三部分组成，其中字符的意义如下：M 表示 Motion，运动类报警信息；P 表示 Program，编程类报警信息；O 表示 Operation，操作类报警信息；PLC 表示 PLC 的 A 报警信息。

报警信息主要提供用户查看报警信息内容，包括当前报警信息和历史信息。按下【信息】按钮，即进入报警信息界面。如图 3.50 所示。

【当前信息】：机床目前状态下，所有存在未解除的报警信息。当机床操作人员排除该报警提示的问题时，该报警信息被自动清除。手动清除报警信息可以显示 3 条手动清除报警信息。

【历史信息】：系统所有发生过的报警在此被记录下来，即使警报已经被清除，在历史信息中依然显示，最多显示 1000 条信息。

【删除信息】：只能对"信息"中的"历史信息"进行删除。删除历史信息需要用户具有"服务人员"或"机床厂商"的用户权限；删除单项历史信息时需将光标移动到想要删除的历史信息项，按下软键 F7"删除信息"；删除全部历史信息时需按下"shift"＋"删除信息"键，删除全部历史信息。

蓝 天 数 控	G3MSX-1.07.07-b	14:28:58		手轮	空闲	关闭	通道1
轴锁 辅助锁 空运行	选择停	跳段	公制 CEFA COMU 冷却	液压	尾台	卡盘	

手动清除报警信息

1	
2	
3	

自动清除报警信息

1	2016/03/16 08:56:24　M 2204:1号远程IO盒连接错误.
2	2016/03/16 08:56:24　M 2115:与X轴伺服驱动器通信失败.
3	2016/03/16 08:56:24　M 2115:与Y轴伺服驱动器通信失败.
4	2016/03/16 08:56:24　M 2115:与Z轴伺服驱动器通信失败.
5	
6	
7	
8	

| 当前信息 | 历史信息 | | | |

图 3.50　报警信息

3.11　系 统 配 置

数控系统提供多种辅助功能对数控系统进行配置,按显示终端的竖排键"系统"按钮,系统弹出如图 3.51 所示的系统配置屏。

3.11.1　变量设定

变量设定功能对编号 100 到 199,500 到 999 的变量(共 600 个)进行设置。

直接按下屏幕右侧的侧排键【系统】按钮,屏幕显示如图 3.51 所示。

用键盘的上下左右键选择变量,并回车,即进入变量设定界面,屏幕显示如图 3.52 所示。

用户可以使用标准键盘上的 PageUp、PageDown 键进行翻页,选择要配置的变量。

查找功能:用户按下查找按钮,可以在弹出的对话框中输入变量的序号数(100～199,500～999),然后回车,即可查看或者修改此序号的变量值;用户修改后,保存并退出,变量生效。

配置变量需要机床用户权限。切换用户功能详见本章 3.11.11 节。

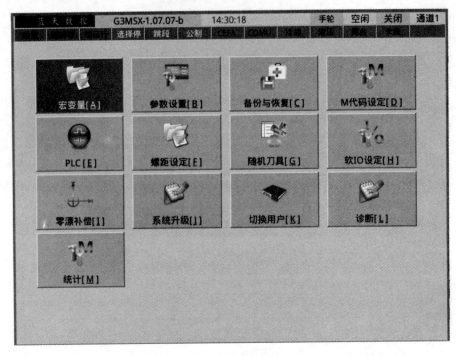

图 3.51 系统配置

变量名		变量值	
# 1		nan	
# 2		nan	
# 3		nan	
# 4		nan	
# 5		nan	
# 6		nan	
# 7		nan	
# 8		nan	
# 9		nan	
# 10		nan	
# 11		nan	
# 12		nan	
分类1	分类2	分类3	GMT		查找	保存	退出

图 3.52 宏变量设定

说明

(1)【分类1】 ♯1~♯33局部变量。该类变量在此界面不可更改,属性为"只读"。但可通过工件程序或指令进行读/写。在上电和复位时,每一个局部变量被置为"空"。

局部变量是在宏程序内被局部使用的变量。每一次使用宏,该宏程序将分配一组局部变量(♯1~♯33),局部变量用于传输自变量,自变量未指定时被置为"空"。此组局部变量作用域和生存期为该宏程序内,宏程序中可对该组局部变量进行读/写操作,但该读/写操作不影响其他宏的局部变量值。

系统根据程序运行时所在宏来显示局部变量值。

(2)【分类2】 ♯100~♯199公共变量。在此界面可对该类变量进行设置;其属性为"读/写"。此类变量,断电后,初始化为空值。

(3)【分类3】 ♯500~♯999公共变量。在此界面可对该类变量进行设置;其属性为"读/写"。此类变量,断电后,仍保存变量值。

(4)【GMT】 系统变量♯6001~♯6048&♯6134。用于GMT宏调用的设置,这些系统变量可在此界面中进行设置,其属性为"读/写"。此类变量,断电后,仍保存变量值。

3.11.2 参数配置

选择【参数配置】并回车,屏幕显示如图3.53所示。

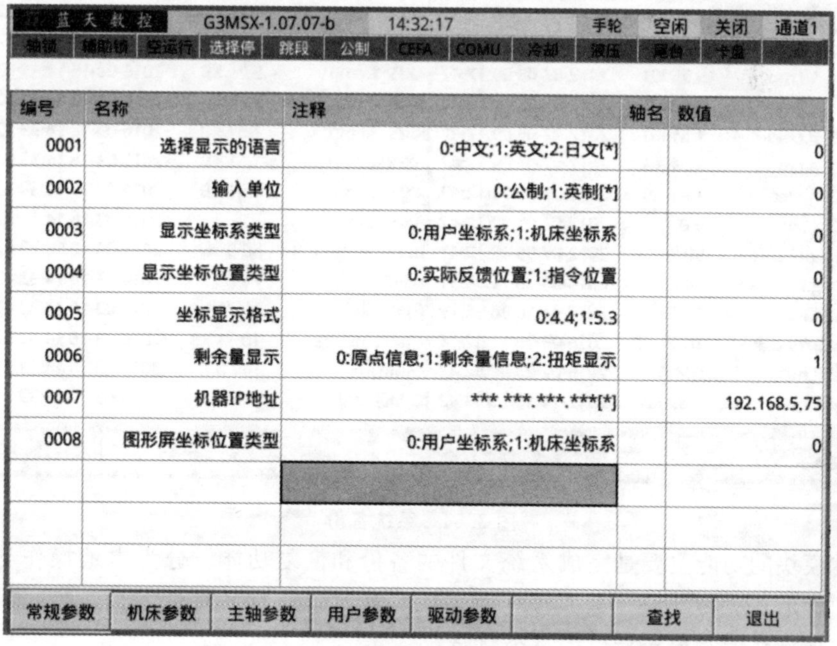

编号	名称	注释	轴名	数值
0001	选择显示的语言	0:中文;1:英文;2:日文[*]		0
0002	输入单位	0:公制;1:英制[*]		0
0003	显示坐系类型	0:用户坐标系;1:机床坐标系		0
0004	显示坐标位置类型	0:实际反馈位置;1:指令位置		0
0005	坐标显示格式	0:4.4;1:5.3		0
0006	剩余量显示	0:原点信息;1:剩余量信息;2:扭矩显示		1
0007	机器IP地址	***.***.***.***[*]		192.168.5.75
0008	图形屏坐标位置类型	0:用户坐标系;1:机床坐标系		0

图3.53 参数配置

用户可以配置常规参数、机床参数、主轴参数、用户参数等。对应各个输入框,屏幕上方都有相应的提示,提示用户输入合法的值。用户修改后,对于参数注释中不含有[＊]的参数立即生效,对于参数注释中含有[＊]的参数,所做的修改会在下次系统启动的时候生效。各项详细介绍见第 4 章。

(1) 配置常规参数和用户参数,只需要普通用户权限,而配置机床参数、主轴参数和驱动参数,则需要机床用户权限。切换用户功能详见本章 3.11.11 节。

(2) 由于本系统的显示精度为 0.0001,即小数点后 4 位,所以如果用户输入的数值小数点后超过 4 位,系统显示数据将根据四舍五入的原则在小数点后显示 4 位数。

3.11.3　备份与恢复

选择图 3.51 中的【备份与恢复】并回车,即可进行系统的备份与恢复的操作。屏幕显示如图 3.54 所示。

| 蓝天数控 | G3MSX-1.07.07-b | 14:33:19 | 手轮 | 空闲 | 关闭 | 通道1 |

提示信息

备份文件 alarm.ini 成功

本机空间		USB 空间	
总空间	1.83 GB	总空间	0 K
剩余空间	1.51 GB	剩余空间	0 K

配置文件目录 / 配置文件 备份目录

文件名	文件大小	修改时间	文件名	文件大小	修改时间
alarm.ini	40.01 KB	2013-06-09 06:22:37	alarm.ini	40.01 KB	2016-03-16 14:33:02
AXIS_0.cmp	5.25 KB	2012-07-05 09:12:47	AXIS_0.cmp	5.25 KB	2016-03-16 14:33:02
AXIS_1.cmp	5.25 KB	2012-07-05 09:12:47	AXIS_1.cmp	5.25 KB	2016-03-16 14:33:02
AXIS_2.cmp	5.25 KB	2012-07-05 09:12:47	AXIS_2.cmp	5.25 KB	2016-03-16 14:33:02
AXIS_3.cmp	1.51 KB	2012-07-05 09:12:47	AXIS_3.cmp	1.51 KB	2016-03-16 14:33:02
AXIS_4.cmp	1.51 KB	2012-07-05 09:12:47	AXIS_4.cmp	1.51 KB	2016-03-16 14:33:02
AXIS_5.cmp	1.51 KB	2012-07-05 09:12:47	AXIS_5.cmp	1.51 KB	2016-03-16 14:33:02
AXIS_C.cmp	0 B	2012-07-05 09:12:47	AXIS_C.cmp	0 B	2016-03-16 14:33:02
breakpoint.rc	50 B	2012-07-05 09:12:47	breakpoint.rc	50 B	2016-03-16 14:33:02
config.rc	74 B	2014-03-06 14:38:51	config.rc	74 B	2016-03-16 14:33:02
GJMill.ini	10.71 KB	2016-03-16 08:56:19	GJMill.ini	10.71 KB	2016-03-16 14:33:02
GJMill.ini.bak	10.71 KB	2016-03-15 11:37:14	GJMill.ini.bak	10.71 KB	2016-03-16 14:33:02
GJMill.mc	504 B	2016-02-23 00:52:47	GJMill.mc	504 B	2016-03-16 14:33:02
GJMill.nml	6.89 KB	2012-11-16 15:33:42	GJMill.nml	6.89 KB	2016-03-16 14:33:02

| 备份文件 | 恢复文件 | 备份目录 | 恢复目录 | | | 返回 |

图 3.54　系统备份

本模块的功能主要是完成系统文件的备份和恢复功能。分为本地操作与 USB 操作两种形式。

本地操作的对象包括以下三个目录:

ini(配置文件)、bin(系统文件)、logic(PLC 文件)。

具体功能包括：文件备份、文件恢复、备份目录和恢复目录。

正常情况下，ini(配置文件)、bin(系统文件)、logic(PLC 文件) 这三个目录，在正式目录(cnc 的工作目录)和备份目录(即 bak 目录)下各有一份。可使用"备份目录"或者"恢复目录"功能对这三个目录进行备份与恢复操作。

备份文件：

该文件就会从正式目录中备份到相应的备份目录。比如，当前目录为配置文件目录，高亮显示的文件为 logic.ini，那么该操作的结果是将 logic.ini 从配置文件目录备份到配置文件备份目录。

恢复文件：

是对列表中当前选择的文件进行恢复操作，把该文件从备份目录恢复到相应的正式目录。比如，当前目录为工件文件目录，高亮显示的文件为 logic.ini，那么该操作的结果是将 logic.ini 从备份目录恢复到配置文件目录。

备份目录：

是将当前正式目录的所有文件全部备份到相应的备份目录下。

恢复目录：

是对当前目录进行操作，将当前备份目录下的所有文件全部恢复到对应文件目录下。

从备份状态转换到恢复状态或反之，需要按【退出】键再重新选择进入所需状态。

USB 操作使用【USB 操作】按键启动，在启动时加载 U 盘，包括 USB 快速操作与自定义操作两个选项。

USB 快速选项实现将配置文件或 PLC 文件压缩备份到 U 盘，或者从 U 盘将压缩备份好的配置文件或 PLC 文件直接恢复到数控系统的功能。

自定义选项允许用户选择配置文件中特定的部分进行备份与恢复。以参数备份为例，当在自定义选项中选择参数时，将切换到"备份与恢复按键组"，使用【备份】与【恢复】按键可实现相应的操作，使用【卸载 USB】按键可卸载 U 盘，使用【返回】按键可回到上一级按键组。

3.11.4　M 代码设定

选择图 3.51 中的【M 代码设定】并回车，屏幕显示如图 3.55 所示。

用户必须对其所用的每一个 M 代码在这里用 M×× 记录加以定义。每个 M××记录建立一个 M 代码及其属性。

辅助功能用 M 代码编程，M 代码的范围为 M00～M999，其中一部分 M 代码已赋有专门的含义。在一个程序段中最多可以编入四个 M 代码。当在一个程序段中编有一个以上的 M 代码时，CNC 将根据其类型决定其执行顺序，前缀功能码在运动

	0	1	2	3	4	5	6	7	8	9
M0x	412	412	52	1D	1D	1D	0	21	21	21
M1x	0	0	0	0	0	0	0	0	0	0
M2x	0	0	0	0	0	0	0	0	0	0
M3x	52	0	0	0	0	0	0	0	0	0
M4x	0	0	0	0	0	0	0	0	25	25
M5x	0	0	0	0	0	0	0	0	0	0
M6x	0	0	0	0	0	0	0	0	0	0
M7x	0	0	0	0	0	0	0	0	0	0
M8x	0	0	0	0	0	0	0	0	0	0
M9x	0	0	0	0	0	0	0	0	D	D

图 3.55　M 代码设定

段之前执行,后缀功能码在运动之后执行。

系统可在"M 代码设定"中对 M00～M99 进行配置,而 M100～M999 为固定分组及分类,不可再进行配置,其中 M100～M499 为前缀 M 代码,M500～M999 为后缀 M 代码;M100～M999 全部分在第 5 组。

在 CNC 中,一部分 M 辅助功能已赋有专门的含义。定义格式如表 3.4 所示。

表 3.4　M 辅助功能

第一字节	7	6	5	4	3	2	1	0
含义	计数位	复位	分组信息				分类信息	
第二字节	15	14	13	12	11	10	9	8
含义	NU	NU	NU	NU	NU	暂停位	模态位	显示位

分类信息:

00——无此 M 代码

01——前缀 M 代码　　　该 M 代码在同程序段运动代码执行之前执行

10——后缀 M 代码　　　该 M 代码在同程序段运动代码执行之后执行

分组信息(16 组):

0000～1111 分别在 0～15 组。第 0～3 组的 M 代码用于 NC 内部处理,不发送到 PLC 处理。用于自定义宏程序调用的 M 代码必须分为第 1 组。

复位标志：

0　无复位操作

1　进行复位操作

计数标志：

1　M 代码执行零件计数

0　M 代码不执行零件计数

显示标志：

1　M 代码状态在人机界面处不显示

0　M 代码状态在人机界面处显示

模态标志：

1　M 代码是模态的

0　M 代码非模态的

暂停标志：

1　M 代码执行时进行程序暂停

0　M 代码执行时程序不暂停

固定 M 分组：

Group 1＝{M06}	宏程序调用
Group 3＝{M98,M99}	子程序控制
Group 4＝{M0,M1,M2,M30}	程序停
Group 5＝{M100－M999}	备用 M 代码
Group 7＝{M03,M04,M05}	主轴控制
Group 8＝{M07,M08,M09}	冷却控制
Group 9＝{M48,M49}	修调控制

以上 M 代码分组不能改变。

M 代码配置在系统复位(按下操作面板上的【复位】按钮) 之后生效。M 代码的详细配置见本书 2.3 节。

3.11.5　PLC

选择图 3.38 中的【PLC】并回车,屏幕显示如图 3.56 所示。

【PLC 启停】　启动或者停止 PLC 的运行。

【编辑】　编辑 PLC 梯图。

【文件】　通过 USB 设备传输 PLC 逻辑文件。

【参数】　PLC 参数设置。

【调试】　PLC 状态调试。

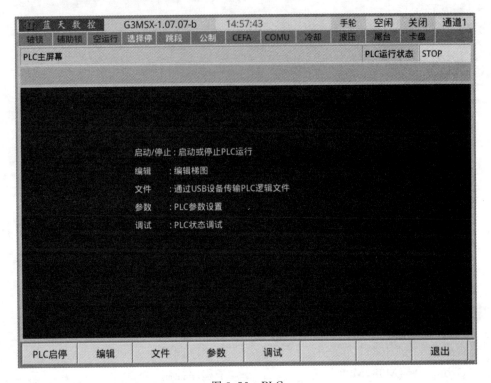

图 3.56 PLC

【调试中 D 变量】 编辑界面,变量范围 D700～D824,每个占四字节共 32 个,进入 PLC 主界面,选择【编辑】,再选择【D 变量】进入 D 变量编辑界面,【保存】修改后的 D 变量数值和注释信息。

由于 PLC 的配置关系到整个系统的正常运行,所以【编辑】、【文件】、【参数】功能的运用需要用户具有机床用户权限。

3.11.6 螺距误差补偿设定

选择图 3.51 中的【螺距设定】并回车,屏幕显示如图 3.57 所示。

设定螺距误差补偿数据,可以对各轴的螺距误差进行补偿。补偿值的单位为 μm。各轴按一定的距离间隔设定补偿点,对各点设定补偿量。补偿的原点为机床坐标系零点。

要根据连到 CNC 系统后的机床特性设定补偿数据。不同的机床补偿数据不一样。改变这些数据会降低机床精度。本系统可以实现双向补偿。

如图 3.54 所示,用标准键盘的向右方向键,可以在 X、Y、Z 轴之间切换来配置相应轴的螺距。用键盘的 Tab 键可以对选择轴的螺距进行设置。

| | | G3MSX-1.07.07-b | 15:00:08 | 手轮 | 空闲 | 关闭 | 通道1 |

蓝天数控

| 轴锁 | 辅助椭 | 空运行 | 选择停 | 跳段 | 公制 | CEFA | COMU | 冷却 | 液压 | 尾台 | 卡盘 | |

| X | Y | Z |

补偿点数 2

	期望值	正向误差(um)	负向误差(um)
1	0.0000	0.0000	0.0000
2	0.0000	0.0000	0.0000
3	0.0000	0.0000	0.0000
4	0.0000	0.0000	0.0000
5	0.0000	0.0000	0.0000
6	0.0000	0.0000	0.0000
7	0.0000	0.0000	0.0000
8	0.0000	0.0000	0.0000
9	0.0000	0.0000	0.0000
10	0.0000	0.0000	0.0000
11	0.0000	0.0000	0.0000
12	0.0000	0.0000	0.0000
13	0.0000	0.0000	0.0000

| | | | 清空补偿文件 | 辅助输入 | 保存 | 退出 |

图 3.57 各轴螺距配置

注意

（1）螺距误差补偿配置在数控系统重新启动之后生效。

（2）螺距误差补偿功能在回零之后生效。

（3）螺距误差补偿设定需要机床用户权限。切换用户功能详见本章 3.11.11 节。

（4）螺距误差补偿设定需要将 0202 号参数的第 5 位置设置为 1，即"带螺距误差补偿的轴"，此功能才可生效。

说明

1：期望值

期望值是指指令定位点的值，用户根据机床各轴的行程来设定指令定位点。期望值一列，应当按照递增的顺序来设定指令定位点，可以不等间距。

2：正负向误差

误差值＝（激光定位位置）－（指令定位点位置）

辅助输入：为了使用户不必烦琐地输入大量的期望值，本系统提供了等间距辅助输入的功能，按下【辅助输入】按钮，屏幕显示如图 3.58 所示。

图 3.58 等间距辅助输入

245

用户可以在弹出窗口中输入数值来完成等间距期望值的输入,输入后,按下【确定】按钮,系统将自动为用户输入所设定的期望值。

清空补偿文件:按下【清空补偿文件】按钮,系统将以弹出对话框的方式提示用户是否确定删除当前轴的补偿文件,用户选择确定,则清空当前轴的补偿文件。保存后生效。选择取消,则放弃操作。

3.11.7 随机刀具表

在图 3.51 中选择【随机刀具】并回车,屏幕显示如图 3.59 所示。

蓝 天 数 控	G3MSX-1.07.07-b	16:43:51	自动连续 空闲 开启 通道1

轴锁 　　　 空　　 选择停 跳段 公制 CEFA COMU 　　　 　　　 　　　 　　

当前刀具号 0

刀槽号	刀具号	刀槽号	刀具号	刀槽号	刀具号	刀槽号	刀具号
1	0	23	0	45	0		
2	0	24	0	46	0		
3	0	25	0	47	0		
4	0	26	0	48	0		
5	0	27	0	49	0		
6	0	28	0	50	0		
7	0	29	0	51	0		
8	0	30	0	52	0		
9	0	31	0	53	0		
10	0	32	0	54	0		
11	0	33	0	55	0		
12	0	34	0	56	0		
13	0	35	0	57	0		
14	0	36	0	58	0		
15	0	37	0	59	0		
16	0	38	0	60	0		
17	0	39	0	61	0		
18	0	40	0	62	0		
19	0	41	0	63	0		
20	0	42	0	64	0		
21	0	43	0				
22	0	44	0				

| | | | | | 保存 | 退出 |

图 3.59　随机刀具表

用户修改后,先保存再退出,随机刀具表生效。

3.11.8 软 IO 设定

选择图 3.51 中的【软 IO 设定[H]】并回车,屏幕显示如图 3.60 所示。

如图 3.60 所示,用户可以在此查看当前的软 IO 设定情况,可以用屏幕下方的上一组、下一组按钮来切换不同的软 IO 的组别,每组可以提供用户设置 7 个 IO 点;用户也可以在此区域对 IO 点进行重新设置;屏幕右方的部分为图片选择区,提供给用户直观的图片,方便用户进行软 IO 点的设置(两部分之间用 Tab 键切换,图片号码的输入使用 Enter 键)。

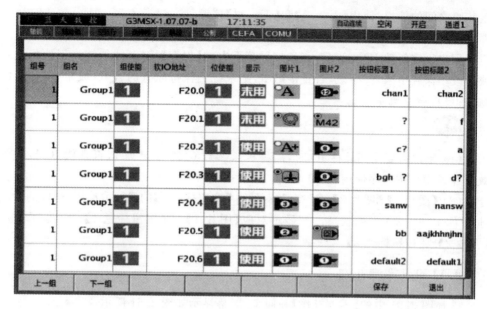

图 3.60 软 IO 设定

软 IO 点的具体设置方法：

以设定 F20.0 这个 IO 点为例。

［组号］　当前编辑第几组。

［组名］　当前编辑组的名称。

［组使能］　当前组是否有效；用【上一组】和【下一组】切换组。

［软 IO 地址］　提供给 PLC 编程人员用于编程的地址位。

［位使能］　若为 1，说明此 IO 点为可用；若为 0，则表示不可用。

［显示］　若为未用，说明此 IO 点不用图片表示；若为使用，则表示用图片表示。

［图片 1］　当选择用图片表示 IO 点时，即［用图片］为 1 的时候，图片 1 有效，用户可以为其选择图片，作为此 IO 点未触发时的图片，而触发后的图片，则在图片 2 当中设定。

［图片 2］　当选择用图片表示 IO 点时，即［用图片］为 1 的时候，图片 2 有效，用户可以为其选择图片，作为此 IO 点触发后的图片。

［按钮标题 1］　当不选择用图片表示 IO 点时，即［用图片］为 0 的时候，［按钮标题 1］有效，用户可以输入相应的功能名称，作为此 IO 点的名称；其中按钮标题 1 为此 IO 点未触发时的名称；IO 触发后的名称则在［按钮标题 2］中设定。

［按钮标题 2］　当不选择用图片表示 IO 点时，即［用图片］为 0 的时候，［按钮标题 2］有效，用户可以输入相应的功能名称，作为此 IO 点触发后的名称。

用以上的步骤，用户可以依次设定 F20.1、F20.2，一直到 F20.6，即完成了分组 1 的设定；本系统提供给用户 5 组 IO 点的设置空间，即用户可以设定 35 个 IO 点，组与组之间的切换,使用【上一组】和【下一组】按键。

设定结果的保存:

用户设定好软 IO 点以后,必须按屏幕下方的【保存】按钮,才能够真正地将设置或者改动保存下来,并生效,若直接退出,则系统仍保持原有的软 IO 设定;保存后的软件 IO 设置立刻生效。

 注意

(1) 用户需要使用软件 IO 时,需将机床参数 0122 设定为 1,否则软 IO 按钮无效。建议用户按顺序使用软 IO 组别。用满一组,再用下一组。

(2)【图片 1】【图片 2】或【按钮标题 1】【按钮标题 2】的显示取决于 PLC 的对应地址 G31.0~G34.7 的状态,"0"显示对应【图片 1】或【按钮标题 1】;"1"显示对应【图片 2】或【按钮标题 2】。

3.11.9 零漂补偿

选择图 3.51 中的【零漂补偿】并回车,屏幕显示如图 3.61 所示。

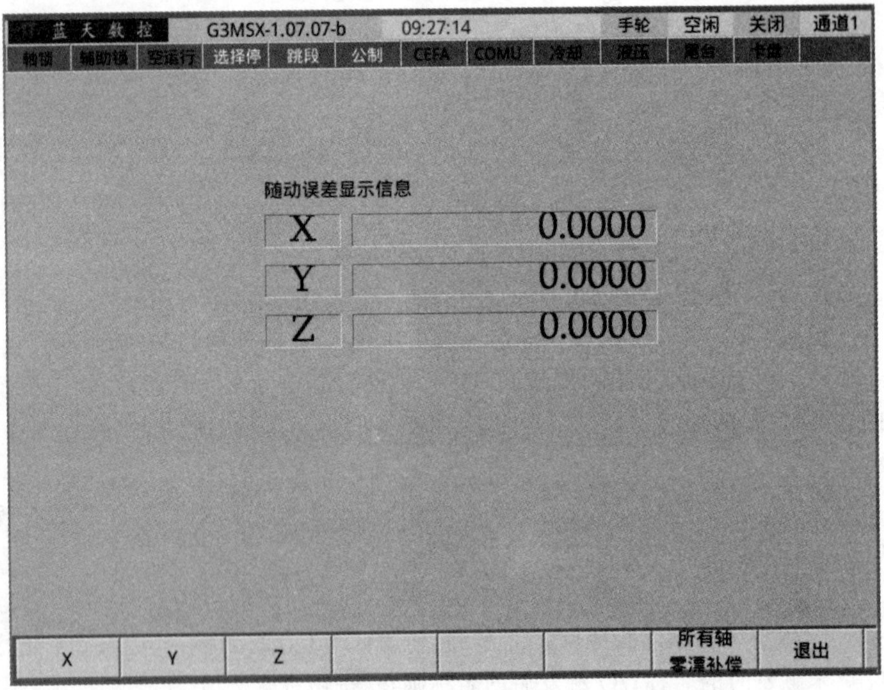

图 3.61 零漂补偿

如图 3.61 所示,屏幕上半部显示了当前各轴的随动误差,用户可以选择屏幕下方的按钮来针对不同的轴或者对所有轴进行零漂补偿。其结果将实时地显示在屏幕上方。

3.11.10 系统升级

本系统可方便地进行系统软件的升级工作：将存有升级软件程序的 U 盘插入，并选择图 3.51 中的【系统升级】并回车，屏幕显示系统升级窗口。用户可以在此界面通过上下键选择需要使用的升级文件，按下回车即可使用选中的升级文件对系统进行升级，如图 3.62 所示。

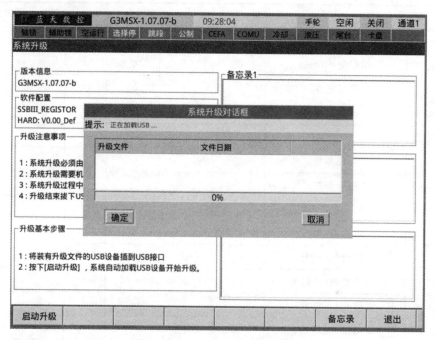

图 3.62　系统升级窗口

系统升级期间可能出现的提示与错误信息列表如表 3.5 所示。

表 3.5　信息表

序号	正确进度	错误提示
1	USB 加载成功	USB 加载失败，请确认后再次加载
2	发现升级文件	升级文件不存在，请确认后再次升级
3	正在升级…	升级不完整，请检查升级包或磁盘空间
4	升级成功，请取下 U 盘，重启系统	

系统成功升级后，请将系统下电重新上电，以使用新版本的系统。

备忘录功能：

在【系统升级】界面下，按下功能键【备忘录】即可进入备忘录编辑界面。

用户在此界面下最多可对 3 个编辑框进行编辑。

通过按下【Tab】键可以切换选择当前需要编辑的备忘录，当用户输入信息时文字到达边界处会自动换行，无须手动换行。

每个备忘录最多可支持输入 5 行文字,当用户输入完成后按【确定】键保存,此时信息将被自动保存到系统中。

3.11.11 切换用户

GJ301M/T 系统支持 6 个级别的用户权限,各用户权限对照表如表 3.6 所示。

表 3.6 各用户权限对照表

功　能	子　功　能	系统厂商	机床厂商	服务人员	用户 1	用户 2	用户 3
		32	16	8	0×11	0×03	0×01
位置	相对坐标设置	√	√	√	√	√	
自动	打开程序	√	√	√	√	√	
刀具偏置		√	√	√	√	√	
用户原点		√	√	√	√	√	
参数	常规参数	√	√	√	√	√	
	用户参数	√	√	√	√	√	
	机床参数(查看)	√	√	√	√		
	机床参数(修改)	√	√	√			
	主轴参数(查看)	√	√	√	√	√	
	主轴参数(修改)	√	√	√	√		
	驱动参数(查看)	√	√	√			
	驱动参数(修改)	√	√	√			
螺距补偿		√	√				
程序编辑	工件程序	√	√	√	√	√	
	系统文件	√					
文件操作	USB 设备拷贝	√	√	√	√	√	
	删除	√	√	√	√	√	
	重命名	√	√	√	√	√	
宏变量		√	√	√	√		
备份恢复	本地备份	√	√	√	√		
	USB 备份	√	√	√	√		
M 代码		√	√	√	√		
软 IO 配置		√	√				
软 IO 操作		√	√	√	√	√	

续表

功　能	子　功　能	系统厂商	机床厂商	服务人员	用户 1	用户 2	用户 3
诊断		√	√	√	√	√	√
统计		√	√	√	√	√	
PLC	启停	√	√	√	√		
	调试（状态、梯图、示波器）	√	√	√	√		
	编辑（标题、梯图、符号信息、删除）	√	√	√			
	文件	√	√	√			
	参数	√	√	√			
升级		√	√	√	√		

选择图 3.51 中的【切换用户】并回车弹出用户切换屏如图 3.63 所示,移动光标选定要选择的权限,选择【切换用户】或回车,即进入用户权限切换界面,屏幕显示如图 3.64 所示。

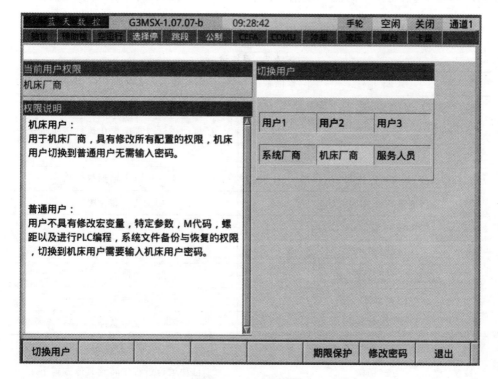

图 3.63　用户切换屏

切换到系统厂商的方法如下。

用户选中系统厂商,按下【切换用户】按钮,则在图 3.63 所示的界面右侧弹出窗口,如图 3.64 所示。

用户输入系统厂商的密码,并确定,则切换到系统厂商,具有系统厂商的权限。同理可切换到普通用户。用户也可以选择修改当前权限的密码。选择【修改密码】,在随后弹出的窗口中输入原密码、新密码,并再次确认新密码,即可修改当前权限的密码。

图 3.64　权限切换

每次系统重新启动后,默认用户为普通用户 3。

3.11.12　诊断

诊断功能可提供给用户更直观的系统信息,在图 3.51 中选择【诊断[L]】并回车或直接按下键盘上的"L"键,即进入系统诊断界面。

用户可以在诊断信息界面通过按下【系统诊断】、【数据诊断】、【PLC 诊断】、【PLC 自定义】来切换不同的诊断信息内容。系统当前的具体诊断信息和数据将会直接显示在屏幕界面。

【系统诊断】　见表 3.7,查看 CNC 当前的运动状态。

表 3.7　系统诊断

诊断号	诊 断 信 息	诊断数据	显示为 1 时的 CNC 状态
001	等待 Fin 信号	0	正在执行 M、S、T 代码传送
002	轴在运动	0	在自动运行过程中正在执行移动命令
003	程序暂停	0	执行 G4 进给暂停
004	主轴到位检测	0	正在执行主轴到位检测
005	切削进给修调为 0%	0	切削进给倍率 0%
006	JOG 修调为 0%	0	JOG 修调为 0%
007	轴锁	0	机床锁住
008	等待主轴速度一致	0	等待主轴速度一致信号
009	等待夹紧或松开	0	分度轴等待夹紧或松开
010	急停	0	发生急停
011	报警	0	系统有报警
012	方式切换	0	自动运行过程中转到其他方式下
013	进给保持	0	自动运行过程中执行进给保持

【数据诊断】 见表 3.8,查看 CNC 当前的数据信息。

表 3.8 数据诊断

诊断号	诊 断 信 息	诊断数据	数 据 含 义
101	主轴编码器计数值	0.0	主轴编码器计数值
102	手轮编码器计数值	0.0	手轮编码器计数值
103	第二手轮编码器计数值	0.0	第二手轮编码器计数值
104	X 轴编码器计数值	0.0	X 轴编码器计数值
105	Y 轴编码器计数值	0.0	Y 轴编码器计数值
106	Z 轴编码器计数值	0.0	Z 轴编码器计数值
107	回零时 X 轴 Mark 信号位置(百分比)	0.0	X 轴 Mark 信号位置与零点开关位置的距离与 X 轴螺距的比例
108	回零时 Y 轴 Mark 信号位置(百分比)	0.0	Y 轴 Mark 信号位置与零点开关位置的距离与 X 轴螺距的比例
109	回零时 Z 轴 Mark 信号位置(百分比)	0.0	Z 轴 Mark 信号位置与零点开关位置的距离与 X 轴螺距的比例
110	X 轴输出电压值	0.0	X 轴输出电压值
111	Y 轴输出电压值	0.0	Y 轴输出电压值
112	Z 轴输出电压值	0.0	Z 轴输出电压值
113	主轴输出电压	0.0	主轴输出电压

【PLC 诊断】 见表 3.9,PLC 中与运动状态相关的 F/G 状态信号诊断信息。

表 3.9 PLC 诊断

诊断号	诊 断 信 息	诊断数据	显示为 1 时的 CNC 状态
201	伺服就绪	00000000	各轴伺服准备好
202	轴使能	00000000	各轴伺服使能
203	轴正向运动	00000000	轴正在正向运动
204	轴负向运动	00000000	轴正在负向运动
205	分度轴锁紧	00000000	显示为 0 时表示 PLC 锁紧轴
206	回零信号	00000000	触发回零开关
207	正行程限位信号	00000000	触发正限位开关
208	负行程限位信号	00000000	触发负限位开关
209	主轴挡位信号	00000000	主轴速度挡位
210	伺服尾台压力信号	00000000	有压力信号

【PLC自定义】 添加或删除自定义的PLC地址的诊断信息。

【提示】 显示提示信息,不可输入。

【添加】 地址:需要添加的PLC地址。

格式:字母+整数位+小数点+小数位。

例如:X5.7。如果格式不正确,将会提示报警。

长度:PLC地址的长度类型。如果配置为"0:位",诊断数据显示为"地址"上的二进制数据;如果配置为"1:单字节"或"2:双字节"或"3:四字节",诊断数据显示为以"地址"数据的整数位为起始地址的十进制数据。

符号位:诊断数据是否有符号。

【删除】 删除当前选中的PLC自定义地址。

【返回】 返回到上级菜单。

【查找】 输入诊断信息编号,即可查找对应的诊断信息。

【退出】 退出到系统配置界面。

若配置如下所示。

地址:"R20.5"

长度:"0:位"

符号位:"0"

则诊断数据显示为地址 R20.5 上的具体数据(0 或 1)。

若配置如下所示。

地址:"R20.5"

长度:"2:双字节"

符号位:"0"

则诊断数据显示为地址 R20.0 到 R21.7 上的数据所表示的十进制数(小数位在"长度"类型配置为 1、2、3 的情况下无作用)。

3.11.13 统计

统计功能可以提供给用户一些常用的加工信息,例如:通电时间、累计通电时间、运行时间等信息。每项具体含义如表 3.10 所示。

表 3.10 统计信息

统 计 信 息	具 体 含 义
通电时间	系统自本次上电以来的通电时间
累计通电时间	系统自出厂以来的累计通电时间
运行时间	系统自本次上电以来在自动模式下的运行时间(包括自动连续和自动单段)
累计运行时间	系统自出厂以来在自动模式下的累计运行时间

统 计 信 息	具 体 含 义
切削时间	系统自本次上电以来切削指令的执行时间
累计切削时间	系统自出厂以来切削指令的累计执行时间
系统时间	系统当前显示的时间【可以修改】
加工零件数	系统自本次上电以来加工的零件个数【可以修改】
累计加工零件数	系统自出厂以来加工的零件个数【可以修改】
所需零件数	预置零件数。当加工零件数达到此项配置数值时,将会停止运行,并触发一位 PLC 信号
用户累计通电时间	用户自定义系统自出厂以来的通电时间【可以修改】
用户累计运行时间	用户自定义系统自出厂以来在自动模式下的累计运行时间【可以修改】
用户累计切削时间	用户自定义系统自出厂以来切削指令的累计执行时间【可以修改】
工作记录	用于对工件程序的加工完成情况进行记录,包括加工日期、开始时间、加工用时及加工次数,最多记录 20 个工件程序的执行和完成情况(加工记录项)

说明

在"自动"模式下,工件程序每次执行完成,都会更新工作记录。

如果工件程序在工作记录中已有加工记录,直接更新该工件程序对应的加工日期、开始时间、加工用时及加工次数,并将该加工记录放置于记录表单的最前端。

如果工件程序在工作记录中没有加工记录,新增一个加工记录项。

如果加工记录项已达到最大数(20 项),自动覆盖"加工日期"最早的记录项。

工作记录只统计主程序的加工情况,子程序的加工情况不做记录。

3.12 帮 助

直接按下屏幕右侧的竖排键【帮助】按钮,即可进入帮助功能,屏幕显示如图 3.65 所示。

帮助文档查看器分为左右两部分。左半部分为目录和查找,右半部分为具体帮助内容。用户可以通过按下【Tab】键来切换焦点。

当焦点在【目录】下,用户可以通过键盘上下键来选择需要展开或收起的目录,按下回车键即可实现目录的展开和收起。

当焦点在【查找】下,用户可以输入需要查找的内容来进行查找。按下回车键即可跳转到文档中第一次出现查找内容的位置,继续按回车键可以继续查找。

当焦点在右半部分,即帮助内容下,用户可以通过按下键盘的上下键,PAGE

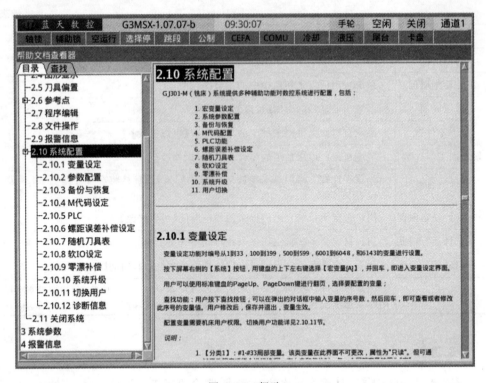

图 3.65　帮助

UP,PAGE DOWN 键来进行上下滚动或翻页。

3.13　关 闭 系 统

在确认系统可以下电以后,用户可以按下机床操作面板上的关闭电源的红色开关直接关闭系统。

(1) 建议下电之前,确认机床的机械运动已经停止。

(2) 如何切断机床电源,请按照机床厂商的说明书操作。

第4章 附录 >>>>>>

4.1 机床参数

4.1.1 铣床参数概述

说明

(1) 有"＊"标记的参数在修改后需要重新启动系统才有效。无"＊"标记的参数在修改后立即有效。

(2) 数据类型"轴型"意即多轴使用同一个号码,各轴有各自的数据,互不干涉。

(3) 对应系统,"A"代表模拟量系统,"S3"代表 SSB3 总线系统,"M2"代表 Mechatrolink2 总线系统,"M3"代表 Mechatrolink3 总线系统。无标记为所有系统通用。

参数号	重启	参 数 名 称	参数类别	出　厂　值	对应系统
0001	＊	选择显示的语言	通用参数	0	
0002	＊	输入单位	通用参数	0	
0003		显示坐标系类型	通用参数	0	
0004		显示坐标位置类型	通用参数	1	
0005		坐标显示格式	通用参数	1	
0006		剩余量显示	通用参数	1	
0007	＊	机器 IP 地址	通用参数	192.168.2.49	
0100	＊	CNC 控制轴数	机床参数	3	
0101	＊	CNC 控制轴名称	机床参数	X、Y、Z	
0102	＊	CNC 伺服周期	机床参数	2	
0103	＊	CNC 插补周期	机床参数	2	
0104		切削进给加减速方式	机床参数	0	
0105		快移加减速方式	机床参数	0	

参数号	重启	参 数 名 称	参数类别	出 厂 值	对应系统
0106		JOG 进给加减速方式	机床参数	0	
0107		最大形状误差	机床参数	0.0500	
0108		行程区域 2 检测类型	机床参数	1	
0109		手动回零模式	机床参数	1	
0110		手动回零同动	机床参数	1	
0111		是否允许未回零轴移动	机床参数	1	
0112		G00 定位方式	机床参数	1	
0113		手轮移动轴的停止方式	机床参数	0	
0115		探头 I/O 序号	机床参数	0	
0116		探头极性	机床参数	0	
0117	*	PLC 模拟量输出 1	机床参数	0	
0118	*	PLC 模拟量输出 2	机床参数	0	
0119	*	PLC 模拟量输出 3	机床参数	0	
0120	*	PLC 模拟量输出 4	机床参数	0	
0121		360 度轴运动方向	机床参数	0	
0122	*	软件 I/O 使能	机床参数	0	
0123		快移 F0 速度	机床参数	200	
0124		远程 I/O 数量	机床参数	0	A, M3, M2
0125		加减速滤波时间	机床参数		
0126		最小跟随误差	机床参数		
0127		宏程序显示开关	机床参数		
0128	*	SSB3 I/O 盒数量	机床参数	0	S3
0129	*	SSB3 I/O 盒总线地址	机床参数	1	S3
0130	*	SSB3 I/O 盒类型	机床参数	0,0,0,0,0,0	S3
0131		验证时 while 处理模式	机床参数	0	
0132		手动回零方式	机床参数	0	
0133		预读程序段数	机床参数	600	
0134	*	内部电源异常检测有效	机床参数	0	选配
0135		上电时程序打开模式	机床参数	0	

参数号	重启	参 数 名 称	参数类别	出 厂 值	对应系统
0136	*	上电时零件数初始模式	机床参数	1	
0200	*	模拟轴通道号	机床参数	0	S3,M3,M2
0200	*	编码器反馈通道号	机床参数	1、2	A
0201		轴驱动器地址	机床参数	03,0,103,0,0,0	S3,M3,M2
0201	*	DA 输出通道号	机床参数	1、2	A
0202	*	轴类型	机床参数	49、33	
0203		软限的负方向坐标值	机床参数	−9999.999	
0204		软限的正方向坐标值	机床参数	+9999.999	
0205		位置环比例增益	机床参数	33.3333	A,S3
0206		位置环积分增益	机床参数	0	A,S3
0207		位置环微分增益	机床参数	0	A,S3
0208		位置环 0 阶前馈系数	机床参数	0	A,S3
0209		位置环 1 阶前馈系数	机床参数	0	A,S3
0210		位置环 2 阶前馈系数	机床参数	0	A,S3
0211	*	反向间隙补偿量	机床参数	0	
0212		位置环积分饱和常数	机床参数	10.0000	A,S3
0213		PID 允许误差宽度	机床参数	0	
0214	*	脉冲编码器反馈类型	机床参数	1	
0215	*	编码器每转脉冲数	机床参数	10000	M3,M2
0215	*	脉冲编码器每转脉冲数	机床参数	10000	A,S3
0216		位置反馈传感器类型	机床参数	1	S3,M3,M2
0217		距离码 MARK1 间距	机床参数	50	
0218		距离码 MARK2 间距	机床参数	50	
0219		编码器报警	机床参数	1	
0220	*	机械螺距	机床参数	10	
0222		最大速度	机床参数	20000.000	
0223		最大速度 DA 参考电压	机床参数	8.5	A,S3
0224	*	DA 输出极性	机床参数	0	A,S3
0225		零点漂移补偿	机床参数	0	A,S3

参数号	重启	参 数 名 称	参数类别	出 厂 值	对应系统
0226		最大跟踪误差	机床参数	15.000	
0227		回零方向	机床参数	0	
0228		回零搜索速度	机床参数	300	
0229		回零移动速度	机床参数	2000	
0230		回零偏移值	机床参数	0	
0231		快移速度	机床参数	20000.000	
0232		手动移动速度	机床参数	2000.000	
0233		手动快移速度	机床参数	5000.000	
0234		切削进给的加减速时间	机床参数	50.000	
0235		快速移动的加减速时间	机床参数	150.000	
0236		JOG 移动的加减速时间	机床参数	150.000	
0237		行程检测区域 2 检查位	机床参数	1	
0238		软件行程检测 2 负向值	机床参数	-9999.999	
0239		软件行程检测 2 正向值	机床参数	$+9999.999$	
0242	*	参考点位置值	机床参数	0	
0243		第二参考点位置值	机床参数	0	
0247	*	机械传动比分子	机床参数	1	
0248	*	机械传动比分母	机床参数	1	
0249		到位允许误差宽度	机床参数	0	
0250		行程区域 3 检测类型	机床参数	1	
0251		行程检测区域 3 检查位	机床参数	0	
0252		软件行程检测 3 负向值	机床参数	-9999	
0253		软件行程检测 3 正向值	机床参数	9999	
0254		极坐标插补直线轴号	机床参数	0	
0256		极坐标插补旋转轴号	机床参数	0	
0257		极坐标插补原点偏置	机床参数	0	
0260		极坐标插补旋转轴方向	机床参数	0	
0266		圆柱插补辅助轴号	机床参数	2	
0268		圆柱插补旋转方向	机床参数	0	

续表

参数号	重启	参 数 名 称	参数类别	出 厂 值	对应系统
0269		基本坐标系中轴属性	机床参数	1	
0270		每秒钟的手轮脉冲数	机床参数	1000	
0271		螺旋高度允差	机床参数	0.05	
0300	*	同步轴使能	机床参数	0	选配
0301	*	同步轴名称	机床参数	X	选配
0302	*	同步轴模拟通道号	机床参数	0	选配,S3
0302		同步轴编码器通道	机床参数		选配,A
0303	*	同步轴驱动器地址	机床参数	0	选配,S3
0303		同步轴 DA 通道	机床参数		选配,A
0304		同步轴增益	机床参数	33.3333	选配
0305		同步轴积分常数	机床参数	0	选配
0306		同步轴微分常数	机床参数	0	选配
0307		同步轴位置前馈常数	机床参数	0	选配
0308		同步轴速度前馈常数	机床参数	0	选配
0309		同步轴加速度前馈常数	机床参数	0	选配
0310	*	同步轴反向间隙	机床参数	0	选配
0311		同步轴积分饱和常量	机床参数	10	选配
0312		同步轴到位宽度	机床参数	0	选配
0313	*	同步轴编码器极性	机床参数	0	选配
0314	*	同步轴编码器线数	机床参数	10000	选配
0315		同步轴编码器报警	机床参数	0	选配
0316	*	同步轴机械螺距	机床参数	10	选配
0317	*	同步轴机械传动比	机床参数	1	选配
0318		同步轴最大速度	机床参数	10000	选配
0319		同步轴参考电压	机床参数	6	选配
0320	*	同步轴输出极性	机床参数	0	选配
0321		同步轴输出偏移	机床参数	0	选配
0322		同步轴随动误差	机床参数	1	选配
0323		同步轴回零方式	机床参数	0	选配
0324		同步轴回零距离	机床参数	0	选配
0340	*	伺服刀库轴使能	机床参数	0	选配

参数号	重启	参数名称	参数类别	出 厂 值	对应系统
0341	*	伺服刀库轴驱动器地址	机床参数	0	选配,S3
0342	*	伺服刀库轴模拟通道号	机床参数	0	选配,S3
0342	*	伺服刀库轴编码器通道	机床参数	0	选配,A
0343	*	伺服刀库轴 DA 通道	机床参数	0	选配,A
0344	*	伺服刀库轴增益	机床参数	33.3333	选配
0345	*	伺服刀库轴编码器极性	机床参数	0	选配
0346		伺服刀库轴转脉冲数	机床参数	10000	选配
0347		伺服刀库的刀站数	机床参数	100	选配
0348		伺服刀库的编码器报警	机床参数	0	选配
0349		伺服刀库轴最大速度	机床参数	10000	选配
0350		伺服刀库轴参考电压	机床参数	6	选配
0351		伺服刀库轴输出极性	机床参数	0	选配
0352		伺服刀库轴换刀速度	机床参数	1000	选配
0353		伺服刀库轴的零点偏移	机床参数	0	选配
0354		伺服刀库轴回零方式	机床参数	0	选配
0355		伺服刀库轴回零方向	机床参数	0	选配
0356		伺服刀库轴回零速度	机床参数	1000	选配
0357		刀库轴回零搜索速度	机床参数	200	选配
0358		伺服刀库轴加速度	机床参数	1000	选配
0359		刀库轴最大随动误差	机床参数	10	选配
0360		刀库轴最小随动误差	机床参数	10	选配
0362		伺服轴攻螺纹增益选择	机床参数	5	M3
0370		切削增益选择	机床参数	0	M3
0371		快移及 JOG 增益选择	机床参数	5	M3
0380		切割点到 R 点倍率(ROV)	机床参数	0	
0381	*	切割轴	机床参数	Z	
0382		切割参考点(R 点)	机床参数	0	
0383		切割上死点	机床参数	0	
0384		切割下死点	机床参数	0	
0385		切割速度	机床参数	0	
0389		最大转弯加速度	机床参数	1000.0000	

参数号	重启	参 数 名 称	参数类别	出 厂 值	对应系统
0390		短线段限速有效	机床参数	0	
0391		短线段限速长度	机床参数	0.5000	
0392		是否配有刀库	机床参数	0	
0400	*	主轴编码器反馈通道号	主轴参数	2	
0401	*	主轴 DA 通道	主轴参数	2	
0402	*	主轴类型	主轴参数	0	
0403		主轴编码器一转脉冲数	主轴参数	4096	
0404	*	主轴编码器反馈类型	主轴参数	1	
0405		主轴 1 挡的最高转速	主轴参数	1000	
0406		主轴 2 挡的最高转速	主轴参数	1500	
0407		主轴 3 挡的最高转速	主轴参数	2000	
0408		主轴 4 挡的最高转速	主轴参数	3000	
0409		主轴 1 挡的位置环增益	主轴参数	50	
0410		主轴 2 挡的位置环增益	主轴参数	40	
0411		主轴 3 挡的位置环增益	主轴参数	35	
0412		主轴 4 挡的位置环增益	主轴参数	30	
0413		主轴输出偏移	主轴参数	0	
0414		齿轮切换方式	主轴参数	1	
0415		齿轮变挡方式	主轴参数	0	
0416		主轴输出极性	主轴参数	0	
0417		M03 主轴输出电压极性	主轴参数	0	
0418		M04 主轴输出电压极性	主轴参数	1	
0419		主轴与主电动机的降速比	主轴参数	1.0000	
0420		1～2 挡切换点主轴转速	主轴参数	1000	
0421		2～3 挡切换点主轴转速	主轴参数	1500	
0422		3～4 挡切换点主轴转速	主轴参数	2000	
0423		定向/定位主轴转速	主轴参数	100	
0424		主轴定向类型	主轴参数	1	
0425		主轴定位 M 代码	主轴参数	19	
0426		取消主轴定位 M 代码	主轴参数	20	
0427		主轴反馈滤波个数	主轴参数	20	

参数号	重启	参 数 名 称	参数类别	出 厂 值	对应系统
0428		最高箝位电压	主轴参数	10.000	
0429		主轴默认的转速	主轴参数	400	
0430		主轴加速度	主轴参数	5.000	
0431		主轴恒线速最低转速	主轴参数	0	
0432		主轴定向偏移	主轴参数	0	
0433		1挡额定电压	主轴参数	10.000	
0434		2挡额定电压	主轴参数	10.000	
0435		3挡额定电压	主轴参数	10.000	
0436		4挡额定电压	主轴参数	10.000	
0437		定位时用的轴名称	主轴参数	67	
0438	*	电动机编码器一转脉冲数	主轴参数	4096	S3,M3,M2
0439	*	主轴电动机的编码器极性	主轴参数	1	S3,M3,M2
0441		主轴电动机加速度	主轴参数		M3,M2
0443		主轴到位宽度	主轴参数	0.360	
0444	*	主轴驱动器地址	主轴参数	0000	S3,M3,M2
0445		主轴转速允差百分比	主轴参数	15	
0447		主轴电动机1挡的最高转速	主轴参数	5000	S3,M3,M2
0448		主轴电动机2挡的最高转速	主轴参数	5000	S3,M3,M2
0449		主轴电动机3挡的最高转速	主轴参数	5000	S3,M3,M2
0450		主轴电动机4挡的最高转速	主轴参数	5000	S3,M3,M2
0451		主轴切换CS轴M代码	主轴参数	66	
0452		主轴切换CS轴停止时间	主轴参数	2000	
0453		主轴脉冲当量	主轴参数		
0462		主轴速度反馈类型	主轴参数	0	
0463		主轴增益选择	主轴参数	8	M3
0464		定向定位增益选择	主轴参数	9	M3
0465		攻螺纹增益选择	主轴参数	10	M3
0466		攻螺纹速度前馈补偿	主轴参数	0	M3
0467		刚性攻螺纹补偿因子	主轴参数	100	S3,M3,SSB3
0468		主轴缺省速度模式	主轴参数	1	
0469		第一主轴回零方式	主轴参数	0	

续表

参数号	重启	参 数 名 称	参数类别	出　厂　值	对应系统
0470	*	第二主轴编码器通道号	主轴参数	2	
0471	*	第二主轴 DA 通道	主轴参数	2	
0472	*	第二主轴编码器脉冲数	主轴参数	4096	
0473	*	第二主轴编码器反馈类型	主轴参数	1	
0474		第二主轴最大速度	主轴参数	1000	
0475		第二主轴的位置环增益	主轴参数	50.0000	
0476		第二主轴输出偏移	主轴参数	0.0000	
0477		第二主轴输出极性	主轴参数	0	
0478		第二主轴 M3 输出极性	主轴参数	0	
0479		第二主轴 M4 输出极性	主轴参数	1	
0480		第二主轴默认转速	主轴参数	400.0000	
0481		第二主轴参考电压	主轴参数	10.0000	
0482		第二主轴电动机一转脉冲数	主轴参数	4096	S3,M3,M2
0483		第二主轴电动机编码器极性	主轴参数	1	S3,M3,M2
0484		第二主轴电动机的最高转速	主轴参数	5000	S3,M3,M2
0485		第二主轴驱动器地址	主轴参数		M3,M2
0486	*	第二主轴 SSB3 主轴地址	主轴参数	0000	S3
0487		第二主轴回零方式	主轴参数	0	
0488	*	第二主轴显示方式	主轴参数	0	
0489		第二主轴定向定位转速	主轴参数	100	
0490		第二主轴加速度	主轴参数	5.0000	
0491		第二主轴到位宽度	主轴参数	0.3600	
0492		第二主轴转速允差百分比	主轴参数	15	
0493		第二主轴速度反馈类型	主轴参数	0	
0500		1 号主轴到位位置下限	主轴参数	0.0000	
0501		1 号主轴到位位置上限	主轴参数	0.0000	
0502		2 号主轴到位位置下限	主轴参数	0.0000	
0503		2 号主轴到位位置上限	主轴参数	0.0000	
0504		3 号主轴到位位置下限	主轴参数	0.0000	
0505		3 号主轴到位位置上限	主轴参数	0.0000	
0506		4 号主轴到位位置下限	主轴参数	0.0000	

参数号	重启	参 数 名 称	参数类别	出 厂 值	对应系统
0507		4 号主轴到位位置上限	主轴参数	0.0000	
0508		5 号主轴到位位置下限	主轴参数	0.0000	
0509		5 号主轴到位位置上限	主轴参数	0.0000	
0510		6 号主轴到位位置下限	主轴参数	0.0000	
0511		6 号主轴到位位置上限	主轴参数	0.0000	
0512		7 号主轴到位位置下限	主轴参数	0.0000	
0513		7 号主轴到位位置上限	主轴参数	0.0000	
0514		8 号主轴到位位置下限	主轴参数	0.0000	
0515		8 号主轴到位位置上限	主轴参数	0.0000	
0516		9 号主轴到位位置下限	主轴参数	0.0000	
0517		9 号主轴到位位置上限	主轴参数	0.0000	
0518		10 号主轴到位位置下限	主轴参数	0.0000	
0519		10 号主轴到位位置上限	主轴参数	0.0000	
0520		11 号主轴到位位置下限	主轴参数	0.0000	
0521		11 号主轴到位位置上限	主轴参数	0.0000	
0522		12 号主轴到位位置下限	主轴参数	0.0000	
0523		12 号主轴到位位置上限	主轴参数	0.0000	
0524		13 号主轴到位位置下限	主轴参数	0.0000	
0525		13 号主轴到位位置上限	主轴参数	0.0000	
0526		14 号主轴到位位置下限	主轴参数	0.0000	
0527		14 号主轴到位位置上限	主轴参数	0.0000	
0528		15 号主轴到位位置下限	主轴参数	0.0000	
0529		15 号主轴到位位置上限	主轴参数	0.0000	
0530		16 号主轴到位位置下限	主轴参数	0.0000	
0531		16 号主轴到位位置上限	主轴参数	0.0000	
0600		切削进给速度缺省值	用户参数	3000.000	
0601		空运行速度	用户参数	4000.000	
0602		手动一个增量的移动值	用户参数	0.0010	
0603	*	M01 选择停止使能	用户参数	1	
0604	*	选择程序段跳过使能	用户参数	1	
0605	*	轴锁住使能	用户参数	0	

参数号	重启	参 数 名 称	参数类别	出　厂　值	对应系统
0607		复位重新加载 G92 偏移	用户参数	1	
0608		复位后取消局部坐标系	用户参数	1	
0609		工件坐标系复位	用户参数	0	
0610		上电及复位 G00/G01	用户参数	0	
0611		复位进给率模式	用户参数	0	
0612		上电及复位 G90/G91	用户参数	0	
0613		复位平面选择	用户参数	0	
0614		行程保护 2 状态	用户参数	0	
0615		圆弧半径的允差	用户参数	0.0005	
0616		G83d 参数	用户参数	1	
0617	*	自动润滑功能使能	用户参数	0	
0618	*	润滑模式	用户参数	1	
0619	*	润滑时间	用户参数	0	
0620	*	润滑间隔时间	用户参数	0	
0621		润滑行程	用户参数	10000.000	
0628~0693		PLC 通用屏蔽位 1~64	用户参数	0	
0652		程序重启动模式	用户参数	1	
0653		重启动加工位置	用户参数	0	
0694		行程保护 3 状态	用户参数	0	
0696		重启动优化使能	用户参数	0	
0697		上电或复位运动模式	用户参数	1	
0698		程序预读开关状态	用户参数	0	
0710		五轴机床类型	用户参数		
0711		第一旋转轴的轴名称	用户参数		
0712		第二旋转轴的轴名称	用户参数		
0713		第一旋转轴的旋转方向	用户参数		
0714		第二旋转轴的旋转方向	用户参数		
0715		第一旋转轴的控制轴号	用户参数		
0716		第二旋转轴的控制轴号	用户参数		

参数号	重启	参数名称	参数类别	出　厂　值	对应系统
0717		第一旋转轴轴向矢量	用户参数		
0720		第二旋转轴轴向矢量	用户参数		
0723		基本刀具长度	用户参数		
0724		刀架偏置值	用户参数		
0725		初始刀具方向	用户参数		
0728		工作台旋转中心位置	用户参数		
0731		工作台偏置矢量	用户参数		
0734		刀具端偏置矢量 1	用户参数		
0737		刀具端偏置矢量 2	用户参数		
0740		旋转轴指令判断规则	用户参数		
0741		第一旋转轴运动上限	用户参数		
0742		第一旋转轴运动下限	用户参数		
0743		第二旋转轴运动上限	用户参数		
0744		第二旋转轴运动下限	用户参数		
0745		第一旋转轴假想轴设置	用户参数		
0746		第一旋转轴假想轴角度	用户参数		
0747		第二旋转轴假想轴设置	用户参数		
0748		第二旋转轴假想轴角度	用户参数		
0760～0791		手动移动速度 1～32	用户参数		
0793		PRG 文件打开模式	用户参数		
0794		M06 宏程序恢复模式	用户参数		
0795	*	相对坐标刀长补偿模式	用户参数		
0796		攻螺纹返回的倍率选择	用户参数		
0797		攻螺纹返回的倍率值	用户参数		
0798		攻螺纹的返回量	用户参数		

4.1.2 车床参数概述

说明

（1）有"*"标记的参数在修改后需要重新启动系统才有效。无"*"标记的参数在修改后立即有效。

（2）数据类型"轴型"意即多轴使用同一个号码，各轴有各自的数据，互不干涉。

（3）对应系统，"A"代表模拟量系统，"S3"代表 SSB3 总线系统，"M2"代表 Mechatrolink2 总线系统，"M3"代表 Mechatrolink3 总线系统。无标记为所有系统通用。

参数号	重启	参 数 名 称	参数类别	出 厂 值	对应系统
0001	*	选择显示的语言	通用参数	0	
0002	*	输入单位	通用参数	0	
0003		显示坐标系类型	通用参数	0	
0004		显示坐标位置类型	通用参数	1	
0005		坐标显示格式	通用参数	1	
0006		剩余量显示	通用参数	1	
0007	*	机器 IP 地址	通用参数	192.168.2.49	
0100	*	CNC 控制轴数	机床参数	2	
0101	*	CNC 控制轴名称	机床参数	X、Z	
0102	*	CNC 伺服周期	机床参数	2	
0103	*	CNC 插补周期	机床参数	2	
0104		切削进给加减速方式	机床参数	0	
0105		快移加减速方式	机床参数	0	
0106		JOG 进给加减速方式	机床参数	0	
0107		最大形状误差	机床参数	0.0500	
0108		行程区域 2 检测类型	机床参数	1	
0109		手动回零模式	机床参数	1	
0110		手动回零同动	机床参数	1	
0111		是否允许未回零轴移动	机床参数	1	
0112		G00 定位方式	机床参数	1	
0113		手轮移动轴的停止方式	机床参数	0	
0115		探头 I/O 序号	机床参数	0	

续表

参数号	重启	参数名称	参数类别	出　厂　值	对应系统
0116		探头极性	机床参数	0	
0117	*	PLC模拟量输出1	机床参数	0	
0118	*	PLC模拟量输出2	机床参数	0	
0119	*	PLC模拟量输出3	机床参数	0	
0120	*	PLC模拟量输出4	机床参数	0	
0121		360度轴运动方向	机床参数	0	
0122	*	软件I/O使能	机床参数	0	
0123		快移F0速度	机床参数	200	
0124		远程I/O数量	机床参数	0	A,M3,M2
0125		加减速滤波时间	机床参数		
0126		最小跟随误差	机床参数		
0127		宏程序显示开关	机床参数		
0128	*	SSB3 I/O盒数量	机床参数	0	S3
0129	*	SSB3 I/O盒总线地址	机床参数	1	S3
0130	*	SSB3 I/O盒类型	机床参数	0,0,0,0,0,0	S3
0131		验证时while处理模式	机床参数	0	
0132		手动回零方式	机床参数	0	
0133		预读程序段数	机床参数	600	
0134	*	内部电源异常检测有效	机床参数	0	选配
0135		上电时程序打开模式	机床参数	0	
0136	*	上电时零件数初始模式	机床参数	1	
0200	*	模拟轴通道号	机床参数	0	S3,M3,M2
0200	*	编码器反馈通道号	机床参数	1、2	A
0201		轴驱动器地址	机床参数	03,0,103,0,0,0	S3,M3,M2
0201	*	DA输出通道号	机床参数	1、2	A
0202	*	轴类型	机床参数	49、33	
0203		软限的负方向坐标值	机床参数	−9999.999	
0204		软限的正方向坐标值	机床参数	+9999.999	
0205		位置环比例增益	机床参数	33.3333	A,S3
0206		位置环积分增益	机床参数	0	A,S3
0207		位置环微分增益	机床参数	0	A,S3
0208		位置环0阶前馈系数	机床参数	0	A,S3
0209		位置环1阶前馈系数	机床参数	0	A,S3

参数号	重启	参 数 名 称	参数类别	出 厂 值	对应系统
0210		位置环2阶前馈系数	机床参数	0	A,S3
0211	*	反向间隙补偿量	机床参数	0	
0212		位置环积分饱和常数	机床参数	10.0000	A,S3
0213		PID允许误差宽度	机床参数	0	
0214	*	脉冲编码器反馈类型	机床参数	1	
0215	*	编码器每转脉冲数	机床参数	10000	M3,M2
0215	*	脉冲编码器每转脉冲数	机床参数	10000	A,S3
0216		位置反馈传感器类型	机床参数	1	S3,M3,M2
0217		距离码MARK1间距	机床参数	50	
0218		距离码MARK2间距	机床参数	50	
0219		编码器报警	机床参数	1	
0220	*	机械螺距	机床参数	10	
0222		最大速度	机床参数	20000.000	
0223		最大速度DA参考电压	机床参数	8.5	A,S3
0224	*	DA输出极性	机床参数	0	A,S3
0225		零点漂移补偿	机床参数	0	A,S3
0226		最大跟踪误差	机床参数	15.000	
0227		回零方向	机床参数	0	
0228		回零搜索速度	机床参数	300	
0229		回零移动速度	机床参数	2000	
0230		回零偏移值	机床参数	0	
0231		快移速度	机床参数	20000.000	
0232		手动移动速度	机床参数	2000.000	
0233		手动快移速度	机床参数	5000.000	
0234		切削进给的加减速时间	机床参数	50.000	
0235		快速移动的加减速时间	机床参数	150.000	
0236		JOG移动的加减速时间	机床参数	150.000	
0237		行程检测区域2检查位	机床参数	1	
0238		软件行程检测2负向值	机床参数	−9999.999	
0239		软件行程检测2正向值	机床参数	＋9999.999	

参数号	重启	参数名称	参数类别	出厂值	对应系统
0242	*	参考点位置值	机床参数	0	
0243		第二参考点位置值	机床参数	0	
0247	*	机械传动比分子	机床参数	1	
0248	*	机械传动比分母	机床参数	1	
0249		到位允许误差宽度	机床参数	0	
0250		行程区域3检测类型	机床参数	1	
0251		行程检测区域3检查位	机床参数	0	
0252		软件行程检测3负向值	机床参数	−9999	
0253		软件行程检测3正向值	机床参数	9999	
0254		极坐标插补直线轴号	机床参数	0	
0256		极坐标插补旋转轴号	机床参数	0	
0257		极坐标插补原点偏置	机床参数	0	
0260		极坐标插补旋转轴方向	机床参数	0	
0266		圆柱插补辅助轴号	机床参数	2	
0268		圆柱插补旋转方向	机床参数	0	
0269		基本坐标系中轴属性	机床参数	1	
0270		每秒钟的手轮脉冲数	机床参数	1000	
0271		螺旋高度允差	机床参数	0.05	
0300	*	同步轴使能	机床参数	0	选配
0301	*	同步轴名称	机床参数	X	选配
0302	*	同步轴模拟通道号	机床参数	0	选配,S3
0302		同步轴编码器通道	机床参数		选配,A
0303	*	同步轴驱动器地址	机床参数	0	选配,S3
0303		同步轴DA通道	机床参数		选配,A
0304		同步轴增益	机床参数	33.3333	选配
0305		同步轴积分常数	机床参数	0	选配
0306		同步轴微分常数	机床参数	0	选配
0307		同步轴位置前馈常数	机床参数	0	选配
0308		同步轴速度前馈常数	机床参数	0	选配
0309		同步轴加速度前馈常数	机床参数	0	选配
0310	*	同步轴反向间隙	机床参数	0	选配

续表

参数号	重启	参 数 名 称	参数类别	出 厂 值	对应系统
0311		同步轴积分饱和常量	机床参数	10	选配
0312		同步轴到位宽度	机床参数	0	选配
0313	*	同步轴编码器极性	机床参数	0	选配
0314	*	同步轴编码器线数	机床参数	10000	选配
0315		同步轴编码器报警	机床参数	0	选配
0316	*	同步轴机械螺距	机床参数	10	选配
0317	*	同步轴机械传动比	机床参数	1	选配
0318		同步轴最大速度	机床参数	10000	选配
0319		同步轴参考电压	机床参数	6	选配
0320	*	同步轴输出极性	机床参数	0	选配
0321		同步轴输出偏移	机床参数	0	选配
0322		同步轴随动误差	机床参数	1	选配
0323		同步轴回零方式	机床参数	0	选配
0324		同步轴回零距离	机床参数	0	选配
0340	*	伺服刀库轴使能	机床参数	0	选配
0341	*	伺服刀库轴驱动器地址	机床参数	0	选配,S3
0342	*	伺服刀库轴模拟通道号	机床参数	0	选配,S3
0342	*	伺服刀库轴编码器通道	机床参数	0	选配,A
0343	*	伺服刀库轴 DA 通道	机床参数	0	选配,A
0344	*	伺服刀库轴增益	机床参数	33.3333	选配
0345	*	伺服刀库轴编码器极性	机床参数	0	选配
0346		伺服刀库轴转脉冲数	机床参数	10000	选配
0347		伺服刀库的刀站数	机床参数	100	选配
0348		伺服刀库的编码器报警	机床参数	0	选配
0349		伺服刀库轴最大速度	机床参数	10000	选配
0350		伺服刀库轴参考电压	机床参数	6	选配
0351		伺服刀库轴输出极性	机床参数	0	选配
0352		伺服刀库轴换刀速度	机床参数	1000	选配
0353		伺服刀库轴的零点偏移	机床参数	0	选配
0354		伺服刀库轴回零方式	机床参数	0	选配

参数号	重启	参数名称	参数类别	出　厂　值	对应系统
0355		伺服刀库轴回零方向	机床参数	0	选配
0356		伺服刀库轴回零速度	机床参数	1000	选配
0357		刀库轴回零搜索速度	机床参数	200	选配
0358		伺服刀库轴加速度	机床参数	1000	选配
0359		刀库轴最大随动误差	机床参数	10	选配
0360		刀库轴最小随动误差	机床参数	10	选配
0362		伺服轴攻螺纹增益选择	机床参数	5	M3
0370		切削增益选择	机床参数	0	M3
0371		快移及 JOG 增益选择	机床参数	5	M3
0380		切割点到 R 点倍率(ROV)	机床参数	0	
0381	*	切割轴	机床参数	Z	
0382		切割参考点(R 点)	机床参数	0	
0383		切割上死点	机床参数	0	
0384		切割下死点	机床参数	0	
0385		切割速度	机床参数	0	
0389		最大转弯加速度	机床参数	1000.0000	
0390		短线段限速有效	机床参数	0	
0391		短线段限速长度	机床参数	0.5000	
0392		是否配有刀库	机床参数	0	
0400	*	主轴编码器反馈通道号	主轴参数	2	
0401	*	主轴 DA 通道	主轴参数	2	
0402	*	主轴类型	主轴参数	0	
0403		主轴编码器一转脉冲数	主轴参数	4096	
0404	*	主轴编码器反馈类型	主轴参数	1	
0405		主轴 1 挡的最高转速	主轴参数	1000	
0406		主轴 2 挡的最高转速	主轴参数	1500	
0407		主轴 3 挡的最高转速	主轴参数	2000	
0408		主轴 4 挡的最高转速	主轴参数	3000	
0409		主轴 1 挡的位置环增益	主轴参数	50	
0410		主轴 2 挡的位置环增益	主轴参数	40	

续表

参数号	重启	参 数 名 称	参 数 类 别	出 厂 值	对应系统
0411		主轴 3 挡的位置环增益	主轴参数	35	
0412		主轴 4 挡的位置环增益	主轴参数	30	
0413		主轴输出偏移	主轴参数	0	
0414		齿轮切换方式	主轴参数	1	
0415		齿轮变挡方式	主轴参数	0	
0416		主轴输出极性	主轴参数	0	
0417		M03 主轴输出电压极性	主轴参数	0	
0418		M04 主轴输出电压极性	主轴参数	1	
0419		主轴与主电动机的降速比	主轴参数	1.0000	
0420		1~2 挡切换点主轴转速	主轴参数	1000	
0421		2~3 挡切换点主轴转速	主轴参数	1500	
0422		3~4 挡切换点主轴转速	主轴参数	2000	
0423		定向/定位主轴转速	主轴参数	100	
0424		主轴定向类型	主轴参数	1	
0425		主轴定位 M 代码	主轴参数	19	
0426		取消主轴定位 M 代码	主轴参数	20	
0427		主轴反馈滤波个数	主轴参数	20	
0428		最高箝位电压	主轴参数	10.000	
0429		主轴默认的转速	主轴参数	400	
0430		主轴加速度	主轴参数	5.000	
0431		主轴恒线速最低转速	主轴参数	0	
0432		主轴定向偏移	主轴参数	0	
0433		1 挡额定电压	主轴参数	10.000	
0434		2 挡额定电压	主轴参数	10.000	
0435		3 挡额定电压	主轴参数	10.000	
0436		4 挡额定电压	主轴参数	10.000	
0437		定位时用的轴名称	主轴参数	67	
0438	*	电动机编码器一转脉冲数	主轴参数	4096	S3,M3,M2
0439	*	主轴电动机的编码器极性	主轴参数	1	S3,M3,M2
0441		主轴电动机加速度	主轴参数		M3,M2
0443		主轴到位宽度	主轴参数	0.360	

参数号	重启	参 数 名 称	参数类别	出 厂 值	对应系统
0444	*	主轴驱动器地址	主轴参数	0000	S3,M3,M2
0445		主轴转速允差百分比	主轴参数	15	
0447		主轴电动机 1 挡的最高转速	主轴参数	5000	S3,M3,M2
0448		主轴电动机 2 挡的最高转速	主轴参数	5000	S3,M3,M2
0449		主轴电动机 3 挡的最高转速	主轴参数	5000	S3,M3,M2
0450		主轴电动机 4 挡的最高转速	主轴参数	5000	S3,M3,M2
0451		主轴切换 CS 轴 M 代码	主轴参数	66	
0452		主轴切换 CS 轴停止时间	主轴参数	2000	
0453		主轴脉冲当量	主轴参数		
0462		主轴速度反馈类型	主轴参数	0	
0463		主轴增益选择	主轴参数	8	M3
0464		定向定位增益选择	主轴参数	9	M3
0465		攻螺纹增益选择	主轴参数	10	M3
0466		攻螺纹速度前馈补偿	主轴参数	0	M3
0467		刚性攻螺纹补偿因子	主轴参数	100	S3,M3,SSB3
0468		主轴缺省速度模式	主轴参数	1	
0469		第一主轴回零方式	主轴参数	0	
0470	*	第二主轴编码器通道号	主轴参数	2	
0471	*	第二主轴 DA 通道	主轴参数	2	
0472	*	第二主轴编码器脉冲数	主轴参数	4096	
0473	*	第二主轴编码器反馈类型	主轴参数	1	
0474		第二主轴最大速度	主轴参数	1000	
0475		第二主轴的位置环增益	主轴参数	50.0000	
0476		第二主轴输出偏移	主轴参数	0.0000	
0477		第二主轴输出极性	主轴参数	0	
0478		第二主轴 M3 输出极性	主轴参数	0	
0479		第二主轴 M4 输出极性	主轴参数	1	
0480		第二主轴默认转速	主轴参数	400.0000	

参数号	重启	参 数 名 称	参数类别	出 厂 值	对应系统
0481		第二主轴参考电压	主轴参数	10.0000	
0482		第二主轴电动机一转脉冲数	主轴参数	4096	S3,M3,M2
0483		第二主轴电动机编码器极性	主轴参数	1	S3,M3,M2
0484		第二主轴电动机的最高转速	主轴参数	5000	S3,M3,M2
0485		第二主轴驱动器地址	主轴参数		M3,M2
0486	*	第二主轴SSB3主轴地址	主轴参数	0000	S3
0487		第二主轴回零方式	主轴参数	0	
0488	*	第二主轴显示方式	主轴参数	0	
0489		第二主轴定向定位转速	主轴参数	100	
0490		第二主轴加速度	主轴参数	5.0000	
0491		第二主轴到位宽度	主轴参数	0.3600	
0492		第二主轴转速允差百分比	主轴参数	15	
0493		第二主轴速度反馈类型	主轴参数	0	
0500		1号主轴到位位置下限	主轴参数	0.0000	
0501		1号主轴到位位置上限	主轴参数	0.0000	
0502		2号主轴到位位置下限	主轴参数	0.0000	
0503		2号主轴到位位置上限	主轴参数	0.0000	
0504		3号主轴到位位置下限	主轴参数	0.0000	
0505		3号主轴到位位置上限	主轴参数	0.0000	
0506		4号主轴到位位置下限	主轴参数	0.0000	
0507		4号主轴到位位置上限	主轴参数	0.0000	
0508		5号主轴到位位置下限	主轴参数	0.0000	
0509		5号主轴到位位置上限	主轴参数	0.0000	
0510		6号主轴到位位置下限	主轴参数	0.0000	
0511		6号主轴到位位置上限	主轴参数	0.0000	
0512		7号主轴到位位置下限	主轴参数	0.0000	
0513		7号主轴到位位置上限	主轴参数	0.0000	
0514		8号主轴到位位置下限	主轴参数	0.0000	
0515		8号主轴到位位置上限	主轴参数	0.0000	
0516		9号主轴到位位置下限	主轴参数	0.0000	
0517		9号主轴到位位置上限	主轴参数	0.0000	
0518		10号主轴到位位置下限	主轴参数	0.0000	
0519		10号主轴到位位置上限	主轴参数	0.0000	

参数号	重启	参 数 名 称	参数类别	出 厂 值	对应系统
0520		11 号主轴到位位置下限	主轴参数	0.0000	
0521		11 号主轴到位位置上限	主轴参数	0.0000	
0522		12 号主轴到位位置下限	主轴参数	0.0000	
0523		12 号主轴到位位置上限	主轴参数	0.0000	
0524		13 号主轴到位位置下限	主轴参数	0.0000	
0525		13 号主轴到位位置上限	主轴参数	0.0000	
0526		14 号主轴到位位置下限	主轴参数	0.0000	
0527		14 号主轴到位位置上限	主轴参数	0.0000	
0528		15 号主轴到位位置下限	主轴参数	0.0000	
0529		15 号主轴到位位置上限	主轴参数	0.0000	
0530		16 号主轴到位位置下限	主轴参数	0.0000	
0531		16 号主轴到位位置上限	主轴参数	0.0000	
0600		切削进给速度缺省值	用户参数	3000.000	
0601		空运行速度	用户参数	4000.000	
0602		手动一个增量的移动值	用户参数	0.0010	
0603	*	M01 选择停止使能	用户参数	1	
0604	*	选择程序段跳过使能	用户参数	1	
0605	*	轴锁住使能	用户参数	0	
0607		复位重新加载 G92 偏移	用户参数	1	
0608		复位后取消局部坐标系	用户参数	1	
0609		工件坐标系复位	用户参数	0	
0610		上电及复位 G00/G01	用户参数	0	
0611		复位进给率模式	用户参数	0	
0612		上电及复位 G90/G91	用户参数	0	
0613		复位平面选择	用户参数	0	
0614		行程保护 2 状态	用户参数	0	
0615		圆弧半径的允差	用户参数	0.0005	
0616		G83d 参数	用户参数	1	
0617	*	自动润滑功能使能	用户参数	0	
0618	*	润滑模式	用户参数	1	

续表

参数号	重启	参 数 名 称	参数类别	出 厂 值	对应系统
0619	*	润滑时间	用户参数	0	
0620	*	润滑间隔时间	用户参数	0	
0621		润滑行程	用户参数	10000.000	
0628~0693		PLC通用屏蔽位1~64	用户参数	0	
0652		程序重启动模式	用户参数	1	
0653		重启动加工位置	用户参数	0	
0694		行程保护3状态	用户参数	0	
0696		重启动优化使能	用户参数	0	
0697		上电或复位运动模式	用户参数	1	
0698		程序预读开关状态	用户参数	0	
0710		五轴机床类型	用户参数		
0711		第一旋转轴的轴名称	用户参数		
0712		第二旋转轴的轴名称	用户参数		
0713		第一旋转轴的旋转方向	用户参数		
0714		第二旋转轴的旋转方向	用户参数		
0715		第一旋转轴的控制轴号	用户参数		
0716		第二旋转轴的控制轴号	用户参数		
0717		第一旋转轴轴向矢量	用户参数		
0720		第二旋转轴轴向矢量	用户参数		
0723		基本刀具长度	用户参数		
0724		刀架偏置值	用户参数		
0725		初始刀具方向	用户参数		
0728		工作台旋转中心位置	用户参数		
0731		工作台偏置矢量	用户参数		
0734		刀具端偏置矢量1	用户参数		
0737		刀具端偏置矢量2	用户参数		
0740		旋转轴指令判断规则	用户参数		
0741		第一旋转轴运动上限	用户参数		
0742		第一旋转轴运动下限	用户参数		

参数号	重启	参数名称	参数类别	出 厂 值	对应系统
0743		第二旋转轴运动上限	用户参数		
0744		第二旋转轴运动下限	用户参数		
0745		第一旋转轴假想轴设置	用户参数		
0746		第一旋转轴假想轴角度	用户参数		
0747		第二旋转轴假想轴设置	用户参数		
0748		第二旋转轴假想轴角度	用户参数		
0760～0791		手动移动速度1～32	用户参数		
0793		PRG文件打开模式	用户参数		
0794		M06宏程序恢复模式	用户参数		
0795	*	相对坐标刀长补偿模式	用户参数		
0796		攻螺纹返回的倍率选择	用户参数		
0797		攻螺纹返回的倍率值	用户参数		
0798		攻螺纹的返回量	用户参数		

4.2　参数详细说明

0. 概述

代码	参数名称

参数的详细说明

1. 常规参数

0001（＊）　　　　　　　　　　选择显示的语言

　　　　　〔数据类型〕　非负整数。

　　　　　〔数据说明〕　0：中文。

　　　　　　　　　　　　1：英文。

　　　　　　　　　　　　2：日文。

0002（＊）　　　　　　　　　　输入单位

　　　　　〔数据类型〕　BOOL型。

　　　　　〔数据说明〕　0：公制输入。

1:英制输入。

0003	显示坐标系类型

[数据类型] BOOL 型。

[数据说明] 0:用户坐标系。

1:机床坐标系。

0004	显示坐标位置类型

[数据类型] BOOL 型。

[数据说明] 0:实际反馈位置。

1:指令位置。

0005	坐标显示格式

[数据类型] BOOL 型。

[数据说明] 0:数据显示格式为 4.4(整数 4 位,小数 4 位)。

1:数据显示格式为 5.3(整数 5 位,小数 3 位)。

0006	剩余量显示

[数据类型] 非负整数(0～2)。

[数据说明] 0:原点偏移量。

1:指令值的剩余量。

2:扭矩显示(显示当前扭矩与额定扭矩的百分比数,M2、M3 总线系统专有设置)。

0007(＊)	机器 IP 地址

[数据类型] ＊＊＊.＊＊＊.＊＊＊.＊＊＊。

[数据说明] 本机 IP 地址。

2. 机床参数

0100(＊)	CNC 控制轴数

[数据类型] 非负整数。

[数据范围] 1～4(A);1～6(D)。

[数据说明] 控制轴数。

0101(＊)	CNC 控制轴名称

[数据类型] 字符。

[数据范围] (XYZABCUVW)。

[数据说明] XYZ 为基本直线轴;ABC 为基本旋转轴;UVW 定义附加轴轴名。

0102(＊)	CNC 伺服周期

［数据类型］ 大于零的整数。

［数据范围］ 2～10 ms。

［数据说明］ 默认 2 ms。

［注释］ 建议用默认值,不做修改。

0103(＊) | CNC插补周期 |

［数据类型］ 大于零的整数。

［数据范围］ 2～10 ms。为 0102 参数的整数倍。

［数据说明］ 默认 2 ms。

［注释］ 建议用默认值,不做修改。

0104 | 切削进给加减速方式 |

［数据类型］ BOOL 型。

［数据说明］ 0:直线加减速。

1:S 曲线加减速。

各种加减速方式如下图所示。

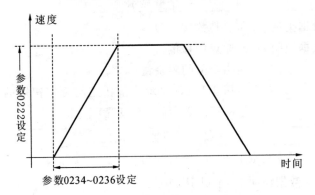

0:直线加减速。

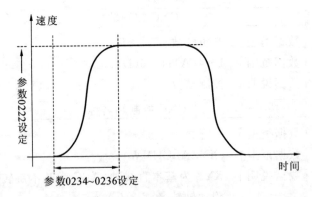

1:S 曲线加减速。

0105 | 快移加减速方式 |

[数据类型] BOOL 型。

[数据说明] 0:直线加减速。

1:S 曲线加减速。

详见参数 0104 说明。

0106 | JOG 进给加减速方式 |

[数据类型] BOOL 型。

[数据说明] 0:直线加减速。

1:S 曲线加减速。

详见参数 0104 说明。

0107 | 最大形状误差 |

[数据类型] 浮点型(>0)。

[数据说明] 拐角处的最大形状允许误差。

0108 | 行程区域 2 检测类型 |

[数据类型] BOOL 型。

[数据说明] 0:禁止内侧区域。

1:禁止外侧区域。

0109 | 手动回零模式 |

[数据类型] 无符号整数。

[数据范围] 0~1。

[数据说明] 0:首次。如果未回过零点,利用零点开关减速返回零点;
如果已经回过零点,不再检测零点开关,快移定位到零点。

1:每次。无论是否回过零点,都利用零点开关减速返回
零点。

0111 | 是否允许未回零轴移动 |

[数据类型] BOOL 型。

[数据说明] 0:允许。

1:不允许(产生 2005 号报警)。

[注释] 只限制联动模式(自动或 MDI)。

0112 | G00 定位方式 |

[数据类型] BOOL 型。

[数据说明] 0:非直线插补定位。

1:直线插补定位。

0113 | 手轮移动轴的停止方式

[数据类型] BOOL 型。

[数据说明] 0:轴移动距离与手轮转过刻度不对应。当手脉速度超过快移速度时,超出部分被忽略,手轮停转,轴停止移动。

1:轴移动距离与手轮转过刻度对应。当手脉速度超过快移速度时,超出部分不被忽略,手轮停转,轴继续移动,直到移动完 CNC 中累加的脉冲数后才停止下来。

0115 | 探头 I/O 序号

[数据类型] 非负整数。

[数据范围] 0,1~16(模拟系统);1~35(总线系统)。

[数据说明] 0 表示无探头信号;

其余对应于 I/O 输入信号的索引。

模拟系统对应的输入信号索引是 X3.0~X4.7。例:"1",对应输入点 X3.0;"16",对应输入点 X4.7。

总线系统对应的输入信号索引是快速 I/O(MPG)的 X1.1、X2.0、X2.1;4~35 对应于第一个远程 SSBI/O 盒的前 32 个输入信号索引,即 X5.0~X8.7。

0116 | 探头极性

[数据类型] BOOL 型。

[数据说明] 0:探头信号为常开极性。

1:探头信号为常闭极性。

0117~0120(*) | PLC 模拟量输出 1~4

[数据类型] 非负整数。

[数据范围] 0~4。

[数据说明] 0:不使用。

[注释] 对于 A 型系统因只有 4 个模拟量通道,且轴占据了某通道,能否还有 PLC 模拟量输出要以实际情况而定。参数从 1~4,选其一。

0121 | 360 度轴运动方向

[数据类型] BOOL 型。

[数据说明] 0:表示旋转轴运动方向由编程符号确定。

1:表示旋转轴运动方向由最短路径来确定。

0122(*) | 软件 IO 使能

[数据类型] BOOL 型。

　　　　　　［数据说明］　0:不使用软件 IO 功能。

　　　　　　　　　　　　　1:使用软件 IO 功能。

0123　　　|　　　　　　　　　快移 F0 速度　　　　　　　　　|

　　　　　［数据类型］　非负的浮点数。

　　　　　［数据说明］　执行 G00 时,快移修调为 0% 时的速度值。

0124　　　|　　　　　　　　　远程 I/O 数量　　　　　　　　　|

　　　　　［数据类型］　非负整数。

　　　　　［数据范围］　0～2。

　　　　　［数据说明］　0:无。

　　　　　　　　　　　　1:单盒。

　　　　　　　　　　　　2:双盒。

　　　　　［注释］　　用于设定需要检测断线报警的 I/O 盒数量。

0125　　　|　　　　　　　　加减速滤波时间　　　　　　　　|

　　　　　［数据类型］　大于 0 的整数。

　　　　　［数据范围］　20～400。

　　　　　［数据说明］　S 曲线加减速方式的滤波时间,单位:ms。

0126　　　|　　　　　　　　　最小跟随误差　　　　　　　　　|

　　　　　［数据类型］　大于 0 的浮点轴型。

　　　　　［数据说明］　各轴最小随动误差。

0127　　　|　　　　　　　　宏程序显示开关　　　　　　　　|

　　　　　［数据类型］　BOOL 型。

　　　　　［数据范围］　0～1。

　　　　　［数据说明］　运行时是否显示宏程序。

　　　　　　　　　　　　0:不显示。

　　　　　　　　　　　　1:显示。

0128(＊)　|　　　　　　　　SSB3 IO 盒数量　　　　　　　|

　　　　　　［数据类型］　非负整数。

　　　　　　［数据范围］　0～9。

　　　　　　［数据说明］　当前系统连接的 SSB3 IO 盒数量。此参数对应 0129
　　　　　　　　　　　　　号参数配置的总线地址数量。

0129(＊)　|　　　　　　　SSB3 IO 盒总线地址　　　　　　|

　　　　　　［数据类型］　十六进制。

　　　　　　［数据范围］　0X0009～0X0011。

　　　　　　［数据说明］　此参数对应连接到系统的 SSB3 IO 盒的地址配置。

例如此参数中的 1 的配置为 000A,对应的第一块 IO 盒上面的 dip 开关设置应为[0A]。

0130(＊) | SSB3 IO 盒类型 |

[数据类型] 非负整数。

[数据范围] 0~3。

[数据说明] 0:(32in/24out)。

1:(48in/32out)。

2:(72in/64out)。

3:(96in/96out)。

[数据说明] 针对 IO 设备的报警检测规则如下:

(1) 设置 IO 设备类型为 0、1、2,但未配套相应 IO 设备,进行报警。

(2) 设置 IO 设备类型为－1、－2、－3,但连接了相应的 IO 设备,进行报警。

(3) 设置 IO 设备类型为－1、－2、－3,但未连接相应的 IO 设备,不进行报警。

(4) 设置两个 IO 设备的地址出现重复时,只有第一个 IO 设备可以正常使用,第二个 IO 设备进行报警。

0131 | 验证时 while 处理模式 |

[数据类型] BOOL 型。

[数据范围] 0~1。

[数据说明] 程序验证时 while 循环的处理模式。

0:验证一次后跳过。

1:根据判断条件循环验证。

0132 | 手动回零方式 |

[数据类型] 非负整数。

[数据范围] 0~2。

[数据说明] 建立机床零点的方式如下。

0:开关＋MARK。

通过零点开关与 Mark 信号建立机床零点。

1:开关。

只通过零点开关建立机床零点。

2:无开关。

直接设置当前位置为机床零点。

0133 | 预读程序段数 |

[数据类型] 整型。

[数据范围] 0~1000。

0134 　内部电源异常检测有效

[数据类型] BOOL 型。

[数据范围] 0~1。

[数据说明] 0:无效。

1:有效。

[注释] 系统支持断电保护选配功能时才具备此参数。

0135 　上电时程序打开模式

[数据类型] BOOL 型。

[数据范围] 0~1。

[数据说明] 0:不打开;1:打开。

当值为 1 时,每次上电将自动打开上次下电时未关闭的工件程序。当值为 0 时,上电时不打开工件程序。

0136(∗) 　上电时零件数初始模式

[数据类型] BOOL 型。

[数据范围] 0~1。

[数据说明] 0:清零;1:不清零。

当该参数配置为 0 时,上电时加工零件数为 0;当该参数配置为 1 时,上电时加工零件数为上次下电时保存的加工零件数。

0137 　断点恢复模式

[数据类型] BOOL 型。

[数据范围] 0~1。

[数据说明] 0:断电或复位时自动保存;1:手动保存[∗]。

当值为 0 时,按下断点恢复时系统将从上次断电或者复位时自动保存的断点处开始重新启动(选择此方式需要硬件配置断电记忆卡,并在软件装机时附带断电保护选配功能)。

当值为 1 时,按下断点恢复时系统将从用户上次手动保存的断点处开始重新启动。

断点恢复时的运动方式等同与从保存的断点行号开始进行【重启动】,故【重启动】相关配置参数对断电恢复方式生效。

0138	手动回零顺序

［数据类型］ 0~6 整形。

［数据范围］ 0~6。

［数据说明］ 在回零模式下,按[ALL]键时,将根据配置的序号由 1 到 6
来依次回零,配置为 0 的轴不执行回零,配置为同一序号
的轴将同时回零。

［注释］ 手动各轴回零顺序。

0200(＊)(S3,M3,M2)	模拟轴通道号

［数据类型］ 非负整数轴型。

［数据范围］ 0~2。

［数据说明］ 0 表示未使用模拟轴。

0200(＊)(A)	编码器反馈通道号

［数据类型］ 非负整数轴型。

［数据范围］ 0~4。

［数据说明］ 0 表示无编码器。

轴的编码器接线至系统的通道。

0201(＊)(S3,M3,M2)	轴驱动器地址

［数据类型］ 非负整数轴型。

［数据范围］ 0X0000,0X170x~0X180x(0＜x＜5),
0X0003~0X000C。

［数据说明］ 0000 表示驱动器地址未分配。

［注释］ 如果使用此轴型地址作为某一轴的驱动器地
址,0200 号参数的对应轴的通道号应配置为
0,即不使用模拟轴通道。如果 0200 号参数
的某一轴配置为 1 或 2,此参数的对应轴即
使有合法配置,也不生效;这种情况下轴配置
以 0200 号参数为准。

0201(＊)(A)	D/A 输出通道号

［数据类型］ 非负整数轴型。

［数据范围］ 0~4。

［数据说明］ 0 表示 D/A 输出通道号未分配。

［注释］ 轴的 D/A 接线至系统的通道。

0202(＊)	轴类型

［数据类型］ 非负整数轴型。

　　　［数据说明］　这是定义轴类型的参数,各位置 1 有效,各位含义如下。

　　　　0 位:线性坐标轴。它能和坐标类型的轴做插补。

　　　　1 位:步进轴。此类型轴无编码器反馈。

　　　　2 位:旋转坐标轴。是用角度编程的轴。

　　　　3 位:0～360°轴。只对旋转轴而言,其机械坐标值按 0～360°做归一化处理。

　　　　4 位:直径编程轴。只对线性坐标轴而言,使用直径编程。

　　　　5 位:带螺距误差补偿的轴。此位置为 1,系统会读取该轴的螺距误差补偿参数,进行逐点的螺距误差补偿。

　　　　6 位:分度控制轴。此位置为 1,该轴运动前由 PLC 解除锁定,运动后再由 PLC 锁定。

　　　　7 位:Cs 控制轴。此位置为 1,S 轴作为 C 轴使用。

　　　　8 位:PLC 定位轴。此位置为 1,该轴可作为液压控制的尾台轴使用。

　　　　9 位:伺服尾台轴。此位置为 1,该轴作为伺服控制的尾台轴使用。

　　　　10 位:公用轴。在多通道系统此位置为 1,表示该轴是公用轴,可在其他通道作为共用轴进行控制。

　　　　11 位:Parking 轴。此位置为 1,该轴作为可拆卸轴作用。

　　　［注释］　以所选相容位的权码相加之和(十进制)填写。例:

0	0	1	1	0	0	0	1

　　　其参数值=1+16+32=49

　　　该轴的类型是具有螺距补偿,使用直径编程的线性坐标轴。

0203　　　　　　　　　　　　软限的负方向坐标值

　　　［数据类型］　浮点轴型。

　　　［数据说明］　设定机床的软限位。机床坐标系的值。

　　　［注释］　径向轴必须用直径值设定。轴回零后有效。

0204　　　　　　　　　　　　软限的正方向坐标值

　　　［数据类型］　浮点轴型。

　　　［数据说明］　设定机床的软限位。机床坐标系的值。

　　　［注释］　径向轴必须用直径值设定;轴回零后有效。

0205　　　　　　　　　　　　位置环比例增益

[数据类型] 无符号浮点轴型。

[数据单位] s^{-1}(1/秒)。

[数据说明] 系统对各轴进行比例调节的系数,用来调节伺服跟随效果。该值越小,伺服响应越慢,跟随效果越差;该值越大,伺服响应越快,跟随效果越好。但是增益太大会引起机床振动和位置超调。

0206 | 位置环积分增益 |

[数据类型] 非负浮点轴型。

[数据说明] 系统对各轴的累计误差进行积分调节的系数。

0207 | 位置环微分增益 |

[数据类型] 非负浮点轴型。

[数据说明] 系统对各轴的跟随误差的变化率进行微分调节的系数。

0208 | 位置环 0 阶前馈系数 |

[数据类型] 非负浮点轴型。

[数据说明] 系统对各轴的位置(命令值)进行前馈调节的系数。

0209 | 位置环 1 阶前馈系数 |

[数据类型] 非负浮点轴型。

[数据说明] 系统对各轴的速度(命令值,由位置值与周期计算得到)进行前馈调节的系数。

0210 | 位置环 2 阶前馈系数 |

[数据类型] 非负浮点轴型。

[数据说明] 系统对各轴的加速度(命令值,由速度值与周期计算得到)进行前馈调节的系数。

0211(*) | 反向间隙补偿量 |

[数据类型] 浮点轴型。

[数据单位] mm、inch 或 deg。

[数据说明] 用来补偿轴在改变运动方向时产生的间隙。系统上电,轴回零后有效。

0212 | 位置环积分饱和常数 |

[数据类型] 浮点轴型。

[数据单位] mm、inch 或 deg。

[数据说明] 系统进行积分调节时,各轴所能调节的最大累计误差值。

0213 | PID 允许误差宽度 |

［数据类型］ 浮点轴型。

［数据单位］ mm、inch 或 deg。

［数据说明］ 表示 PID 控制的死区宽度。

0214(＊)
脉冲编码器反馈类型

［数据类型］ BOOL 轴型。

［数据说明］ 0:正反馈。

1:负反馈。

［注释］ 当轴移动方向与编码器反馈的数值方向相反时,修改此参数。

0215(＊)
脉冲编码器每转脉冲数

［数据类型］ 无符号整数轴型。

［数据说明］ 该值为编码器一转的线数×4。

0216(＊)
位置反馈传感器类型

［数据形式］ 非负整数轴型。

［数据范围］ 0～2。

［数据说明］ 0:绝对式位置传感器。

1:增量式位置传感器。

2:距离编码式的传感器。

［注释］ 轴的位置反馈传感器类型。根据机床使用的传感器类型修改此参数。

0217
距离编码器相邻两个 MARK1 间的距离

［数据形式］ 浮点轴型。

［数据说明］ 距离编码的传感器第一组标准的参考点的间距。根据传感器的使用参数修改此参数。

0218
距离编码器相邻两个 MARK2 间的距离

［数据形式］ 浮点轴型。

［数据说明］ 距离编码的传感器第二组标准的参考点的间距。根据传感器的使用参数修改此参数。

0219
编码器报警

［数据形式］ BOOL 轴型。

［数据说明］ 0:断线不报警。

1:断线报警。

0220(＊)
机械螺距

［数据类型］ 浮点轴型。

［数据单位］ mm、inch 或 deg。

［数据说明］ 机床轴的机械螺距。

0222　　　　　　　　　　　　　最大速度

［数据类型］ 浮点轴型。

［数据单位］ mm/min（公制）或 inch/min（英制）或 deg/min（旋转轴）。

［数据说明］ 定义轴的最大速度。

0223　　　　　　　　　　最大速度 D/A 参考电压

［数据类型］ 浮点轴型。

［数据单位］ V。

［数据范围］ 0～10。

［数据说明］ 定义轴的最大允许速度对应的电压值。

关于 0222 与 0223 号参数的调整说明，一般根据电动机的额定电压和额定转速的线性关系确定最大速度（0222）和参考电压（0223）的初始值。根据随动误差值的计算公式：$E=F/Kp$（F 为进给率，Kp 为位置回路增益）；以 F 的进给率匀速运动某轴，观察该轴的随动误差，如果实际的随动误差比计算的随动误差小，应该调小该轴的参考电压（0223）或增大该轴的最大速度（0222），最后使实际的随动误差与计算的随动误差基本相等；如果实际的随动误差比计算的随动误差大，应该增大该轴的参考电压（0223）或调小该轴的最大速度（0222），最后使实际的随动误差与计算的随动误差基本相等。

0224（＊）　　　　　　　　　D/A 输出极性

［数据类型］ BOOL 轴型。

［数据说明］ 0：正向。

1：反向。

如果轴的实际运动方向与要求的运动方向相反，则需要改变此参数。

0225　　　　　　　　　　　零点漂移补偿

［数据类型］ 浮点轴型。

［数据单位］ mm/min、inch/min 或 deg/min。

［数据说明］ 用来补偿模拟量控制轴的零点漂移。可以通过手动修改此参数，也可以自动调节。

0226　　　　　　　　　　　最大跟踪误差

［数据类型］ 非负浮点轴型。

［数据单位］ mm、inch 或 deg。

［数据说明］ 设定轴的最大跟踪误差,当某轴的跟踪误差超过此参数的设定值,将触发超差报警。

伺服轴在等速移动的状况下,跟踪误差可由 $E=F/Kp$ 求得。其中 F 为进给率,Kp 为位置回路增益值。

从上式中可以看出,当进给率越大,跟踪误差量也就越大。因此只要把轴的最大速度带入到上式,就可以求出轴的最大跟踪误差。

例:X 轴的位置回路增益值为 $33.333S^{-1}$,最大速度为 $12000\ mm/m$,$Emax=12000/30.333\times60=6\ mm$

一般情况下,最大跟踪误差不应该超过这个值,建议将此值乘上安全系数(>1)后输入到参数中。

0227	回零方向

［数据类型］ BOOL 轴型。

［数据说明］ 0:正向回零。

　　　　　　1:负向回零。

0228	回零搜索速度

［数据类型］ 浮点轴型。

［数据单位］ mm/min(公制)或 inch/min(英制)或 deg/min(旋转轴)。

［数据说明］ 针对开关+MARK 信号的回零方式,轴在回零过程中,一开始以参数 0229 设定的速度向零点开关方向运动,碰到零点开关后,改变方向以此参数设定的速度寻找编码器的 Z 信号。

0229	回零移动速度

［数据类型］ 非负浮点轴型。

［数据单位］ mm/min(公制)或 inch/min(英制)或 deg/min(旋转轴)。

［数据说明］ 针对开关+MARK 信号的回零方式,轴以此参数设定的速度开始向零点开关方向运动,碰到零点开关后,以参数 0228 设定的速度寻找编码器的 Z 信号。

0230	轴回零偏移

［数据类型］ 浮点轴型。

［数据说明］ 机床原点与参数 0132 建立的机床零点之间的偏移量。

0231	快移速度

[数据类型] 浮点轴型。

[数据单位] mm/min（公制）或 inch/min（英制）或 deg/min（旋转轴）。

[数据说明] 执行快移指令（G00）时轴的移动速度。该参数值受 0222 参数值钳制。

0232　　　　　　　　　　　手动进给速度

[数据类型] 非负浮点轴型。

[数据单位] mm/min（公制）或 inch/min（英制）或 deg/min（旋转轴）。

[数据说明] 执行手动移动时轴的移动速度。该参数值受 0222 参数值钳制。

0233　　　　　　　　　　　手动快移速度

[数据类型] 非负浮点轴型。

[数据单位] mm/min（公制）或 inch/min（英制）或 deg/min（旋转轴）。

[数据说明] 执行手动快速移动指令时轴的移动速度。该参数值受 0222 参数值钳制。

0234　　　　　　　　　　切削进给的加减速时间

[数据类型] 无符号整数轴型。

[数据单位] ms。

[数据说明] 设定切削进给（G01）时轴的加减速时间。参数值越小,轴越快达到指定的移动速度。但参数过小,轴运动时会引起振动。

0235　　　　　　　　　　快速移动的加减速时间

[数据类型] 无符号整数轴型。

[数据单位]ms。

[数据说明]设定轴以快速移动（G00）时轴的加减速时间。参数值越小,轴越快达到指定的移动速度。但是该参数过小,轴运动时会引起振动。最大值不能超过 2000。

[注释]T＝V/a。V 是轴的最大速度,a 是轴允许的最大加速度。

0236　　　　　　　　　　JOG 移动加减速时间

[数据类型] 无符号整数轴型。

[数据单位] ms。

[数据说明] 用来设定轴的用以手动移动时的加减速的时间。此参数越小,轴就越快达到指定的移动速度。但是该参数过小,轴运动时会引起振动。最大值不能超过 2000。

0237　　　　　　　　　　行程检测区域 2 检查位

［数据类型］　BOOL 轴型。

［数据说明］　0：不检查。

　　　　　　　1：检查。

［注释］　若此参数为"0"，则即使加工程序编了 G22 指令也不进行行程检测区域检查。

0238　|　软件行程检测 2 负向值　|

［数据类型］　浮点轴型。

［数据说明］　设定轴的负向第二软件行程极限值，轴回原点后生效，若 0238 参数值大于 0239 参数值，将触发系统【第二软件行程检测极限设定错误】报警。

　　　　　　　第二软件行程检测类型由 0108 号参数设定。

［注释］　设定值为机床坐标系值。径向轴必须设直径值。

0239　|　软件行程检测 2 正向值　|

［数据类型］　浮点轴型。

［数据说明］　设定轴的正向第二软件行程极限值，轴回原点后生效，若 0238 参数值大于 0239 参数值，将触发系统【第二软件行程检测极限设定错误】报警。

　　　　　　　第二软件行程检测类型由 0108 号参数设定。

［注释］　设定值为机床坐标系值。径向轴必须设直径值。

0242（＊）　|　参考点位置值　|

［数据类型］　浮点轴型。

［数据说明］　机床坐标系。

0243（＊）　|　第二参考点位置值　|

［数据类型］　浮点轴型。

［数据说明］　机床坐标系。

0245　|　脉冲输出方向　|

［数据类型］　BOOL 型。

［数据说明］　0：正向。

　　　　　　　1：负向［＊］。

［注释］　修改此参数可以修改脉冲电动机的旋转方向。

0247（＊）　|　机械传动比分子　|

［数据类型］　大于零的整数轴型。

0248（＊）　|　机械传动比分母　|

［数据类型］　大于零的整数轴型。

0249	到位允许误差宽度

［数据类型］　大于零的浮点轴型。

［数据范围］　位置到位允许的误差范围。

0250	行程区域 3 检测类型

［数据类型］　BOOL 型。

［数据范围］　0:禁止内侧区域。

　　　　　　　1:禁止外侧区域。

0251	行程检测区域 3 检查位

［数据类型］　BOOL 轴型。

［数据说明］　0:不检查。

　　　　　　　1:检查。

［注释］　若此参数为"0",则即使加工程序编了 G38 指令也不进行检查。

0252	软件行程检测 3 负向值

［数据类型］　浮点轴型。

［数据说明］　此参数用以设定轴的负向第三软件行程极限值,轴回原点
　　　　　　　后生效,若0252参数值大于0253参数值,将触发系统【第
　　　　　　　三软件行程检测极限设定错误】报警。
　　　　　　　第三软件行程检测类型由 0250 号参数设定。

［注释］设定值为机床坐标系值。径向轴必须设直径值。

0253	软件行程检测 3 正向值

［数据类型］　浮点轴型。

［数据说明］　此参数用以设定轴的正向第三软件行程极限值,轴回原点
　　　　　　　后生效,若0252参数值大于0253参数值,将触发系统【第
　　　　　　　三软件行程检测极限设定错误】报警。
　　　　　　　第三软件行程检测类型由 0250 号参数设定。

0266	圆柱插补辅助轴号

［数据类型］　整型。

［数据范围］　1～8。

［数据说明］　圆柱插补的辅助 Y 轴的控制轴号。

0268	圆柱插补旋转方向

［数据类型］　BOOL 型。

［数据范围］　0,1。

［数据说明］　设置圆柱插补的旋转轴旋转方向(从端面看顺时针为正,
　　　　　　　设置为0)。

0269 ┃ 基本坐标系中轴属性 ┃

[数据类型] 整型。

[数据范围] 0~6。

[数据说明] 为确定圆弧插补、刀具半径补偿等平面

G17:X-Y 平面；

G18:Z-X 平面；

G19:Y-Z 平面。

设定各控制轴为基本坐标系的基本 3 轴 X、Y、Z 的哪个轴,或哪个所属平行轴。

参数默认值:X 轴为 1,Y 轴为 2,Z 轴为 3,ABC 轴为 0,U 轴为 4,V 轴为 5,W 轴为 6。

设定值	含　义
0	旋转轴(非基本 3 轴也非平行轴)
1	基本 3 轴的 X 轴
2	基本 3 轴的 Y 轴
3	基本 3 轴的 Z 轴
4	X 轴的平行轴
5	Y 轴的平行轴
6	Z 轴的平行轴

0271 ┃ 螺旋高度允差 ┃

[数据类型] 非负浮点数。

[数据说明] 螺旋插补中指定的终点位置与从增减量和次数中求出的终点位置之差的容许值。

0300 ┃ 同步轴使能 ┃

[数据类型] BOOL 型。

[数据范围] 0~1

[数据说明] 0:无同步轴。

1:使用同步轴。

0301 ┃ 同步轴名称 ┃

[数据类型] 英文字母。

[数据范围] XYZ。

[数据说明] 同步轴名称。

0302(＊)　　　　　　　　　　　同步轴模拟通道号

　　　　［数据类型］　非负整数。

　　　　［数据范围］　0～2。

　　　　［数据说明］　0 表示未使用模拟轴。

0303(S3)　　　　　　　　　　　同步轴驱动器地址

　　　　［数据类型］　非负整数。

　　　　［数据范围］　0X0000,0X170x～0X180x(0＜x＜5),0X0003～0X000C。

　　　　［数据说明］　0000 表示驱动器地址未分配。

　　　　［注释］　　如果使用此轴型地址作为某一轴的驱动器地址,0302 号参
　　　　　　　　　数的对应轴的通道号应配置为 0,即不使用模拟轴通道。
　　　　　　　　　如果 0302 号参数的某一轴配置为 1 或 2,此参数的对应轴
　　　　　　　　　即使有合法配置,也不生效;这种情况下轴配置以 0302 号
　　　　　　　　　参数为准。

0304　　　　　　　　　　　　　同步轴增益

　　　　［数据形式　］非负浮点型。

　　　　［数据单位］　s^{-1}。

0305　　　　　　　　　　　　　同步轴积分常数

　　　　［数据形式］　非负浮点型。

　　　　［数据范围］　0～65535。

0306　　　　　　　　　　　　　同步轴微分常数

　　　　［数据形式］　非负浮点型。

　　　　［数据范围］　0～65535。

0307　　　　　　　　　　　　同步轴位置前馈常数

　　　　［数据形式］　非负浮点型。

　　　　［数据范围］　0～65535。

0308　　　　　　　　　　　　同步轴速度馈常数

　　　　［数据形式］　非负浮点型。

　　　　［数据范围］　0～65535。

0309　　　　　　　　　　　同步轴加速度前馈常数

　　　　［数据形式］　非负浮点型。

　　　　［数据范围］　0～65535。

0310　　　　　　　　　　　　同步轴的反向间隙

　　　　［数据类型］　浮点型。

[数据单位] mm 或 inch。

[数据说明] 该参数修改后重新启动系统后生效。

0311 | 同步轴积分饱和常量

[数据形式] 非负浮点型。

[数据单位] mm 或 inch。

0312 | 同步轴 PID 允许误差宽度

[数据形式] 非负浮点型。

[数据单位] mm 或 inch。

0313 | 同步轴脉冲编码器极性

[数据形式] BOOL 型。

[数据范围] 0～1。

0:正反馈。

1:负反馈。

[数据说明] 该参数修改后重新启动系统后生效。

0314 | 同步轴编码器线数

[数据形式] 无符号整数。

[数据说明] 该值为编码器一转的脉冲数×4。

[数据说明] 该参数修改后重新启动系统后生效。

0315 | 同步轴编码器报警

[数据形式] BOOL 型。

[数据说明] 0:编码器断线不报警。

1:断线报警。

0316 | 同步轴机械螺距

[数据类型] 大于零的浮点型。

[数据单位] mm、inch 或 deg。

[数据说明] 同步轴的机械螺距。

0317 | 同步轴机械传动比

[数据形式] 大于零的浮点型。

[数据说明] 同步轴电机和丝杠之间的传动比。

0318 | 同步轴最大速度

[数据形式] 大于零的浮点型。

[数据说明] 定义同步轴的最大允许速度。

0319 | 同步轴参考电压

［数据形式］　大于零的浮点型。

［数据单位］　V。

［数据范围］　0~10。

［数据说明］　定义各同步轴的最大允许速度对应的电压值。

0320　　　　　　　　同步轴输出极性

［数据形式］　BOOL 型。

［数据范围］　0~1。

　　　　　　　0：正向。

　　　　　　　1：反向。

［数据说明］　如果轴的实际运动方向与要求的运动方向相反，则需要改
　　　　　　　变该参数。

　　　　　　　该参数修改后重新启动系统后生效。

0321　　　　　　　　同步轴输出偏移

［数据形式］　浮点型。

［数据单位］　mm/min 或 inch/min。

［数据说明］　用来补偿模拟量控制轴的零点漂移。

0322　　　　　　　　同步轴随动误差

［数据形式］　非负浮点型。

［数据单位］　mm 或 inch。

［数据说明］　此参数用来设定主从轴之间最大的位置误差量，当主从轴
　　　　　　　之间的位置误差超过此参数的设定值，将触发同步报警。

0323　　　　　　　　同步轴回零方式

［数据形式］　BOOL 型。

［数据单位］　0~1。

［数据说明］　0：同步回零。

　　　　　　　1：测试同步零点偏差。

0324　　　　　　　　同步轴回零距离

［数据形式］　非负浮点型。

［数据单位］　mm 或 inch。

［数据说明］　主从轴之间的零点偏差。

0325　　　　　　　　同步轴脉冲输出方向

［数据形式］　BOOL 型。

［数据说明］　0：正向。

　　　　　　　1：负向［＊］。

0326 | 同步轴脉冲当量

［数据形式］ 浮点型。

［数据说明］ 脉冲串输出系统使用(nm/pulse)。

0340 | 伺服刀库轴使能

［数据形式］ BOOL 型。

［数据说明］ 伺服刀库轴使能开关。

0:无伺服刀库轴。

1:有伺服刀库轴。

该参数修改后重新启动系统后生效。

0341(S3) | 伺服刀库轴驱动器地址

［数据类型］ 非负整数。

［数据范围］ 0X0000,0X170x～0X180x(0＜x＜5),0X0003～0X000C。

［数据说明］ 0000 表示驱动器地址未分配。

［注释］ 如果使用此轴型地址作为某一轴的驱动器地址,0342 号参数的对应轴的通道号应配置为 0,即不使用模拟轴通道。如果 0342 号参数的某一轴配置为 1 或 2,此参数的对应轴即使有合法配置,也不生效;这种情况下轴配置以 0342 号参数为准。

0342(＊)(S3) | 伺服刀库轴模拟通道号

［数据类型］ 无符号整数。

［数据范围］ 0～2。

［数据说明］ 0 表示未使用模拟轴。

0343 | 伺服刀库轴 D/A 通道

［数据类型］ 非负整数。

［数据范围］ 0～4。

［数据说明］ 伺服刀库轴 D/A 输出接线至系统的通道,设定值与参数 0342 保持一致。0 表示无 D/A 输出。该参数修改后重新启动系统后生效。

0344(＊) | 伺服刀库轴增益

［数据形式］ 大于零浮点型。

［数据单位］ s^{-1}。

0345(＊) | 伺服刀库轴编码器极性

［数据形式］ BOOL 型。

［数据范围］ 0～1。

0:正反馈。

1:负反馈。

〔数据说明〕 该参数修改后重新启动系统后生效。

0346 | 伺服刀库轴转脉冲数 |

〔数据形式〕 大于零的整数。

〔数据说明〕 该值为伺服刀库轴旋转一个刀站的脉冲数×4。

〔数据说明〕 该参数修改后重新启动系统后生效。

0347 | 伺服刀库的刀站数 |

〔数据形式〕 非负整数。

〔数据单位〕 个数。

〔数据说明〕 刀库上的刀站总数。

0348 | 伺服刀库的编码器报警 |

〔数据形式〕 BOOL 型。

〔数据范围〕 0:编码器断线不报警。

1:报警。

0349 | 伺服刀库轴最大速度 |

〔数据形式〕 大于零的浮点型。

〔数据说明〕 定义伺服刀库轴的最大允许速度。

0350 | 伺服刀库轴参考电压 |

〔数据形式〕 大于零的浮点型。

〔数据单位〕 V。

〔数据范围〕 0~10。

〔数据说明〕 定义伺服刀库轴的最大允许速度对应的电压值。

0351 | 伺服刀库轴输出极性 |

〔数据形式〕 BOOL 型。

〔数据范围〕 0~1。

0:正向。

1:反向。

〔数据说明〕 如果轴的实际运动方向与要求的运动方向相反,则需要改
变此参数。该参数修改后重新启动系统后生效。

0352 | 伺服刀库轴换刀速度 |

〔数据形式〕 非负浮点型。

〔数据单位〕 站/分。

〔数据说明〕 定义伺服刀库轴的换刀速度。

0353　　　　　　　　　伺服刀库轴的零点偏移

〔数据形式〕　浮点型。

〔数据单位〕　站。

〔数据说明〕　定义伺服刀库轴 0 号刀(最大刀号)与刀库轴零点之间的偏移。

0354　　　　　　　　　伺服刀库轴回零方式

〔数据形式〕　BOOL 型。

〔数据范围〕　0~1。

　　　　　　　0:手动回零。

　　　　　　　1:自动回零。

〔数据说明〕　执行换刀操作之前必须先进行伺服刀库轴的回零,在自动回零方式下,执行第一次换刀时先自动回零再执行换刀操作;在手动回零方式,若在执行换刀操作时未执行过回零操作,则进行报警提示。该参数修改后重新启动系统后生效。

0355　　　　　　　　　伺服刀库轴回零方向

〔数据形式〕　BOOL 型。

〔数据范围〕　0~1。

　　　　　　　0:正向。

　　　　　　　1:负向。

〔数据说明〕　回零过程中,开始寻找机床零点开关的方向。设定前需要了解机床的零点开关位置,如果零点开关在负极限位置,将该值设为 1;如果零点开关在正极限位置,将该值设为 0。

0356　　　　　　　　　伺服刀库轴回零速度

〔数据形式〕　非负浮点型。

〔数据单位〕　站/分。

〔数据说明〕　定义伺服刀库轴寻找零点开关的速度。

0357　　　　　　　　　刀库轴回零搜索速度

〔数据形式〕　非负浮点型。

〔数据单位〕　站/分。

〔数据说明〕　定义伺服刀库轴寻找 MARK 信号的速度。

0358　　　　　　　　　伺服刀库轴加速度

〔数据形式〕　非负浮点型。

[数据单位]　站/s²。

[数据说明]　定义伺服刀库轴的加速度。

0359 ｜ **刀库轴最大随动误差** ｜

[数据形式]　非负浮点型。

[数据单位]　站。

[数据说明]　定义伺服刀库轴的最大随动误差。

0360 ｜ **刀库轴最小随动误差** ｜

[数据形式]　非负浮点型。

[数据单位]　站。

[数据说明]　定义伺服刀库轴的最小随动误差。

0370 ｜ **切削增益选择** ｜

[数据形式]　非负整型。

[数据范围]　0～15。

0371 ｜ **快移及 JOG 增益选择** ｜

[数据形式]　非负整型。

[数据范围]　0～15。

0380 ｜ **切割点到 R 点倍率（ROV）** ｜

[数据类型]　BOOL 型。

[数据范围]　0～1。

[数据说明]　0:切割倍率。

　　　　　　　1:快移倍率。

0381(＊) ｜ **切割轴** ｜

　　[数据类型]　英文字母。

　　[数据范围]　XYZABC。

　　[数据说明]　切割轴名称。

0382 ｜ **切割参考点（R 点）** ｜

[数据类型]　浮点数。

[数据说明]　切割参考点（R 点）。机床坐标系的值。径向轴必须用直
　　　　　　　径值设定。

0383 ｜ **切割上死点** ｜

[数据类型]　浮点数。

[数据说明]　切割上死点、机床坐标系的值、径向轴必须用直径值设定。

0384 ｜ **切割下死点** ｜

[数据类型] 浮点数。

[数据说明] 切割下死点、机床坐标系的值、径向轴必须用直径值
设定。

0385 | 切割速度 |

[数据类型] 大于零的浮点数。

[数据单位] mm/min。

[数据说明] 切割速度。

0389 | 最大转弯加速度 |

[数据类型] 大于零的浮点数。

[数据单位] mm/s^2。

[数据说明] 相邻路径过渡时的最大向心加速度。采用 G61 模式 S 曲
线加减速方式加工时,使用此参数设置相邻路径段间过渡
时的向心加速度,通过此加速度限制过渡速度。此参数越
大,相邻路径过渡时的速度越大。

0390 | 短线段限速有效 |

[数据类型] BOOL 型。

[数据范围] 0~1。

[数据说明] 0:无效。

1:有效。

采用 G61 模式 S 曲线加减速方式加工时通过此参数设置
是否对短线段进行限速。

0391 | 短线段限速长度 |

[数据类型] 大于零的浮点数。

[数据单位] mm、inch 或 deg。

[数据说明] 采用 G61 模式 S 曲线加减速方式加工,当 0390 参数设置
为"1:有效"时,通过此参数设置短线段的长度,当线段长
度小于此数值时,认为是短线段,对其进行限速。

3. 主轴参数

0400(*) | 主轴编码器反馈通道号 |

[数据类型] 非负整数。

[数据范围] 0~4。

[数据说明] 主轴编码器接线至系统的通道号。

0 表示主轴无编码器。

0401(*) | 主轴 D/A 通道 |

[数据类型] 非负整数。

[数据范围] 0~4。

[数据说明] 0 表示主轴无 D/A 通道。与参数 0400 保持一致。

0402(＊) | 主轴类型 |

[数据类型] 非负整数。

[数据范围] 1~2。

[数据说明] 用于设置主轴类型的参数,按二进制位配置,各位置 1 有效,各位含义如下。

0 位:非伺服主轴。

1 位:伺服主轴。

0 位为 1,此参数为 1;1 位为 1,此参数为 2。0 位与 1 位不能同时为 1。

0403 | 主轴编码器一转脉冲数 |

[数据类型] 大于零的整数。

[数据说明] 参数值为主轴编码器一转的线数×4。

0404(＊) | 主轴编码器反馈类型 |

[数据类型] BOOL 型。

[数据说明] 0:正反馈。

1:负反馈。

[注释]如果主轴电动机运行方向与编码器反馈的数值方向相反,改变此参数。

0405 | 主轴 1 挡的最高转速 |

[数据类型] 大于零的整数。

[数据单位] r/min。

[数据说明] 对应参数 0433 设定的 1 挡额定电压输出时的主轴转速。

0406 | 主轴 2 挡的最高转速 |

[数据类型] 大于零的整数。

[数据单位] r/min。

[数据说明] 对应参数 0434 设定的 2 挡额定电压输出时的主轴转速。

0407 | 主轴 3 挡的最高转速 |

[数据类型] 大于零的整数。

[数据单位] r/min。

[数据说明] 对应参数 0435 设定的 3 挡额定电压输出时的主轴转速。

0408 | 主轴 4 挡的最高转速 |

[数据类型] 大于零的整数。

[数据单位] r/min。

[数据说明] 对应参数 0436 设定的 4 挡额定电压输出时的主轴转速。

0409 | 主轴 1 挡的位置环增益

[数据类型] 大于零的浮点数型。

[数据单位] s^{-1}(1/秒)。

[数据范围] 10～100。

0410 | 主轴 2 挡的位置环增益

[数据类型] 大于零的浮点数型。

[数据单位] s^{-1}(1/秒)。

[数据范围] 10～100。

0411 | 主轴 3 挡的位置环增益

[数据类型] 大于零的浮点数型。

[数据单位] s^{-1}(1/秒)。

[数据范围] 10～100。

0412 | 主轴 4 挡的位置环增益

[数据类型] 大于零的浮点数型。

[数据单位] s^{-1}(1/秒)

[数据范围] 10～100。

0413 | 主轴输出偏移

[数据类型] 浮点数。

[数据单位] 毫伏(mV)。

[数据说明] 设定主轴输出电压指令时在输出电压基础上加入的偏移数值。主要用于消除模拟量系统中主轴的零漂。

0414 | 齿轮切换方式

[数据类型] BOOL 型。

[数据说明] 0:A 方式。

1:B 方式。

0415 | 齿轮变挡方式

[数据类型] BOOL 型。

[数据说明] 0:M 型。

1:T 型。

0416 | 主轴输出极性

［数据类型］　BOOL 型。

［数据说明］　0：正。

　　　　　　　1：负。

［注释］　用于主轴定位定向、攻螺纹等进入位置控制方式时的旋转方向设定；如果主轴的实际运动方向与要求的运动方向相反，则需要改变此参数。

0417　　　　| M03 主轴输出电压极性 |

［数据类型］　BOOL 型。

［数据说明］　0：正。

　　　　　　　1：负。

［注释］　用于主轴速度控制方式时的旋转方向设定；执行 M3 指令时，如果主轴的实际运动方向与要求的运动方向相反，则需要改变此参数。

0418　　　　| M04 主轴输出电压极性 |

［数据类型］　BOOL 型。

［数据说明］　0：正。

　　　　　　　1：负。

［注释］　用于主轴速度控制方式时的旋转方向设定；执行 M4 指令时，如果主轴的实际运动方向与要求的运动方向相反，则需要改变此参数。

0419　　　　| 主轴与主电动机的降速比 |

［数据类型］　大于零的浮点型。

［数据说明］　主轴转速与主轴电动机转速比。

0420　　　　| 1～2 挡切换点主轴转速 |

［数据类型］　大于零的整数。

［数据说明］　当转速达到此参数所配置的值时，自动切换挡位。

0421　　　　| 2～3 挡切换点主轴转速 |

［数据类型］　大于零的整数。

［数据说明］　当转速达到此参数所配置的值时，自动切换挡位。

0422　　　　| 3～4 挡切换点主轴转速 |

［数据类型］　大于零的整数。

［数据说明］　当转速达到此参数所配置的值时，自动切换挡位。

［注释］　主轴各挡最高转数及换挡参数如下图所示。

一挡最高转数：800，即参数 0405＝800；

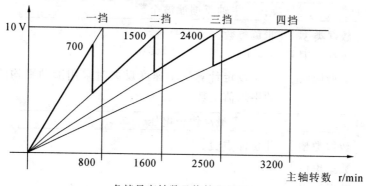

各挡最高转数及换挡位置图

二挡最高转数:1600,即参数 0406=1600;

三挡最高转数:2500,即参数 0407=2500;

四挡最高转数:3200,即参数 0407=3200。

1～2 挡切换点的主轴转数:700,即参数 0420=700;

2～3 挡切换点的主轴转数:1500,即参数 0421=1500;

3～4 挡切换点的主轴转数:2400,即参数 0422=2400;

挡主轴转数大于切换点转数时,就要换到高一级挡上进行运转。图中粗实线为主轴各挡运行范围。

0423	定向/定位时的主轴转速

[数据类型]　大于零的整数。

[数据单位]　r/min。

[数据说明]　主轴定向和定位时的转数。

0424	主轴定向类型

[数据类型]　BOOL 型。

[数据说明]　0:定位基准点使用传感器。

　　　　　　1:定位基准点使用编码器 Index 信号。

0425	主轴定位 M 代码

[数据类型]　非负整数。

[数据范围]　6～97。

[数据说明]　除已使用的 M 代码,推荐使用 M19。

0426	取消主轴定位 M 代码

[数据类型]　非负整数。

[数据范围]　6～97。

[数据说明]　除已使用的 M 代码,推荐使用 M20。

0427 主轴反馈滤波个数

[数据类型] 非负整数。

[数据范围] 0～1000。

[数据说明] 用于设定计算主轴速度反馈时采用滑动平均滤波算法时的平均值个数。

0428 最高钳位电压

[数据类型] 非负浮点数。

[数据单位] V。

[数据范围] 0～10。

0429 主轴默认转速

[数据类型] 非负整数。

[数据单位] r/min。

[数据说明] 系统上电或复位后主轴的默认转速。

0430 主轴加速度

[数据类型] 大于零的浮点数。

[数据单位] r/min/s²。

[数据说明] 主轴加速度。

0431 主轴恒线速最低转速

[数据类型] 非负浮点数。

[数据单位] r/min。

[数据说明] 此参数设定恒线速加工时主轴的最低转速,如果低于了这个数值,使用这个参数进行速度钳位。避免主轴速度过低,损坏刀具和工件。

0432 主轴定向偏移

[数据类型] 浮点数。

[数据单位] deg。

[数据说明] 该参数指定主轴定位、定向后主轴停止的位置距离主轴原点的偏移。当数据超过360或者为负值时,执行时会进行与360取模等操作,将数值转换到360以内。

0433～0436 1～4挡额定电压

[数据类型] 大于0的浮点数。

[数据单位] V。

[数据范围] 0～10。设定主轴1～4挡最大允许速度对应的电压值。

0437 | 定位时使用的轴名称值

[数据类型] 非负整数。

[数据范围] 65~67,85~87。

[数据说明] 主轴定位时使用的字符所对应的 ASCII 码的值。

65→A;66→B;67→C;85→U;86→V;87→W。

0438(＊) | 电动机编码器一转脉冲数

[数据类型] 大于零的整数。

[数据说明] 参数值为主电动机编码器一转的线数×4。

0439(＊) | 主轴电动机的编码器极性

[数据类型] BOOL 型。

[数据说明] 0:正极性。

1:负极性。

0443 | 主轴到位宽度

[数据类型] 非负的浮点型。

[数据单位] 度。

[数据说明] 主轴位置到位的允许误差范围。

0444 | 主轴驱动器地址

[数据类型] 非负整数。

[数据说明] 0X0000,0X170x~0X180x(0<x<5),0X0003~0X000C。

[数据说明] 0000 表示驱动器地址未分配。

[注释] 如果使用此轴型地址作为某一轴的驱动器地址,0400 号参数对应轴的通道号应配置为 0,即不使用模拟轴通道。如果 0400 号参数的某一轴配置为 1 或 2,此参数的对应轴即使有合法配置,也不生效;这种情况下的轴配置以 0400 号参数为准。

0445 | 主轴转速允差百分比

[数据类型] 整型。

[数据范围] 0~100。

[数据说明] 主轴转速允差百分比(%)初始值:15。

0447 | 主轴电动机 1 挡的最高转速

[数据类型] 大于零的整数。

[数据单位] r/min。

[数据说明] 对应参数 0433 设定的 1 挡额定电压输出时的主轴电动机转速。

0448 　　　　　　　　　主轴电机 2 挡的最高转速

[数据类型]　大于零的整数。

[数据单位]　r/min。

[数据说明]　对应参数 0434 设定的 2 挡额定电压输出时的主轴电动机转速。

0449 　　　　　　　　　主轴电动机 3 挡的最高转速

[数据类型]　大于零的整数。

[数据单位]　r/min。

[数据说明]　对应参数 0435 设定的 3 挡额定电压输出时的主轴电动机转速。

0450 　　　　　　　　　主轴电动机 4 挡的最高转速

[数据类型]　大于零的整数。

[数据单位]　r/min。

[数据说明]　对应参数 0436 设定的 4 挡额定电压输出时的主轴电动机转速。

0463 　　　　　　　　　主轴增益选择

[数据类型]　非负整型。

[数据范围]　0～15。

0464 　　　　　　　　　定向定位增益选择

[数据类型]　非负整型。

[数据范围]　0～15。

0465 　　　　　　　　　攻螺纹增益选择

[数据类型]　非负整型。

[数据范围]　0～15。

0466 　　　　　　　　　攻螺纹速度前馈补偿

[数据类型]　非负整型。

[数据范围]　0～100。

0467 　　　　　　　　　刚性攻螺纹补偿因子

[数据类型]　非负整型。

[数据范围]　0～200。

0468 　　　　　　　　　主轴缺省速度模式

[数据类型]　BOOL 型。

[数据范围]　0～1。

[数据说明]　设置上电时或复位时采用的主轴速度。

　　　　　　0:模态继承上一转速。

　　　　　　1:不保持,恢复为默认转速。

0469　　　　　　　　第一主轴回零方式

[数据形式]　整型。

[数据说明]　0:MARK。

　　　　　　1:开关+MARK。

0470　　　　　　　第二主轴编码器通道号

[数据类型]　BOOL 型。

[数据形式]　非负整数。

[数据范围]　0~2(SSB3);0~4(M 总线,模拟量)。

[数据说明]　第二主轴编码器接线至系统的通道号。0 表示主轴无编
　　　　　　码器。

0471　　　　　　　　第二主轴 DA 通道

[数据形式]　非负整数。

[数据范围]　0~2(SSB3);0~4(M 总线,模拟量)。

[数据说明]　0 代表不使用,该参数必须与 470 号参数配置一致。

0472　　　　　　　第二主轴编码器脉冲数

[数据形式]　大于零的整数。

[数据说明]　参数值为编码器一转的线数×4。

0473　　　　　　　第二主轴编码器脉冲数

[数据形式]　大于零的整数。

[数据说明]　0:正反馈。

　　　　　　1:负反馈。

　　　　　　如果第二主轴电动机运行方向与编码器反馈的数值方向
　　　　　　相反,改变此参数。

0474　　　　　　　　第二主轴最大速度

[数据形式]　大于零的整数。

[数据单位]　r/min。

[数据说明]　对应参数 0481 设定的参考电压输出时的主轴转速。

0475　　　　　　　第二主轴的位置环增益

[数据形式]　大于零的浮点数。

[数据单位]　s^{-1}。

[数据说明]　对应参数 0481 设定的参考电压输出时的主轴转速。

0476	第二主轴输出偏移

[数据形式]　浮点数。

[数据说明]　设定第二主轴输出电压指令时在输出电压基础上加入的偏移数值。主要用于消除模拟量系统中主轴的零漂。

0477	第二主轴输出极性

[数据形式]　BOOL 型。

[数据说明]　0:正。

　　　　　　1:负。

0478	第二主轴 M3 输出极性

[数据形式]　BOOL 型。

[数据说明]　0:正。

　　　　　　1:负。

0479	第二主轴 M4 输出极性

[数据形式]　BOOL 型。

[数据说明]　0:正。

　　　　　　1:负。

0480	第二主轴默认转速

[数据形式]　非负的浮点数。

[数据单位]　r/min。

[数据说明]　对应参数 0481 设定的参考电压输出时的主轴转速。

0481	第二主轴参考电压

[数据形式]　浮点数。

[数据范围]　0～10。

[数据单位]　V。

[数据说明]　对应参数 0481 设定的参考电压输出时的主轴转速。

0482	第二主轴电动机一转脉冲数

[数据形式]　大于零的整数

[数据说明]　系统采集的主轴电动机编码器一转脉冲数×4。

0483	第二主轴 M4 输出极性

[数据形式]　BOOL 型。

[数据说明]　0:正极性。

　　　　　　1:负极性。

0484	第二主轴电动机的最高转速

［数据形式］ 大于零的整数。

［数据单位］ r/min。

0486 　　　　　　　第二主轴 SSB3 主轴地址

［数据形式］ 浮点型。

［数据范围］ 0X0000,0X170x～0X180x(0＜x＜5),0X0003～0X000C。

［数据说明］ 说明:0X0000 表示驱动器地址未分配,如果使用此地址作为第二主轴的驱动器地址,0470 号参数的对应的通道号应配置为 0;如果 0470 号参数为 1 或 2,此参数即使有合法配置,也不生效。

0487 　　　　　　　第二主轴回零方式

［数据形式］ 整型。

［数据说明］ 0:MARK。

　　　　　　　1:开关＋MARK。

0500/0502/0504/0506/0508/0510/
0512/0514/0516/0518/0520/0522/　　　　1～16 号主轴到位位置下限
0524/0526/0528/0530

　　　　　　　　　　　　　　　　　　［数据形式］ 浮点型。

　　　　　　　　　　　　　　　　　　［数据范围］ 0～360。

0501/0503/0505/0507/0509/0511/
0513/0515/0517/0519/0521/0523/　　　　1～16 号主轴到位位置上限
0525/0527/0529/0531

　　　　　　　　　　　　　　　　　　［数据形式］ 浮点型。

　　　　　　　　　　　　　　　　　　［数据范围］ 0～360。

4. 用户参数

0600 　　　　　　　切削进给速度缺省值

［数据类型］ 非负浮点型。

［数据单位］ mm/min(公制)或 inch/min(英制)。

［数据说明］ 上电后,如果程序中未指定 F 值,则使用该值作为切削加工速度;一旦编辑 F 值,就以编程值作为切削加工速度。系统复位后恢复该缺省速度。

0601 　　　　　　　空运行速度

［数据类型］ 非负浮点型。

［数据单位］ mm/min(公制)或 inch/min(英制)。

［数据说明］ 在自动运行方式下,开启空运行功能,不管工件程序中如何指定进给速度,都以该参数设定的空运行速度来运行。

0602   手动一个增量的移动值

[数据类型] 浮点型。

[数据单位] mm/min(公制)或 inch/min(英制)。

[数据说明] 手动设定一个增量的位移值,此值与手轮的倍率开关结合实现×1、×10、×100 的位移增量。

0603(∗)   M01 选择停止使能

[数据类型] BOOL 型。

[数据说明] M01 选择停止使能开关。

0:不使能,即 M01 不使程序停止。

1:使能,即 M01 使程序停止。

用于设定系统上电后缺省状态下机床 M01 使能是否处于有效状态。

0604(∗)   选择程序段跳过使能

[数据类型] BOOL 型。

[数据说明] 选择程序段跳过使能开关。

0:不使能,不跳过含有"/"的工件程序。

1:使能,跳过含有"/"的工件程序。

用于设定系统上电后缺省状态下程序段跳过使能是否处于有效状态。

0605(∗)   轴锁住使能

[数据类型] BOOL 型。

[数据说明] 轴锁住使能开关。

0:不使能,即不锁轴。

1:使能,即锁住轴。

用于设定系统上电后缺省状态下轴锁住使能是否处于有效状态。

0607   复位重新加载 G92 偏移

[数据类型] BOOL 型。

[数据说明] 执行复位操作,是否重新加载 G92 外部坐标系偏移。

0:不加载。

1:加载。

0608   复位后取消局部坐标系

[数据类型] BOOL 型。

[数据说明] 执行复位操作,是否清除 G52 局部坐标系偏移。

0：不取消。

1：取消。

0609	工件坐标系复位

［数据类型］ BOOL 型。

［数据说明］ 执行复位操作,是否回到默认坐标系。

0：不回到默认坐标系。

1：回到默认坐标系(G54)。

0610	上电及复位 G00/G01

［数据类型］ BOOL 型。

［数据说明］ 上电及复位操作后设置的运动模式。

0：G00 方式。

1：G01 方式。

0611	复位进给率模式

［数据类型］ BOOL 型。

［数据说明］ 复位时缺省进给率模式。

0：G94 方式(时间进给率模式)。

1：G95 方式(每转进给率模式)。

0612	上电及复位 G90/G91

［数据类型］ BOOL 型。

［数据说明］ 上电及复位后的位移模式。

0：G90 方式(绝对值编程)。

1：G91 方式(增量值编程)。

0613	复位平面选择

［数据类型］ 非负整数。

［数据说明］ 上电及复位时预设的插补平面。

0：G17(X—Y)。

1：G19(Y—Z)。

2：G18(Z—X)。

0614	行程保护 2 的状态

［数据类型］ BOOL 型。

［数据说明］ 上电及复位后预设的行程检测 2 的状态。

0：G23 方式(不执行存储行程检查 2)。

1：G22 方式(执行存储行程检查 2)。

0615	圆弧半径的允差

［数据类型］ 浮点型。

［数据单位］ mm 或 inch。

［数据说明］ 执行圆弧插补(G02、G03)中,圆弧起点与终点的半径之差的允许值。

0616	G83d 参数

［数据类型］ 浮点型。

［数据单位］ mm 或 inch。

［数据说明］ 在进行 G83 排屑钻孔循环时,每次回退的距离 d。

0617(＊)	自动润滑功能使能

［数据类型］ BOOL 型。

［数据说明］ 自动润滑功能使能开关。

0:不使用自动润滑。

1:使用自动润滑。

0618(＊)	润滑模式

［数据类型］ BOOL 型。

［数据说明］ 自动润滑方式选择。

0:时间间隔润滑。

1:行程润滑。

该参数修改后重新启动系统生效。

0619(＊)	润滑时间

［数据类型］ 非负浮点型。

［数据单位］ s。

0620(＊)	润滑间隔时间

［数据类型］ 非负浮点型。

［数据单位］ min。

［数据范围］ 0～65535。

0621	润滑行程

［数据类型］ 非负浮点轴型。

［数据单位］ mm 或 inch。

0628～0651	PLC 通用屏蔽位 1～24

［数据类型］ BOOL 型。

［数据说明］ 设置 24 个 PLC 位参数,对应于 PLC 与 NC 接口信号的 F65.0～F65.7,F75.0～F76.7。

0:屏蔽。

1:不屏蔽。

0652	程序重启模式

[数据类型]　BOOL 型。

[数据范围]　0～1。

[数据说明]　0:不恢复辅助功能。重启动时,重启动行之前的辅助功能
代码将无效,之后的辅助功能代码将生效。

1:恢复辅助功能。重启动时,程序中重启动行之前的辅助
功能代码也将生效,具体包括:刀具设定(T),主轴转速设
定(S),主轴停/开(M3/M4/M5),冷却剂开/关(M7/M8/
M9),修调开/关(M48/M49)。

0653	程序重启加工位置

[数据类型]　非负整数。

[数据范围]　0～2。

[数据说明]　0:当前位置。重启动时,系统将以当前位置作为程序运行
的起点位置,从重启动行开始运行。

1:上一个程序段。重启动时,系统将以重启动行上一个程
序段指定的命令位置作为程序运行的起点位置,从重启动
行开始运行。

2:XY−Z重启动时,系统将以重启动行上一个程序段指
定的命令位置作为程序运行的起点的位置,从重启动行开
始运行,但是运行后执行的第一个运动段将先执行 X 轴和
Y 轴,到位后再执行 Z 轴。

0654～0693	PLC 通用屏蔽位 25～64

[数据类型]　BOOL 型。

[数据说明]　设置 40 个 PLC 位参数,对应于 PLC 与 NC 接口信
号的 F81.0～F85.7。

0:屏蔽。

1:不屏蔽。

0694	行程保护 3 状态

[数据类型]　BOOL 型。

[数据说明]　上电及复位操作后设置的行程保护 3 状态。

0:G39(不执行存储行程检查 3)。

1:G38(执行存储行程检查 3)。

0698	程序预读开关状态

［数据类型］　BOOL 型。

［数据范围］　0：关闭。

　　　　　　　1：开启。

［数据说明］　数控系统开启后可以通过参数设定缺省打开程序段预读功能，即 G05.1Q1。

0793　　　　　　　　　　PRG 文件打开模式

［数据类型］　无符号整数。

［数据范围］　0～1。

［数据说明］参数设置为 0 时，当 POS 屏打开程序时，如此时 PRG 屏处于文件列表状态，则 PRG 屏自动打开 POS 屏打开的文件；参数设置为 1 时，PRG 屏不自动打开 POS 屏打开的文件。

按下"编辑"，依据新增第 793 号参数，控制是打开列表还是直接打开程序。

当参数 0793＝0 时，如果当前有正在执行或已经用"程序打开"打开的程序，则"编辑"直接打开当前程序。

当参数 0793＝1 时，无论当前是否有程序被打开，都不打开当前程序，而是进入程序列表，由用户选择要打开的程序。

［注释］　PRG 屏自动打开程序模式为

　　　　　0：打开。

　　　　　1：不打开。

0794　　　　　　　　　　M06 宏程序恢复模式

［数据类型］　BOOL 型。

［数据说明］　0：不恢复。

　　　　　　　1：恢复。

［注释］　如果值为 1，在重启动时，若重启动行前有 M6 宏程序调用，且该行并未因为重启动优化开启而跳过扫描，则达到重启动行开始执行程序之前将先执行最近一次的 M06 宏程序。如果值为 0，则不恢复 M6 宏程序。

0795(＊)　　　　　　　　相对坐标刀长补偿模式

［数据类型］　BOOL 型。

［数据说明］　0：不计算刀长补偿。

　　　　　　　1：计算刀长补偿。

［注释］　参数设置为 0 时，调用刀长补偿时相对坐标系的值不变；设置为 1 时，调用刀长补偿时相对坐标系的值改变。

5. 伺服参数

Pn-00 | 控制模式

［数据形式］ 无符号整型。

［数据范围］ 0~3。

［数据说明］ 0:速度控制模式。

1:转矩控制模式。

2:位置控制模式。

3:JOG 运行模式。

Pn-01 | 选择旋转方向

［数据形式］ 无符号整型。

［数据范围］ 0~1。

［数据说明］ 0:从电动机的负载侧看,CCW 方向为正转(标准设定)。

1:从电动机的负载侧看,CW 方向为正转(反转模式)。

Pn-02 | 速度指令范围

［数据单位］ 10 r/min。

［数据范围］ 0~800。

［数据说明］ 速度控制模式的调整参数:对应于电动机实际转速。

Pn-05 | 速度环比例增益

［数据形式］ 无符号整型。

［数据范围］ 1~5000。

［数据说明］ 速度环 PI 调节器比例增益参数:此数值越大,增益越高,
速度响应越快。

Pn-06 | 速度环积分增益

［数据形式］ 无符号整型。

［数据范围］ 1~5000。

［数据说明］ 速度环 PI 调节器积分增益参数:此参数值越大,速度误
差积分速度越快,速度环刚度越大。

Pn-08 | 加速时间

［数据单位］ ms。

［数据范围］ 0~2500。

［数据说明］ 电动机从 0 到 1000 r/min 的加速时间。

Pn-09 | 减速时间

［数据单位］ ms。

［数据范围］ 0~2500。

［数据说明］电动机从 1000 到 0 r/min 的减速时间。

Pn-10 零速判定阀值

［数据单位］r/min。

［数据范围］0～100。

［数据说明］速度控制模式时,当电动机转速低于此设定值时,零速信号输出有效。

位置控制模式时,当电动机转速低于此设定值时,零速信号输出有效。

Pn-11 速度到达设定值

［数据单位］r/min。

［数据范围］0～8000。

［数据说明］速度控制模式时,当电机反馈速度大于或等于设定值时,输出速度到达信号。

Pn-12 JOG 速度

［数据单位］r/min。

［数据范围］0～500。

［数据说明］电动机的点动速度。

Pn-14 总线地址

［数据范围］3～63。

Pn-15 位置环增益

［数据范围］1～5000。

［数据说明］位置环增益调整参数:此参数值越大,增益越大,刚度越大。

Pn-16 速度前馈系数

［数据单位］%。

［数据范围］0～110。

［数据说明］提高位置环的快速响应特性和位置跟踪特性,但位置环有可能不稳定,容易超调或振荡。

Pn-17 速度前馈滤波系数

［数据单位］r/min。

［数据范围］1～1024。

［数据说明］位置控制模式前馈滤波器时间常数:

当速度前馈系数(Pn－16)不为零时,调节此参数,可控制速度的超调、失调。

参数值越大,滤波时间常数越小。

Pn-18 | 位置指令平滑滤波系数 |

［数据范围］ 0~200。

［数据说明］ 位置脉冲输入指令平滑滤波器系数:参数值越大,滤波时间常数越长。

Pn-19 | 指令周期 |

［数据单位］ $100\mu s$。

［数据范围］ 2~100。

［数据说明］ 数控系统与伺服驱动器的总线通信周期。

Pn-20 | 电子齿轮比分子 A |

［数据范围］ 1~9999。

Pn-21 | 电子齿轮比分母 B |

［数据单位］ %。

［数据范围］ 1~9999。

Pn-22 | 位置误差限定范围 |

［数据单位］ 指令单位。

［数据范围］ 0~9999。

［数据说明］ 位置误差限定值参数:在位置控制模式,当位置偏差计数器的计数值超过设定值时,伺服驱动器将出现位置超差报警。

Pn-23 | 到位误差 |

［数据单位］ 指令单位。

［数据范围］ 0~2500。

［数据说明］ 在位置控制模式,当位置偏差计数器的数值小于或等于设定值时,输出位置到达信号。

Pn-31 | 转矩限制使能 |

［数据范围］ 0~2。

［数据说明］ 0:转矩限制功能无效。

1:内部转矩限制有效,限制值参见参数 Pn-32、Pn-33。

2:内部、外部转矩限制均有效,外部转矩限制值由外部转矩模拟量输入及参数 Pn-32、Pn-33。

Pn-32 | 正转转矩限制 |

［数据单位］ %。

［数据范围］ 0～300。

［数据说明］ 正转转矩限制值相对于电动机额定转矩的百分比。

Pn-33 |　　　　　　　　反转转矩限制　　　　　　　　|

［数据单位］ ％。

［数据范围］ 0～300。

［数据说明］ 反转转矩限制值相对于电动机额定转矩的百分比。

Pn-34 |　　　　　　　　转矩指令范围　　　　　　　　|

［数据单位］ 10％。

［数据范围］ 10～100。

［数据说明］ 转矩指令值和电动机额定转矩的对应关系。

Pn-37 |　　　　　　转矩控制方式最大转矩　　　　　　|

［数据单位］ ％。

［数据范围］ 0～300。

［数据说明］ 模拟转矩输入控制时的最大电动机转矩对应电动机额定转矩的比例值。

Pn-39 |　　　　　　　　负载惯量比　　　　　　　　|

［数据范围］ 1～10。

［数据说明］ 负载惯量的参数：根据负载惯量的大小，适当增大或减小此参数，电动机空载时，参数值最小为"1"。

4.3　操作报警信息

序号	错 误 信 息	注　释
0101	机床未上电，不能执行命令	
0102	在非联动模式下不能执行命令	
0103	自动模式下机床空闲时不能执行命令	
0104	自动模式机床运行状态下不能执行命令	
0106	在机床暂停状态下不能执行命令	
0107	自动模式机床运行状态下不能执行命令	
0108	在 MDI 模式下不能执行命令	
0109	运动中只能恢复到切换前的模式	
0110	运动中不能切换模式	
0111	在机床自动加工状态下不能切换模式	
0112	无工件程序打开	
0113	不能打开文件	

续表

序号	错误信息	注 释
0114	请先进行点退操作	
0115	急停状态不能进行操作	
0116	保持状态下不能进行回零操作	
0117	非手动连续模式下不能执行该操作	
0118	重启动检索输入格式错误	
0119	EXE 指定通道自动运行状态下不能执行该操作	

4.4 编程报警信息

序号	错误信息	注 释
1004	文件已经打开	NC 程序文件已经处于打开状态
1005	G92 缺少轴参数	使用 G92 设置轴偏移时没有指定轴参数
1006	运动缺少轴参数	运动代码后没有指定轴位置参数
1007	圆弧编程错误	圆弧编程,半径指定方式中,编程不合理,不能构成圆弧
1008	ACOS 参数超出范围	数学函数 ACOS 的参数范围是【-1,1】编程值超出范围
1009	ASIN 参数超出范围	数学函数 ASIN 的参数范围是【-1,1】编程值超出范围
1010	除 0 溢出	表达式中有除 0 错误
1011	** 操作符参数错误	负数不能开非整数次方
1012	程序中使用非法字符	在有效信息区内输入了不能使用的字符
1013	无符号数值格式错误	编程无符号数值格式错误
1014	数值格式错误	编程数值格式错误
1015	模式组 0 G 代码错误	
1016	代码错误,非 G0 和 G1	
1017	代码错误,非 G17、G18 或 G19	
1018	代码错误,非 G20 或 G21	
1019	代码错误,非 G28 或 G30	
1020	代码错误,非 G2 或 G3	
1021	代码错误,非 G40 G41 或 G42	
1022	代码错误,非 G43 或 G48	
1023	代码错误,非 G40 G10 G28 G30 G53 或 G92 series	
1024	代码错误,非 G61 G61.1 或 G64	
1025	代码错误,非 G90 或 G91	
1026	代码错误,非 G93 或 G94	

序号	错 误 信 息	注 释
1027	代码错误,非 G98 或 G99	
1028	代码错误,不是 G92 系列	
1029	代码错误,不在 G54 到 G59.3 范围内	
1030	代码错误,非 m0 m1 m2 m30 m60	
1031	距离模式不是 G90 或 G91 之一	
1032	函数不应该被调用	
1033	刀具半径误差补偿错误	
1034	操作平面应为 XY YZ 或 ZX 之一	
1035	刀具半径补偿不是在左侧也不是在右侧	
1036	未知的运动代码	
1037	未知操作	
1038	在刀具半径补偿打开时,不能使用 G92	在刀具半径补偿打开的时候,不能改变轴偏移值
1039	在刀具半径补偿打开时,不能改变单位	G41 或者 G42 模态下,不能使用改变单位
1040	不能创建参数备份文件	
1041	G1 直线插补时,进给率不能为 0 时	进给率设置错误
1042	循环次数不能为 0	循环次数设置错误,应为大于等于 1 的整数
1043	圆弧插补时,进给率不能为 0	进给率设置错误
1044	使用 G31 时,不能做旋转轴运动	G31 程序跳转同时不能编程旋转轴运动
1045	不能打开参数备份文件	
1046	不能打开参数文件	
1047	使用 G31 时,不能使用时间倒数进给率	G31 程序跳转时,不能使用时间倒数进给率
1048	使用 G31 时,不能打开刀具半径补偿	使用 G31 时,不能打开刀具半径补偿
1049	使用 G31 时,进给率不能为 0	进给率为 0,修改程序
1050	在固定循环中不能使用 B 参数	固定循环中不能使用旋转轴 B 参数
1051	在固定循环中不能使用 C 参数	固定循环中不能使用旋转轴 C 参数
1052	在固定循环中不能使用 A 参数	固定循环中不能使用旋转轴 A 参数
1054	在刀具半径补偿打开时,不能再次打开	刀具半径补偿多次打开
1055	非法使用 A 参数	
1056	使用 G80 时不能使用轴参数	轴参数使用错误
1057	非法使用轴参数	编程错误
1055	非法使用 A 参数	旋转轴参数使用错误
1058	非法使用 B 参数	
1059	非法使用 C 参数	

续表

序号	错误信息	注释
1060	刀具半径打开的时候不能使用 G28 或 G30	刀具半径打开时不能进行回参考点操作
1061	G53 不能使用增量方式	机床坐标系下不能使用增量编程
1062	刀具半径补偿打开时不能使用 G53	机床坐标系下不能使用刀具半径补偿
1063	不能同时使用两个都使用轴参数的 G 代码	同一程序段不能使用两个都使用轴参数的 G 代码
1064	不能在 XZ 平面内使用刀具半径补偿	
1065	不能在 YZ 平面内使用刀具半径补偿	
1066	程序段太长	程序段长度大于 256 字符
1067	刀具半径补偿打开时不能加工钝角	
1068	坐标系选择错误	
1069	圆弧终点和起点相同	圆弧编程错误
1070	刀具半径补偿打开时刀具半径错误	
1071	非法使用 D 参数	D 参数使用错误
1072	使用 G4 时无停留时间 P	程序段缺少 P 参数
1073	使用 G82 时无停留时间 P	
1074	使用 G86 时无停留时间 P	
1075	使用 G88 时无停留时间 P	
1076	使用 G89 时无停留时间 P	
1077	参数设置中无等号	参数赋值格式错误
1078	在时间倒数进给率模式下,圆弧插补无 F 参数	时间倒数进给率设置模式下,运动段必须给出 F 参数
1079	在时间倒数进给率模式下,直线插补无 F 参数	
1080	文件结束缺少"%"	文件结束时没有与文件头部的%相匹配的%符号
1081	文件没有结束符号	文件结束没有"%"或程序结束代码
1082	加工程序文件名太长	文件名大于 256 个字符
1083	加工程序打开错误	文件打开错误,文件不存在或者格式错误
1084	G 代码超出范围	使用非法的 G 代码
1085	无 G43 时非法使用 H 参数	刀具偏置 H 代码使用错误
1086	在 YZ 平面的圆弧中使用 I 参数	圆弧编程格式错误
1087	G87 缺少 I 参数	使用 G87 时无 I 参数
1088	非法使用 I 参数	无 G2 或 G3 或 G87 时使用 I 参数

序号	错 误 信 息	注 释
1089	在 XZ 平面的圆弧中使用 J 参数	圆弧编程格式错误
1090	使用 G87 时无 J 参数	G87 缺少 J 参数
1091	非法使用 J 参数	无 G2,或 G3,或 G87 时使用 J 参数
1092	在 XY 平面的圆弧中使用 K 参数	圆弧编程格式错误
1093	使用 G87 时无 K 参数	G87 缺少 K 参数
1094	非法使用 K 参数	无 G2,或 G3,或 G87 时使用 K 参数
1095	非法使用 L 参数	程序段中没有 G10 和固定循环时使用了 L 参数
1096	ATAN/后缺少左括号	
1097	一元操作符表达式错误	参见手册编程部分
1098	程序段行号不能大于 99999999	行号数值超界
1099	G10 缺少 L 参数	G10 格式错误
1100	M 代码不能超过 99	M 代码数值超界
1101	圆弧编程半径格式和圆心格式混合使用	圆弧编程格式错误
1102	一行中多个 A 参数	参数书写重复
1103	一行中多个 B 参数	
1104	一行中多个 C 参数	
1105	一行中多个 D 参数	
1106	一行中多个 F 参数	
1107	一行中多个 H 参数	
1108	一行中多个 I 参数	
1109	一行中多个 J 参数	
1110	一行中多个 K 参数	
1111	一行中多个 L 参数	
1112	一行中多个 P 参数	
1113	一行中多个 Q 参数	
1114	一行中多个 R 参数	
1115	一行中多个 S 参数	
1116	一行中多个 T 参数	
1117	一行中多个 X 参数	
1118	一行中多个 Y 参数	
1119	一行中多个 Z 参数	
1120	只能在 G0 或者 G1 运动模式下使用 G53	

续表

序号	错误信息	注释
1121	负数不能开平方	SQRT 函数数值输入错误
1122	D 参数不能为负	代码输入错误,数字不能为负数
1123	F 参数不能为负	
1124	G 参数不能为负	
1125	H 参数不能为负	
1126	L 参数不能为负	代码输入错误,数字不能为负数
1127	M 参数不能为负	
1128	Q 参数不能小于等于零	
1129	P 参数不能为负	
1130	S 参数不能为负	
1131	T 参数不能为负	
1132	注释不能嵌套	
1133	读实数时无字符	
1134	读实数时无数字	
1135	整数使用错误	
1136	程序段无结束符	
1137	G43 后无 D 参数	刀具偏置没有指定偏置索引号
1138	使用 G10L2 时 P 参数应该为整数	用户坐标系索引 P 应该为整数
1139	使用 G10 L2 时 P 参数超出范围	用户坐标系索引 P 范围(1~6)
1140	非法使用 P 参数	无 G4 G10 G82 G86 G88 G89 时不能使用 P 参数
1141	参数文件次序颠倒	
1142	程序变量号超出范围	详见程序变量
1143	G83 缺少 Q 参数	
1144	非法使用 Q 参数	无 G83 时非法使用参数 Q
1145	在探头探测后队列不为空	
1146	循环中 R 清除平面没有指定	
1147	圆弧编程时无 I,J,K,R 中的任意一个参数	圆弧编程时格式错误

序号	错误信息	注释
1148	YZ 平面内固定循环中 R 值小于 X 值	固定循环 R 平面指定错误
1149	XZ 平面内固定循环中 R 值小于 Y 值	
1150	XY 平面内固定循环中 R 值小于 Z 值	
1151	非法使用 R 参数	无 G2、G3、G81~G89 时使用 R 参数
1152	圆弧编程参数错误	检查参数是否构成圆弧
1153	刀具半径补偿打开时圆弧半径太小	
1154	参数文件中参数丢失	
1155	所选刀具号超出范围	
1156	ATAN 函数参数错误	
1157	使用 G84 时主轴没有顺时针转动	
1158	使用 G86 时主轴没有转动	
1159	使用 G87 时主轴没有转动	
1160	使用 G88 时主轴没有转动	
1161	Sscanf 失败	
1162	G31 编程距离过短	启动点与探测点距离太近
1163	程序段中 M 代码多于 4 个	
1164	刀具长度偏移索引号超出范围	刀具索引号超出最大允许值 99。修改程序
1165	刀具号非法	
1166	刀具半径补偿索引超出范围	刀具索引号超出最大允许值 99。修改程序
1167	刀具半径补偿打开时圆弧半径小于刀具半径	编程错误
1168	G 代码不兼容	同一模式组中多于一个 G 代码在程序段使用
1169	M 代码不兼容	同一模式组中多于一个 M 代码在程序段使用
1170	工件文件打开失败	工件程序不存在或者格式错误
1171	注释错误	
1172	表达式错误	
1173	使用未知的 G 代码	G 代码书写错误
1174	使用未配置的 M 代码	M 代码没有配置

续表

序号	错 误 信 息	注 释
1175	未知的操作符	操作符书写错误
1176	A 开头未知的操作符	函数名称书写错误
1177	M 开头未知的操作符	
1178	O 开头未知的操作符	
1179	X 开头未知的操作符	
1180	A 开头未知的操作符	
1181	C 开头未知的操作符	
1182	E 开头未知的操作符	
1183	F 开头未知的操作符	
1184	L 开头未知的操作符	
1185	R 开头未知的操作符	
1186	S 开头未知的操作符	
1187	T 开头未知的操作符	
1188	未知的一元操作符	一元操作符书写错误
1189	在 XY 平面内的圆弧编程无目标点	在 XY 平面内的圆弧缺少 X 参数和 Y 参数
1190	在 XZ 平面内的圆弧编程无目标点	在 XZ 平面内的圆弧缺少 X 参数和 Z 参数
1191	在 YZ 平面内的圆弧编程无目标点	在 YZ 平面内的圆弧缺少 Y 参数和 Z 参数
1192	G31 缺少直线轴参数	G31 无 X、Y、Z 参数
1193	YZ 平面固定循环参数错误	在 YZ 平面内固定循环中没有指定 X 参数
1194	XZ 平面固定循环参数错误	在 XZ 平面内固定循环中没有指定 Y 参数
1195	XY 平面固定循环参数错误	在 XY 平面内固定循环中没有指定 Z 参数
1196	LN 参数错误	LN 参数不能小于等于 0
1197	圆弧编程半径数值错误	圆弧半径不能为 0
1198	GOTO 标号错误	程序中无该标号
1199	子程序调用 M98 无 $ 参数	M98 缺少子程序引导符号 $
1200	子程序文件名格式错误	没有书写子程序名或者子程序名称中含有非法字符

序号	错 误 信 息	注 释
1201	子程序调用无返回	子程序中无返回指令 M99
1202	子程序嵌套过多	子程序嵌套级别不能大于 4
1203	无 M98 使用了 M99	
1204	G51 无轴参数	
1205	刀补异常	
1206	刀补开始执行判断异常	
1207	刀补打开后起刀不能为非直线段	刀具补偿 C 中用非直线插补起刀。修改程序
1208	刀补开始时运动段距离太短	
1209	刀补后圆弧中心与圆弧起点或终点重合	
1210	刀补中圆弧半径小于刀具半径	刀具补偿 C 编程错误
1211	刀补中两运动段夹角小于 90 度	刀具补偿 C 编程错误
1212	刀补进行异常,运动段非 G0/G1/G2/G3	
1213	圆弧指令不能取消刀补	刀具补偿 C 中用圆弧插补段取消。修改程序
1214	刀补结束运动段距离太短	
1215	刀补结束运动段夹角小于 90 度	
1216	G40 后面应跟一个直线段结束点	
1217	刀补后两圆弧无交点	
1218	刀补进行异常,求运动段夹角异常	
1219	刀补后直线段与圆弧无交点	
1220	刀补进行异常,由两点求一点函数坐标异常	
1221	刀补进行异常,圆弧刀具中心结束点异常	
1222	刀补后两直线平行	
1223	刀补进行异常,交点号异常	
1224	刀补进行异常,由两点求一点直线异常	
1225	刀补后圆弧段无刀补或者刀补半径为 0	
1226	刀补后两圆弧无交点	
1227	刀补结束异常	

序号	错 误 信 息	注 释
1228	刀补中两点坐标相同	
1229	刀补开始异常	
1230	刀补后圆弧半径太小	
1231	使用 G10 L12 时缺少 R 参数	
1232	错误 232	
1233	错误 233	
1234	错误 234	
1235	错误 235	
1236	错误 236	
1237	错误 237	
1238	错误 238	
1239	错误 239	
1240	错误 240	
1241	错误 241	
1242	错误 242	
1243	错误 243	
1244	E 开头的未知操作符	
1245	N 开头的未知操作符	
1246	G 开头的未知操作符	
1247	L 开头的未知操作符	
1248	错误 248	
1249	错误 249	
1250	错误 250	
1251	错误 251	
1252	错误 252	
1253	错误 253	
1254	错误 254	
1255	圆弧编程中不能使用 IO 轴	
1256	刀补过程中两个运动段之间的程序段过多	
1257	G68 无 R 参数	图像旋转没有指定旋转角度

序号	错误信息	注释
1258	G68 旋转基准点与平面选择不符合	旋转基点不在当前的平面上
1259	代码错误	
1260	G51 无 P 参数或者 IJK 参数	比例缩放没有指定缩放比例
1261	G51 同时编写了 P 参数和 IJK 参数	比例缩放指定混合缩放比例格式
1262	刀补时编程路径不合理,有过切现象	刀具补偿 C 编程错误
1263	刀补打开没有关闭	没有关闭刀具半径补偿
1264	UVW 和 XYZ 混合编程错误	同一程序段出现增量和绝对编程格式
1265	G5.1 没有 Q 参数	
1266	IF 格式错误	IF 程序段书写格式错误
1267	保留	
1268	GOTO 行号错误	跳转行号不存在或格式错误
1269	WHILE 格式错误	WHILE 程序段书写格式错误
1270	DO 后使用非法循环数	在 DOn,1≤n≤3 不满足。修改程序
1271	END 格式错误	END 程序段书写格式错误
1272	END 循环标号错误	在 ENDn,1≤n≤3 不满足
1273	WHILE 无 END 匹配	WHILE 与 END 匹配错误
1274	WHILE 循环交叉嵌套	程序错误
1275	WHILE 循环嵌套过多	WHILE 最大 4 层嵌套
1276	不能跳转到 WHILE 循环内	跳转错误
1277	WHILE 无 DO 匹配	WHILE 与 DO 匹配错误
1278	END 无 WHILE 匹配	WHILE 与 END 匹配错误
1279	G54.1P 参数错误	P 应在 1~48 范围内
1280	宏程序调用不能超过 4 层	宏程序最大 4 层嵌套
1281	宏程序调用符号必须写在程序段的开始	宏调用符号位置错误
1282	M98/G65/G66 调用层次不能大于 8	宏程序子程序混合嵌套最大 4 层
1283	程序重启动起始序号或段号错误	序号或段号不存在或格式错误
1284	G22 中 XYZ 和 IJK 参数是必需的	
1285	G22 中 XYZ 和 IJK 参数错误	不满足 X<I,Y<J,Z<K
1286	运动超存储行程极限 2	编程错误

序号	错误信息	注释
1287	没有定义极坐标	
1288	G66 没有 G67 匹配	宏程序模式调用没有取消
1289	写入未知变量	变量使用错误,变量写保护
1290	读取未知变量	变量使用错误,变量读保护
1291	没有返回参考点,不能进行操作	先进行手动或自动返回参考点操作
1292	G33 螺纹加工无螺距 F 参数	
1293	G33 螺纹加工不能指定进给率 F	
1294	系统不支持 G33 螺纹加工	
1295	没有找到拐角变量	
1296	倒角值未定义	程序段发现逗号但未找到倒角值 C 或 R
1297	不能做圆弧运动	
1298	下一运动段未知	
1299	两圆弧重合	在指定倒角圆弧时,倒角圆弧与运动段圆弧重合
1300	两圆相切	
1301	无交点	
1302	不能做此计算	
1303	没有发现逗号	
1304	无法识别倒角后程序段	倒角指定后的下一段程序不含运动代码 G01/G02/G03
1305	运动尚未完成	
1306	交点错误	
1307	无法判断圆弧方向	
1308	倒角指定的 C 或 R 值超出范围	指定了过大的倒角值,使倒角长度超出运动段的指定范围
1309	在拐角运动过程中不能插入其他运动段	在倒角过程中插入了除 G01/G02/G03 以外的其他运动代码
1310	在拐角运动中不能切换平面	在倒角过程中试图通过 G17/18/19 切换平面
1311	使用跳转时,不能使用每转进给方式	在 G31 指定时不能同时指定 G95
1312	固定循环功能不被支持	
1313	无文件打开	在预编译时没有文件打开

序号	错误信息	注释
1314	G25 轮廓号指定错误	轮廓号超出范围(1~10)或没有指定参数号系统提示该错误
1315	G25 轮廓号已经存在	已经指定一个轮廓号,出现重复
1316	G26 无 G25 匹配	G25 和 G26 在同一个程序中必须相匹配地出现
1317	G25 无 G26 匹配	
1318	在 MDI 下不能使用轮廓加工代码	不能在 MDI 下运行带有轮廓加工的程序
1319	轮廓加工中无切削步长参数	轮廓加工中缺少 W/U/R 参数中的一个或几个
1320	轮廓加工中无 L 参数	当没有指定参数 L 时提示该错误
1321	轮廓定义 G25 无 L 参数	当没有指定参数 L 时提示该错误
1322	轮廓加工刀具位置不合理	轮廓在编程时出现不合理现象,详见具体功能说明
1323	轮廓加工位置点错误	轮廓在编程时出现不合理现象,详见具体功能说明
1324	轮廓加工参数错误	轮廓加工中指定了不合法参数
1325	G78 中没有指定参数 F	在 G78 编程时没有指定螺距参数
1326	参数值不能为负	G77/G79 中的 K,G78 中的螺距 F 均不能是负值
1327	固定循环中 X,Z 指定不合理	固定循环中的起点,终点必须符合一定的方向要求,具体见相应功能的说明
1328	固定循环中 R 值指定超出范围	G77/G79 中的 R 值指定超出允许的范围
1329	参数必须匹配出现	G74 中的 X、P、Q,G75 中的 Z、P、Q 必须匹配出现
1330	循环指定不能缺少 Q、K、H 参数	在 G74,G75 程序指令中不能缺少 Q、K、H 参数
1331	G76 中参数 P、Q、R、F 值均不能为负	G76 中参数 P、Q、R、F 值存在负值或没有指定
1332	G76 中复合参数 P 超出范围	G76 中复合参数 P 超出范围(0~999999)
1333	G34 无 K 参数	
1334	G34K 参数错误	
1335	螺纹螺距超出范围	
1336	车削循环轮廓中包含非法代码	
1337	一行中多个 E 参数	
1338	E 参数使用错误	

序号	错 误 信 息	注 释
1339	H 参数不能为负	
1340	不能同时使用 E 参数和 F 参数	
1342	通道号指定错误	
1343	LAD 指令格式错误	
1344	EXE 指令格式错误	
1345	WAI 指令格式错误	
1346	SND 指令格式错误	
1347	SYN 指令格式错误	
1348	使用 G83 时 Q 值不能为 0	
1349	轮廓程序中不能使用 G96 或 G97	
1350	一行中多个 u 参数	
1351	一行中多个 v 参数	
1352	一行中多个 w 参数	
1353	指令未配置的轴回参考点	
1354	SRN 指令格式错误	
1355	ARN 指令格式错误	
1356	WHF 指令格式错误	
1357	IO 操作指令格式错误	
1358	无效的宏定义坐标索引值	
1359	IF 语句使用错误	
1360	IF 语句嵌套过多	
1361	ELSEIF/ELSE 搭配错误	
1362	无 IF 语句使用 ELSEIF/ELSE/EN-DIF	
1363	IF 语句缺少 ENDIF	
1364	一行中使用多个 IF 语句	
1365	一行中使用多个 ELSEIF 语句	
1366	一行中使用多个 ELSE 语句	
1367	一行中使用多个 ENDIF 语句	
1368	IO 操作中 Y 值超出范围	
1369	IO 操作指令值格式错误	

序号	错误信息	注释
1370	IO 操作中 X 值超出范围	
1371	坐标位置指令格式错误	
1372	倒角过程中 XY 平面不能使用 Z 参数	
1373	倒角过程中 YZ 平面不能使用 X 参数	
1374	倒角过程中 XZ 平面不能使用 Y 参数	
1375	GOTO 语句使用错误	
1376	G81.1 格式错误	
1377	使用 G86.1 时缺少偏移参数	
1378	使用 G86.1 时无停留时间 P	
1379	使用 G86.1 时主轴没有转动	
1380	G86.1 中非法使用 I 参数	
1381	G86.1 中非法使用 J 参数	
1382	G86.1 中非法使用 K 参数	
1383	伺服刀库轴不能和其他轴混合插补使用	
1384	伺服刀库轴只能在 G0 和 G1 中使用	
1385	使用伺服刀库轴时不能打开刀具半径补偿	
1386	椭圆车指令 G35.1 格式错误	
1387	错误的示教点索引号	
1388	特殊循环起始段号大于结束段号	
1389	特殊循环缺少段号参数 P 或 Q	
1390	程序中起始或结束段号重复定义	
1391	特殊循环段号 p 和 q 应为正整数	
1392	特殊循环使用的段号未定义	
1393	参数 I 不能为 0	
1394	参数 K 不能为 0	
1395	使用 G10 时缺少 P 参数	
1396	使用 G10 时编程错误	
1397	使用 G50 时 T 参数应为整数	
1398	刀具坐标系存储号不能为负	

续表

序号	错误信息	注释
1399	刀具坐标系存储号超出范围	
1400	G10 缺少刀具偏移参数	
1401	一行中多个 N 参数	
1402	固定循环中 k 参数值错误	
1403	N 参数不能为负	
1404	GMT 宏调用参数值超出范围	
1405	GMT 宏调用参数值应为整数	
1406	螺纹切削不能使用倒角功能	
1407	跳段等级号超出范围	
1408	G43.4 行不允许使用运动段	
1409	G10 中方向码设置超出范围	
1410	非法使用 E 参数	
1411	G71/G72 中参数 W 与 K 的符号应一致	
1412	G71/G72 中参数 U 与 I 的符号应一致	
1413	G76 中 D 参数缺失或者小于等于 0	
1414	G43.4 模态下禁止使用 G02 或 G03	
1415	方向码应设置为整数	
1416	标号 N 应为整数	
1417	非 G1/G2/G3 不可使用倒角功能	
1418	倒角单步执行错误	
1419	刀补生效时不可开启极坐标补偿	
1420	极坐标插补方式下使用非法 G 代码	
1421	极坐标插补方式下不可改变长度补偿	
1422	极坐标插补未配置旋转轴	
1423	极坐标插补功能已开启	
1424	极坐标插补方式下使用非法 G 代码	
1425	应该在 G40 下开启或关闭圆柱插补功能	

序号	错误信息	注释
1426	圆柱插补缺少旋转轴	
1427	圆柱插补旋转轴配置错误	
1428	圆柱插补使用多个旋转轴	
1429	圆柱插补功能已开启	
1430	圆柱插补使用旋转轴未配置	
1431	圆柱插补的工件半径不可为负	
1432	G0 方式下无法执行圆柱插补	
1433	圆柱插补方式下不可指定定位操作	
1434	进给方式切换时需指定进给量 F	
1435	极坐标插补控制轴配置错误	
1436	G12.1 或 G13.1 指令需单独指定	
1437	G7.1 指令需单独指定	
1438	GET 命令格式错误	
1439	RELEASE 命令格式错误	
1440	指令格式错误,通道号重复	
1441	GET 指令使用未定义或非公用的轴	
1442	REL 指令使用未定义或非公用的轴	
1443	指令格式错误,轴名重复使用	
1444	通道总数不应小于 1	
1445	COUPON 指令格式错误	
1446	COUPO 指令中传动比分母不可为 0	
1447	P 应为非负整数	
1448	同步主轴指令中跟随主轴位置值超出范围	
1449	COUPOF 指令格式错误	
1450	G08.1 缺少参数 L	
1451	L 值应该为 41 或 42	
1452	挑角功能缺少结束指令 G09.1	
1453	挑角路径非闭合	

序号	错误信息	注释
1454	起始和最后运动段刀补后路径无交点	
1455	G08.1 缺少参数 H	
1456	重复指定主轴转数	
1457	主轴轴号超出范围	
1458	不可钳制非主主轴转数	
1459	G92 缺少主轴最大钳制转速	
1460	非法使用 U 参数	
1461	非法使用 V 参数	
1462	非法使用 W 参数	
1463	G10 刀具半径设置值超出范围	
1481	多头螺纹起始角度超出范围	
1482	G83 选择平面错误	
1483	在非螺线加工中非法使用 I 参数	
1484	在非螺线加工中非法使用 J 参数	
1485	在非螺线加工中非法使用 K 参数	
1486	带凹槽的 G71 功能中第一运动段无 X 轴移动	
1487	带凹槽的 G72 功能中第一运动段无 Z 轴移动	
1488	H 参数值错误	
1489	无效特殊循环	
1490	G71 精车轮廓 Z 应单调变化	
1491	G72 精车轮廓 X 应单调变化	
1492	凹平面不应为一条圆弧	
1493	精加工开头程序段需为 G0 或 G1	
1494	无法找到交点	
1495	轮廓点均应高于或低于起始点位置	
1496	G04 指令不能与运动指令同时使用	
1497	G71 G72 轮廓加工 Z 轴应单调变化	
1498	G71 G72 轮廓加工 X 轴应单调变化	

序号	错 误 信 息	注 释
1499	参数 P 不能为 0	
1500	参数 Q 不能为 0 或负数	
1501	TRAILON 或 TRAILOF 指令格式错误	
1502	TRAILON 指令参数值错误	
1503	耦合系数非数值	
1504	耦合关系不生效	
1505	请使用轴参数	
1506	非跟随轴不需取消耦合关系	
1507	不允许重复建立耦合关系	
1508	坐标旋转/镜像/比例缩放方式下不可指定改变坐标系命令	
1509	镜像/旋转模式设置错误	
1510	G10.9 缺少 X 参数	
1511	G10.9 指令 X 值错误	
1512	G10.9 只允许指定 X 轴	
1513	一行中至多可以写两个带括号()的指令	

4.5 运动报警信息

序 号	错 误 信 息
2001	运动超出%c轴的＋行程范围
2002	运动超出%c轴的一行程范围
2003	轴未回零,PLC 不能进行点位控制
2004	刀库轴未回零,PLC 不能进行选刀控制
2005	轴未回零,不能执行移动指令
2006	警告:不允许多轴回零
2007	行程检测区域 2 设定错误
2008	轴正在运动,操作无效
2009	主轴速度控制方式下,Cs 轴操作无效

续表

序　号	错 误 信 息
2010	Cs 轴正在运动,不能切换成速度控制方式
2011	联动模式下,不能执行点动
2012	非联动模式,不能运行程序段
2013	机床未上电
2014	％c 轴已锁,此操作无效
2015	请求轴解锁失败
2016	请求锁轴失败
2017	第二手轮的编码器通道号被重复使用
2018	PLC 直接输出的 DA 通道号被重复使用
2019	主轴 DA 通道号被重复使用
2020	主轴编码器通道号被重复使用
2021	％c 轴 DA 通道号被重复使用
2022	％c 轴编码器通道号被重复使用
2023	％c 轴同步轴的 DA 通道号被重复使用
2024	％c 轴同步轴的编码器通道号被重复使用
2025	％c 轴未找到 MARK 信号
2026	％c 轴同步轴未找到 MARK 信号
2027	PLC:辅助功能码执行错误
2028	PLC:刀号超出范围
2029	％c 轴超差
2030	％c 同步轴超差
2031	非主轴定位模式,不能运行 C 指令
2032	Cs 轴控制模式下,不能执行主轴速度控制
2033	尾台报警
2034	％c 轴伺服异常关闭
2035	％c 轴通信连接超时,仿真运行
2036	％c 轴传感器打开失败
2037	主轴驱动器通信连接超时,仿真运行
2038	主轴传感器打开失败
2039	％c 轴伺服驱动器 A.％3X 警告或报警
2040	主轴驱动器 A.％3X 警告或报警
2041	主电源供电异常
2042	％c 轴驱动器地址错误,现仿真运行
2043	主轴驱动器地址错误,现仿真运行

序　号	错 误 信 息
2049	%c轴同步轴驱动器 A.%3X 报警
2050	主轴转速未检测到一致信号
2051	%c轴同步轴通信连接超时
2052	%c轴同步轴传感器打开失败
2053	%c轴伺服使能超时
2054	行程检测区域3设定错误
2055	%c轴切割中,不能进行轴移动
2056	%c轴当前为切割轴,不能执行该指令
2057	有切割轴在运动,%c轴不能再设置为切割轴
2058	%c轴未回零,不能设置为切割轴
2059	%c轴在手轮控制状态,不能设置为切割轴
2060	%c轴正在运动,不能设置为切割轴
2061	%c轴地址配置为0
2062	%c轴地址复用
2063	%c轴地址与驱动器地址不符
2064	主轴地址复用
2065	主轴地址与驱动器地址不符
2066	%c轴同步轴伺服异常关闭
2067	主轴定位未检测到 SPSTP 信号
2068	攻螺纹过程主轴未到位
2069	伺服尾台轴在正压力方向
2070	伺服尾台轴在负压力方向
2071	%c轴参考点返回检查错误
2088	%c.....................
2101	PLC:%c轴伺服异常关闭
2102	%c轴编码器断线报警
2103	%c轴正极限报警
2104	%c轴负极限报警
2105	%c轴超出正软限
2106	%c轴超出负软限
2107	%c轴超出＋方向的行程检测区域2
2108	%c轴超出－方向的行程检测区域2
2109	%c轴进入内部保护区域
2110	%c轴超出＋方向行程检测区域3

序 号	错 误 信 息
2111	%c 轴超出－方向行程检测区域 3
2112	%c 轴进入内部保护区域 3
2113	%c 轴绝对编码器备份错误
2114	%c 轴伺服驱动器检出报警故障
2115	与 %c 轴伺服驱动器通信失败
2117	接收了不支持的命令
2118	超出数据范围
2119	命令执行条件故障
2120	子命令组合故障
2121	FCS 故障
2122	没有接收指令数据
2123	同步间隔故障
2124	WDT 故障
2125	%c 轴同步轴驱动器检出报警故障
2126	%c 轴同步轴绝对编码器备份错误
2127	%c 轴伺服报警
2201	非屏蔽中断触发
2202	看门狗报警
2203	NC 参数配置错误,现仿真运行
2204	1 号远程 IO 盒连接错误
2205	主轴驱动器检出报警故障
2206	发现有 HWBB 信号输入,启用安全门功能
2207	与主轴驱动器通信失败
2208	2 号远程 IO 盒连接错误
2209	3 号远程 IO 盒连接错误
2210	4 号远程 IO 盒连接错误
2211	5 号远程 IO 盒连接错误
2212	6 号远程 IO 盒连接错误
2213	内部电源异常
2214	7 号远程 IO 盒连接错误
2215	8 号远程 IO 盒连接错误
2216	9 号远程 IO 盒连接错误

参 考 文 献

[1] 周健强. 数控加工技术[M]. 北京:中国人民大学出版社,2010.

[2] 汤振宁. 数控技术[M]. 北京:清华大学出版社,2010.

[3] 虞俊. 数控铣削加工技术一体化教程[M]. 济南:山东科学技术出版社,2009.

[4] 张方阳. 加工中心数控车组合项目教程[M]. 武汉:华中科技大学出版社,2011.

[5] 耿国卿. 数控车削编程与加工[M]. 北京:清华大学出版社,2011.

[6] 孙志礼,张义民. 数控机床性能分析及可靠性设计技术[M]. 北京:机械工业出版社,2011.

[7] 张英伟. 数控铣削编程与加工技术[M]. 北京:电子工业出版社,2009.

[8] 彭芳瑜. 数控加工工艺与编程[M]. 武汉:华中科技大学出版社,2012.

[9] 陈先锋. SIEMENS 数控技术应用工程师-SINUMERIK 802D Solution Line 综合应用教程[M]. 北京:人民邮电出版社,2011.

[10] (美)斯密德. 数控编程手册[M]. 罗学科,等译. 北京:化学工业出版社,2012.

[11] 何雪明. 数控技术[M]. 2 版. 武汉:华中科技大学出版社,2010.

[12] 宋放之. 数控机床多轴加工技术实用教程[M]. 北京:清华大学出版社,2010.

[13] 刘岩. 数控加工基础[M]. 北京:机械工业出版社,2011.

[14] 刘昭琴. 机械零件数控车削加工[M]. 北京:北京理工大学出版社,2011.

[15] 赵先仲,陈俊兰. 数控加工工艺与编程[M]. 北京:电子工业出版社,2011.

[16] FANUC SERIES 加工中心系统用户手册,2013.

[17] 人力资源和社会保障部教材办公室. 数控铣床加工中心编程与操作[M]. 北京:中国劳动社会保障出版社,2013.

[18] 苏宏志. 数控加工刀具及其选用技术[M]. 北京:机械工业出版社,2014.

[19] 周虹. 数控车床编程与操作实训教程[M]. 北京:清华大学出版社,2014.

[20] 翟瑞波. 双色图解数控铣工/加工中心操作工一本通[M]. 北京:机械工业出版社,2014.

[21] 赵莹. 数控车床操作工岗位手册[M]. 北京:机械工业出版社,2014.

[22] 席凤征,毕可顺. 数控车床编程与操作[M]. 北京:科学出版社,2014.

[23] (印)Sinha S K. FANUC 数控宏程序编程技术一本通[M]. 北京:科学出版社,2011.

[24] 卢万强. 数控加工技术[M]. 2 版. 北京:北京理工大学出版社,2011.

[25] 姚新. 数控加工技术[M]. 北京:机械工业出版社,2011.

［26］ 韩鸿鸾.数控铣工 加工中心操作工(技师、高级技师)［M］.北京:机械工业出版社,2010.

［27］ 张喜江.多轴数控加工中心编程与加工技术［M］.北京:化学工业出版社,2014.

［28］ 杨萍,王银月,徐萌莉.数控编程与操作［M］.上海:上海交通大学出版社,2015.

［29］ 蓝天数控系统操作手册,2015.

［30］ 杨晓.数控铣刀选用全图解［M］.北京:机械工业出版社,2015.